RESEARCH ON PREVENTION AND GUIDANCE
OF ADOLESCENTS' ONLINE RISKS FROM THE PERSPECTIVE
OF FAMILY COMMUNICATION

家庭传播学视域下的青少年网络风险防范与引导研究

朱秀凌　著

人民出版社

序　言

　　青少年时代是人生的梦幻时节，犹如植物的根系正在扎入深厚的大地，它孕育着无限的想象与可能。人生百年，最珍贵的时光，就是属于这个时期。高尔基认为："世界上没有再比青春更美好的了，没有再比青春更珍贵的了！"奥斯特洛夫斯基也说，青春是"生活赋予我们一种巨大的和无限高贵的礼品"。它"充满着力量，充满着期待、志愿，充满着求知和斗争的志向，充满着希望、信心和青春"。我们常常为诗人这种的语言所感动，常常暗自激励自己莫负青春。殊不知，这美好的青春，这珍贵的青少年时代，也充满了各种风险和诱惑，无论是物质世界还是精神世界，现实世界还是虚拟世界，希望与失望、光明与黑暗、机遇与风险总是相伴而生、相向而行的，这是自然历史的辩证法。

　　进入新世纪以来。随着网络特别是移动互联网的飞速发展，网络媒体已经深深嵌入青少年的日常生活之中。据中国互联网络信息中心（CNNIC）《第47次中国互联网络发展状况统计报告》显示：截至2020年12月，我国10—29岁网民规模占整体网民的31.3%。青少年已经成为我国网民的主力军。美国未来学家唐·泰普斯科特（Don Tapscott）称其为"网络世代"。

　　网络作为青少年喜闻乐见的学习、交流和娱乐方式，在促进青少年成长、推动其社会化的同时，也使他们面临日益增多的网络风险：比如他们是否懂得甄别网络资讯的真伪？分辨过滤网络上的不良内容？在网络中是否懂得保护个人的隐私？在交网友的时候是否知道如何保护自己？在网络上是否能尊重对方、遵守相关的网络礼节和法规？热衷于网络游戏的青少年是否会沉迷……

令人担忧的是，目前大多数青少年的网络安全意识滞后，风险识别能力较弱，加上网络保护机制还不够完善，很容易为一些别有用心人士所利用，从而增加了青少年在网络虚拟世界面临的危险。同时，由于青少年好奇心强、模仿力强和自我约束能力不足，也使得他们难以抵挡五光十色的网络世界的诱惑，为网上不当信息所吸引；忽略责任感，将真实世界的不当欺凌行为转移到虚拟世界里，以享受个人的愉悦感；迷恋虚拟的网络空间，回避现实的人际交往，影响对社会的正确认知；沉湎于网络游戏不能自拔，甚至模仿网络游戏中的情节违法犯罪等，这一系列问题的出现，都使得网络安全成为威胁青少年身心健康的全球性社会问题。联合国已将其作为一个特别关注的焦点问题。

这些问题不解决，我们的青少年就没有明天，我们的国家、我们的人类也没有未来。20世纪50年代，毛泽东在访问前苏联时，曾对中国留苏学生说："世界是你们的，也是我们的，但是归根结底是你们的，你们年轻人朝气蓬勃，正在兴旺时期，好像早晨八九点钟的太阳，希望寄托在你们身上。"当时听讲的学生们激动得热泪盈眶。如今，我们的青少年同样承载着国家和民族的希望、人类的未来，要保证他们担当得起这一光荣的使命，必须首先解决当下紧迫的网络风险问题。摆在我们面前的这本《家庭传播学视域下的青少年网络风险防范与引导研究》，是朱秀凌博士对上述问题的学理解答。该著作是作者主持的国家社会科学基金一般项目"家庭传播学视域下的青少年网络风险防范与引导研究"的最终研究成果。我有幸能够成为该著作的第一读者，得以预先领略作者的研究设计及其最终结论。我是怀着紧迫而兴奋的心情阅读完这本专著的，因为我既是朱秀凌副教授的老师，是她攻读博士学位时的院长，也是一个父亲。在我的工作和生活中，切身感受到了青少年网络风险问题的严重性，迫切需要有这方面的专业引领和学理的启示。

朱秀凌博士的这本专著从家庭传播学视角展开青少年网络风险防范与引导研究，通过对507位中学生及其家长，715位大学生的问卷调查以及

33 对中学生及其家长、28 对大学生及其家长的深度访谈,剖析了青少年网络风险问题及影响因素,进而探讨家庭传播情境中青少年网络风险防范与引导策略。这不仅对于中国家庭传播学理论体系的建构,拓展和丰富现有的网络传播研究具有重要的促进作用;而且对于在高度媒介化的社会环境下,如何充分发挥家庭的积极作用,引导青少年积极安全地使用网络媒体,减少网络风险,促进青少年的健康成长具有重要的实践价值。

　　朱秀凌博士在书中从家庭传播学的理论建构,青少年面临的内容风险、交往风险、行为风险,青少年家庭的网络安全素养、良好家庭传播情境的营造六方面展开论述,在一系列问题上表达了自己见解。作者研究发现,在高度信息化的环境下,青少年遭遇网络风险问题的比例在持续走高。虽然他们信息技术技能娴熟,但是应对网络风险的能力却相对较弱。面对网络风险,青少年大多不愿“告诉父母”;而父母在孩子网络风险的认知上,存在显著的“第三人效果”认知,往往倾向于低估自己孩子所遭遇的网络风险。为了防范孩子遭遇网络风险,中国父母一般采取简单的限制策略,即限制孩子上网时间和上网内容。在此基础上,作者进一步发现,家长网络安全素养低,一味强调孩子服从的家庭沟通模式,采取简单限制和监控的父母介入策略,很容易引起青春期孩子逆反心理,反而把他们推向网络世界,使他们遭遇更多的网络风险。通过加强亲子双方的网络安全素养,改善家庭沟通模式,采取父母积极介入方式,即父母积极与子女讨论交流、解释网络风险,并引导他们正确使用网络媒体,方能有效减少青少年网络风险。这些分析及见解,为我们全面地认识信息时代青少年网络风险现象及其存在的问题,提供了很好的借鉴。读了朱秀凌博士的这本书,我领会到作为一本学术专著,该著实现了两个重要的创新。其一,研究对象的创新——网络传播与家庭传播的交叉研究。目前国内研究基本上探讨的是网络对于青少年的正负面影响,但没有深入到具体的社会生活中,去探讨网络风险作为一种变量在家庭这一独特场域中所产生的微妙影响。而本书创造性地将青少年网络风险置于家庭这一特定的传播情境中,在家庭传播中去审视其作用机制。这无论是对于网络传播研究,还是对于家庭传播研究,都具有一定的创新性。其二，研究视角的创新——从家庭传播学的视角展开研究。从家庭传播学视角展开青少年网络风险防范与引导研究，这在理论研究上具有一定的创新性：既扩展了网络传播和家庭传播研究二者的学术空间，也极大地提升了网络传播和家庭传播二者研究对于社会整体发展的学术价值。当然，作为一本开拓性的学术论著，而且面对还在继续发生的研究对象和正在逐步展现的研究主题，要想穷尽一切问题，解释所有疑惑，从认识论的角度来看，也是不可能的。事实上，如果能够再增加一些青少年网络风险相关案例的收集和分析，来解读青少年网络风险防范与引导现象，可能还会有不少新的发现。

继朱秀凌博士的第一本专著《青少年的手机使用与家庭代际传播研究》（中国社会科学出版社 2017 年版）之后，看到又一本专著顺利出版，我感到由衷的高兴，一种成就感油然而生。几年前，她还是我们学院一名在读博士研究生。如今，我看到了一个在学术上非常活跃、不断进取的学术新锐，先后主持完成了国家社会科学基金一般项目、教育部人文社科研究青年基金项目、福建省社科青年基金项目、福建省教育科学十三五规划重点项目多项；入选福建省高校新世纪优秀人才计划。我为朱秀凌博士取得的成绩感到骄傲，我相信这本专著的出版又是一个新的开始，希望她再接再厉，也期待着更多的朱秀凌式的青年学者能够成长起来。因为我们这个转型的时代需要新闻传播学，我们这个急剧变化的社会需要科学的引领，我们迅猛发展的新闻传播教育需要更多富有责任和爱心的教授来主导。

是为序。

张昆

原国务院学位委员会新闻传播学科评议组成员
华中科技大学学术委员会副主任、领军学者、特聘教授
中央民族大学新闻与传播学院特聘院长
《中国新闻传播教育年鉴》编委会主任
2020 年 12 月 14 日

目　录

绪　论

第一节　研究缘起：青少年网络安全
——信息时代亟须关注的议题

随着网络，特别是移动互联网的飞速发展，网络媒体已经深深嵌入青少年的日常生活之中：摇一摇，就能添加附近的新朋友；逛一逛，即可购买淘宝商城商品……据中国互联网络信息中心（CNNIC）《第 47 次中国互联网络发展状况统计报告》显示：截至 2020 年 12 月，我国 10—29 岁网民规模占整体网民的 31.3%。[①]青少年已经成为我国网民的主力军。美国未来学家唐·泰普斯科特（Don Tapscott）称他们为"网络世代"（伴随互联网同步成长起来的一代）。

网络在成为青少年喜闻乐见的学习、交流和娱乐方式的同时，也使青少年面临日益增多的网络风险：比如他们是否懂得甄别网络资讯的真伪？分辨过滤网络上的不良内容？在网络中是否懂得保护个人的隐私？在交网友的时候是否知道如何保护自己？在网络上是否能尊重对方、遵守相关的网络礼节和法规？热衷于网络游戏的青少年是否会沉迷……

令人担忧的是，目前大多数青少年的网络安全意识滞后，风险识别能

---

① 　CNNIC：《第 47 次中国互联网络发展状况统计报告》，2021 年 2 月 3 日，见 http://www.cnnic. net.cn/hlwfzyj/hlwxzbg/hlwtjbg/202102/t20210203_71361.htm。

力较弱:《青少年蓝皮书:中国未成年人互联网运用报告(2020)》显示,24.7%的未成年网民不具有任何隐私保护意识。[①]由于青少年对网络安全缺乏必要的警惕性,加上网络保护机制尚未达到一定水准,因此他们很容易为一些别有用心人士制造接触机会,同时也增加青少年在网络虚拟世界的危机。好奇心强、模仿力强和自我约束能力不足的特点,还使得青少年难以抵挡五光十色的网络世界的诱惑,在网上浏览不当讯息内容,身心受到不良误导;忽略责任感,将真实世界的不当欺凌行为转移到虚拟世界里,以享受个人的愉悦感;迷恋虚拟的网络空间,回避现实的人际交往,影响对社会的正确认知;沉湎于网络游戏不能自拔,甚至模仿网络游戏中的情节违法犯罪……

这一系列问题的出现,都使得网络安全成为威胁青少年身心健康的全球性社会问题。联合国已将其作为一个特别关注的焦点问题:在2007年联合国互联网管理论坛上,联合国秘书长潘基文提出要关注青少年网络安全;2011年,联合国儿童基金会在日内瓦发布研究报告,呼吁各国关注青少年网络侵害现象,并采取措施保护青少年网络安全;2015年,我国互联网信息办公室在全国范围内启动"护苗2015·网上行动",旨在加强青少年网络安全意识,为青少年创造健康的网络环境;2017年,第四届世界互联网大会专门开设了"守护未来:未成年人网络保护"论坛,呼吁世界携手,共同保障未成年人的网络安全和网络合法权益;2018年,中国青少年网络信息安全高峰论坛,呼吁社会各界同仁一起努力,以"共建清朗网络空间,守护孩子健康成长"。青少年网络安全问题已成为信息时代亟须关注的议题。

---

① 参见季为民、沈杰:《青少年蓝皮书:中国未成年人互联网运用报告(2020)》,社会科学文献出版社2020年版,第1页。

第二节 学术价值和应用价值

一、独到的学术价值

本书在学理层面上，紧扣青少年网络风险这一核心问题，探讨在家庭传播学视域下青少年网络风险的防范与引导。这在一定程度上有助于以下几个方面。

（一）丰富并拓展网络传播研究

在本研究之前，国内网络传播中关于青少年网络风险的研究相当有限；而本课题综合运用了传播学、社会学、心理学、教育学、伦理学等多学科的知识体系，学术性和应用性兼备，既开阔了研究网络传播的理论视野，又丰富、拓展了现有的网络传播研究。

（二）促进家庭传播学理论在中国的发展

相比国外学者对于家庭传播的极大关注，家庭传播学在中国尚属于相对空白阶段，而这和我们每个人的生活却是息息相关、密不可分的。因此，本研究探讨了家庭传播情境下的青少年网络风险防范与引导，在一定程度上有利于促进家庭传播学理论在中国的发展。

二、独到的应用价值

本书是围绕青少年网络风险的防范与引导展开的系统研究，在实践层面有着重要意义：它能够充分发现家庭的积极作用，引导青少年安全地使用网络媒体，促进青少年的健康成长。

已有研究发现，父母在孩子媒介使用社会化过程中扮演着非常重要的角色。网络在增强孩子知识技能的同时，也使一些青少年产生"技术迷思"，甚至受到不良诱导而走向歧途，成为影响青少年健康成长的严峻问题。因此，研究家庭传播情境下的青少年网络风险防范与引导，可以充分发挥家庭的积极作用，帮助父母正确引导青少年安全地使用网络，减少网络伤害，促进青少年身心的健康发展。

第三节 研究镜像：青少年网络风险与家庭传播学

青少年已经成为我国网民的主力军。由于青少年网络安全认知明显不足，遭受的网络侵害（如网络欺凌、网络诱拐、网络隐私侵犯等）日益增多，成为严重的社会问题。联合国儿童基金会在日内瓦公布了一份研究报告（2011），对全球青少年遭受网络侵害现象表示关注，呼吁各国采取措施保护青少年的网络安全。而引导青少年安全、健康地使用网络，首先应从家庭教育入手，因为家庭社会化的影响力量可以造就子女不同的媒体使用习惯。因此，研究家庭传播情境中的青少年网络风险防范与引导，便成为当下社会的突出问题。

一、青少年网络风险研究

青少年是与互联网同步成长起来的一代，数字经济之父泰普斯科特称之为"网络世代"。网络成为青少年喜闻乐见的学习、交流和娱乐方式，也使他们面临着多重网络风险。虽然国内外很多研究都提及青少年网络安全的重要性，但真正以其为主题的实证研究却相当有限。已有研究主要集中在以下几个方面。

（一）网络霸凌研究。网络霸凌作为一种网络社区与个体生活环境的互动建构行为[1]，其危害超过了传统霸凌，成为青少年网民面临的新困境。[2] 相

---

①　江根源：《青少年网络暴力：一种网络社区与个体生活环境的互动建构行为》,《新闻大学》2012 年第 1 期。

②　陈钢：《网络欺凌：青少年网民的新困境》,《青少年犯罪问题》, 2011 年第 7 期；李醒东、郝艳霞：《网络欺负：青少年群体面临的新困境》,《外国中小学教育》2010 年第 2 期。

比国外1999年起就开始关注此议题[1]，我国从2009年起才开始这方面研究，主要从法学、社会学、教育学、传播学视角对网络霸凌的内涵、表征、成因、危害及应对策略展开研究。[2]

（二）网络隐私侵犯研究。集中在青少年网络隐私的法律保护、网络隐私保护行为与信息素养教育两方面。[3]

（三）网络成瘾研究。青少年是"网络成瘾症"的高发人群，也成为学者关注最多的问题，关注重点包括：青少年网络成瘾的界定、归因、现状、影响因素及干预方法。[4]

（四）网络色情与暴力研究。主要集中在三方面：一是影响青少年接触网络色情暴力内容的因素，如人口统计学变量特征、父母监控、同伴影响和个人性格因素等；二是网络色情暴力内容对青少年暴力行为、性态度和性行为的影响；三是如何通过网络教育来减少网络色情暴力内容对青少年态

---

[1]　Low,S. &Espelage, D., "Differentiating Cyber Bullying Perpetration from Non−physical Bullying: Commonalities across Race, Individual, and Family Predictors", *Psychology of Violence*, vol.3, no.1, 2013, pp.39−52; Patchin, JW. & Hinduja, S., "Cyberbullying and Self−esteem", *Journal of School Health*, vol.80, no.12, 2010, pp.614−621; Willard,N.E., *Cyberbullying and Cyberthreats: Responding to the Challenge of Online Social Aggression*, *Threats and Distres*, Champaign: Research Press, 2007, pp.101−108.

[2]　李静：《青少年网络欺凌问题与防范对策》，《中国青年研究》2009年第8期；陈昌凤、胥泽霞：《网络霸凌与防范——互联网时代的未成年人保护》，《中国广播》2013年第13期；周书环：《媒介接触风险和网络素养对青少年网络欺凌状况的影响研究》，《新闻记者》2020年第3期。

[3]　Lewis, K. Kaufman, J. & Christakis, N., "The Taste for Privacy: An Analysis of College Student Privacy Settings in an Online Social Network", *Journal of Computer Mediated Communication*, vol.14, no.1, 2008, pp.79−100; Sbin,W. Hub, J.& Faber, J., "Tweens' Online Privacy Risks and the Role of Parental Mediation", *Journal of Broadcasting & Electronic Media*, vol.56, no.4, 2012, pp.632−649. 申琦：《网络素养与网络隐私保护行为研究——以上海市大学生为研究对象》，《新闻大学》2014年第5期；曾秀芹、吴海谧、蒋莉：《成人初显期人群的数字媒介家庭沟通与隐私管理：一个扎根理论研究》，《国际新闻界》2018年第9期。

[4]　Leung, L.& Lee, P.S.N., "The Influences of Information Literacy, Internet Addiction and Parenting Styles on Internet Risks", *New Media & Society*, vol.14, no.1, 2011, pp.117−136; Young, KS., "Internet Addiction: The Emergence of a New Clinical Disorder", *CyberPsychology and Behavior*, vol.1, no.3, 1998, pp.237−244；赵璐、柯惠新、陈锐：《青少年网络成瘾的家庭影响因素研究》，《现代传播》2011年第4期；周惠玉、梁圆圆、刘晓明：《大学生生活满意度对网络成瘾的影响：社会支持和自尊的多重中介作用》，《中国临床心理学杂志》2020年第5期。

度和行为的影响。[①]

（五）网络性诱惑和网络诱拐研究。目前此研究相当有限，在国内尚未有学者涉猎。西方学者主要探讨了青少年的社交媒体使用、网络素养、网络立法与网络性诱惑的关系[②]；网络诱拐研究集中于受害者的传播行为、影响因素及媒介立法保护方面。[③]

二、家庭传播之亲子沟通研究

家庭传播学作为传播学的分支，自 20 世纪 60 年代创立以来已得到西方传播学者的充分重视。[④]这方面研究主要探讨父母对子女接收媒体信息的引导方式及影响、夫妻之间的沟通等，其中亲子沟通研究表现了对青少年成长及家庭内部有效沟通的关注，而国内这方面的研究却是凤毛麟角。

（一）父母与青少年的家庭传播研究：在国内，亲子沟通内容主要是学习和生活，一般不会涉及敏感问题。而国外研究则充分关注酗酒、吸毒、性、器官捐献等敏感问题的家庭传播。[⑤]结果发现，开放、有效的亲子沟通，

---

① Peter, J.&Valkenburg, P., "Adolescents' Exposure to Sexually Explicit Material on the Internet", *Communication Research,* vol.33, no.2, 2006, pp.178–204; 李永健：《社会距离与第三者效果——中学生网络色情传播效果》，《国际新闻界》2009 年第 10 期；申琦：《上海大学生对网络色情信息的接触与评价研究》，《新闻大学》2012 年第 1 期；陈丽君、蒋销柳、苏文亮：《性感觉寻求、第三人效应和性别对大学生网络色情活动影响》，《中国公共卫生》2019 年第 11 期。

② Mitchell, K. J., Finkelhor, D. & Wolak, J., "Youth Internet Users at Risk for the Most Serious Online Sexual Solicitations", *American Journal of Preventive Medicine*, vol.32, no.5, 2007, pp.532–537; Baumgartner, S. E., Valkenburg, P. M. & Peter, J., "Unwanted Online Sexual Solicitation and Risky Sexual Online Behavior across the Lifespan", *Journal of Applied Developmental Psychology,* vol. 31, no.6, 2010, pp.439–447.

③ Staksrud, E., "Online Grooming Legislation: Knee–jerk Regulation?" *European Journal of Communication,*vol. 28, no.2, 2013, pp. 152–167.

④ Arliss, L., *Contemporary Family Communication: Messages and Meanings*. New York: St. Martin's Press,1993.

⑤ Miller–Day, M. A., "Parent‒adolescent Communication about Alcohol, Tobacco, and Other Drug Use", *Journal of Adolescent Research,* vol.17, no.6, 2002, pp.604–616; Miller–Day, M.&Jennifer,A. K., "More Than Just Openness: Developing and Validating a Measure of Targeted Parent‒Child Communication About Alcohol", *Health Communication,*vol.25, no.4,2010, pp.292–302;Askelson,M. N.,Campo,S.& Smith, S., "Mother‒Daughter Communication About Sex: The Influence of Authoritative Parenting Style", *Health Communication*, vol.27, no.5, 2012, pp.439–448.

在培养孩子应对反社会行为方面，起到非常重要的作用。[①]

（二）媒体与家庭传播研究：西方学者主要运用家庭沟通模式、父母介入等理论探讨亲子沟通对于青少年的电视、电脑、手机使用的影响，而这些理论在大陆传播学领域尚未有人涉及。

家庭沟通模式（Family Communication Patterns，FCP）研究始于20世纪70年代，主要探讨子女传播行为与家庭的关系。已有研究分为三个方向：子女媒介使用与政治社会化[②]、子女媒介使用行为与社会认知、子女媒介解读与消费。[③]

父母介入理论（Parental Mediation）是西方学者自20世纪80年代以来，在研究媒体与家庭传播研究中运用较多的一种理论。它着重讨论的是家长如何利用家庭人际传播来减轻媒体（如电视、电脑、手机）对其子女的负面影响。[④]

在国内，媒体与家庭传播的研究受到冷遇。少数研究基本上呈现的是青少年与父母在媒体使用上的代际差异图景，而没有深入剖析父母在青少

---

① Brody, G. H., Flor, D. L., Hollett-Wright, N. & McCoy, J. K., "Children's Development of Alcohol Use Norms: Contributions of Parent and Sibling Norms, Children's Temperaments, and Parent‐child Discussions", *Journal of Family Psychology,* vol.12, no.2, 1998, pp.209–219; Chassin, L., Curran, PJ., Hussong, AM. &Colder, CR., "The Relation of Parent Alcoholism to Adolescent Substance Use: a Longitudinal Follow-up Study", *Journal of Abnormal Psychology*, vol.105, No.1, 1996, pp.70–80.

② McLeod, J.M. & Chaffee, S.H., "The Construction of Social Reality", In *The Social Influence Process*, Tedeschi, J.(Ed.), Chicago: Aldine-Atherton, 1972, pp.50–59.

③ Afifi, T. & Olson, L., "The Chilling Effect in Families and the Pressure to Conceal Secrets",*Communication Monographs*, vol.72, no.2, 2005, pp.192–216; Wang, NX. Roache, DJ. &Pusateri, KB., "Associations Between Parents' and Young Adults' Face-to-face and Technologically Mediated Communication Competence: the Role of Family Communication Patterns", *Communication Research*, vol.46, no.8, 2019, pp.1171–1196.

④ An, S.K. & Lee.D, "An Integrated Model of Parental Mediation: the Effect of Family Communication on Children's Perception of Television Reality and Negative Viewing Effects", *Asian Journal of Communication*, vol.20, no.4, 2010, pp.389–403; Rasmussen, EE., Coyne, SM., Martins, N. &Densley, R. L., "Parental Mediation of US Youths' Exposure to Televised Relational Aggression", *Journal of Children and Media*,vol.12, no.2, 2018, pp.192–210.

年媒体使用中的角色和功能。①

综上分析可以得知，首先，已有研究现象描述较多，缺乏全面、系统、深层次的学理性研究；其次，对策研究务虚多，缺乏针对性，可操作性弱；再次，研究方法偏重思辨研究，实证研究较少；最后，研究思路单一，大部分研究仅局限于单一学科的研究视角（如社会学、心理学、教育学），跨学科综合运用的研究视野和手段甚少。这些都为本研究提供了广阔的空间。

第四节　研究方法与研究思路

一、研究方法

（一）调查研究法

调查研究通常被称为相关研究（correlational），研究者抽取许多回答相同问题被访者，同时测量许多变量，检验多种假设，以求对因果关系的严格检验。②它特别适合用来描述一个总体的概况，描述总体中各种不同部分的结构特点和变量分布。③

因此，本研究采取分层抽样和整群抽样相结合的方式进行调查，将青少年分为中学生和大学生，分别进行问卷调查。问卷调查分为两部分：一是对青少年展开调查，分析青少年的网络风险认知、态度、行为以及网络安全素养的实证数据；另一方面，以父母为调查对象，分析他们对于孩子网络风险的认知、态度、介入方式以及网络安全素养等。

①　魏南江：《手机媒介传播形态及其使用现状的万人调查——以江苏省17所中小学家长、学生、教师为例》，《现代传播》2011年第1期；洪杰文、李欣：《微信在农村家庭中的"反哺"传播——基于山西省陈区村的考察》，《国际新闻界》2019年第10期。

②　[美]劳伦斯·纽曼：《社会研究方法：定性和定量的取向（第七版）》，郝大海译，中国人民大学出版社2021年版，第337页。

③　风笑天：《现代社会调查方法（第六版）》，华中科技大学出版社2020年版，第8页。

1. 中学生及其父母的问卷调查

本研究通过分层整群抽样的方法选取青少年样本。首先,在东、中、西部选取三个城市:厦门、荆州、南宁;其次,从每个城市的普通初中、重点初中、普通高中、重点高中、职高五大类中各随机抽取一所学校,再从每所学校随机抽取 1 个班级;最后共抽取 15 所学校 15 个班级学生及其家长。

问卷分为学生卷和家长卷两种版本。在 15 所学校领导的大力支持下,学生卷采用在自习课上当场发放,当场回收的方式;家长问卷则由学生带回去让一名家长填答,家长填答后装进事先给定的信封并密封好,第二天由学生带回交给班主任,再由班主任转交给笔者。最后共发放学生问卷 600 份,回收有效问卷 550 份,回收率为 91.7%;家长问卷 600 份,回收有效问卷 507 份,回收率为 84.5%。

为了更好地考察同一个家庭内部的"青少年网络风险"现象,笔者采用将中学生与其父(母)呈一一配对关系来进行进一步的研究。经过筛选配对,最终得到 507 对中学生家庭。

507 对有效配对样本中,男生占 47.9%,女生占 52.1%;年龄分布范围在 12 岁至 20 岁之间,平均年龄为 15.44 岁;城市生源 61.1%,农村生源占 38.9%。父亲占 47.5%,母亲占 52.5%;文化程度:初中及以下 44%,高中(职高、中专)36.9%,大专以上 19.2%;年龄范围为 31 岁至 68 岁(M = 43.82,SD = 9.22)。职业涵盖党政机关领导干部、专业技术人员、个体户、农林牧副渔劳动者、无业/下岗/失业等 12 种类型,具有一定的代表性。

2. 大学生的问卷调查

2019 年 5—6 月,本研究采用问卷调查的方法,调查范围覆盖了中国东、中、西部高校,这是因为互联网的使用具有东、中、西部的地域差异。[①]在东部抽取了广东省,中部抽取的是湖北省,西部抽取了广西壮族自治区,然后采用分层整群抽样的方法,分别从三个地区的本一、本二高校和大专

---

① 潘忠党:《互联网使用和公民参与:地域和群体之间的差异以及其中的普遍性》,《新闻大学》2012 年第 6 期。

院校三大类中各随机抽取一所学校，再从每所学校随机抽取 1 个人文社科专业班级和 1 个理工科专业班级，最后共抽取三个地区的 9 所学校 18 个班级学生，抽取的院校为华南理工大学、岭南师范学院、广东职业技术学院；中南财经政法大学、武汉体育学院、湖北艺术职业学院；广西大学、行健文理学院、广西电力职业技术学院等。问卷采取当场发放的方式，由学生在课间当场完成，当场回收；共发放了 760 份问卷，最后成功回收有效问卷 715 份。

在调查样本的 715 人中，男生占 41.1%，女生占 58.9%；年级涵盖大一到大四，年龄分布范围在 18 至 24 岁之间（$M = 19.8$，$SD = 1.21$）；城市生源占 52%，农村生源占 48%。

（二）访谈法

访谈法，顾名思义就是研究者"寻访""访问"被研究者并且与其进行"交谈"和"询问"的一种活动。"访谈"是一种研究性交谈，是研究者通过口头谈话的方式从被研究者那里收集（或者说"建构"）第一手资料的一种研究方法。[①]

访谈分为一对一（深度访谈法）和一对多的群体访谈（焦点小组法）两种形式：

1. 深度访谈法

深度访谈法是指为搜集个人特定经验及其动机和情感所做的深入的访问。它可以提供丰富详尽的资料；比焦点小组法能更深入地探寻被访者的内心思想和看法；比焦点小组法能更自由地、更明确地交换信息；可能获取其他研究方法难以了解的内容或话题；可能接触到其他研究方法难以接触到的对象。[②]

2. 焦点小组法

焦点小组法又称小组座谈法，是"研究者就所确定的议题，通过群

---

① 参见陈向明：《质的研究方法与社会科学研究》，教育科学出版社 2011 年版，第 165 页。
② 参见柯惠新、王锡苓、王宁：《传播研究方法》，中国传媒大学出版社 2010 年版，第 131 页。

体访谈互动来收集资料的一种研究技术"。美国社会心理学家博格达斯（E.S.Bogardus）率先使用该方法，很多口述史学家受其启发也运用此方法。社会学家罗伯特·莫顿（R.Merton）将其发展成完整的概念和研究方法。之后，这一研究方法广泛运用于广告和传播研究、市场评估、项目评估等诸多领域。①

焦点小组法是一种收集资料的研究方法；它通过群体内部的讨论互动来收集资料；概念中"焦点"指出此互动必须聚焦于研究者的议题；访谈小组人数不宜过多；访谈中，研究者应扮演主持人的角色，积极引导访谈对象就此特定议题进行充分有效的讨论。② 通过焦点小组法来收集青少年网络风险的需求、现状及其期望等的态度和观点，可以有效地弱化个人访谈中研究者与访谈对象"一对一"的不平等权力关系，青少年之间的交流互动也能帮助研究者更好地捕捉他们在生活中的真实状况。

3.具体实施

本研究在整理和分析相关文献、前期调研的基础上设计了访谈提纲，以此为提纲，2018—2019 年，选取具有代表性的 33 对中学生及其家长，28 对大学生及其家长进行半结构式的深度访谈，在地域上力图覆盖中国的东部、西部、南部、北部、中部，了解青少年网络风险的更多具体情形，并辅之以焦点小组访谈，着重从青少年网络风险问题、成因和对策等方面进行深入挖掘。访谈时间不少于 45 分钟，并对访谈资料进行整理和分析。

（1）中学生及父母的深度访谈：在这 33 名中学生当中：男生 17 名，女生 16 名；年龄在 12—18 岁；重点初中 8 名、重点高中 6 名、普通初中 5 名、普通高中 5 名、职高学生 9 名。

33 名中学生家长中，父亲 16 名，母亲 17 名；年龄在 35—48 岁；受教育程度为小学 5 名、初中 8 名、高中（职高、中专）11 名、大专及本科 7 名、

---

① 参见陈向明：《质的研究方法与社会科学研究》，教育科学出版社 2011 年版，第 211—212 页。
② 参见陈向明：《质的研究方法与社会科学研究》，教育科学出版社 2011 年版，第 219—222 页。

研究生及其以上2名；职业包括农民、工人、个体经营者、教师、公务员、自由职业者等。

（2）大学生及父母的深度访谈：本研究邀请本科生作为研究助理（因为研究话题的私密性，很多人不愿意面对长辈的"凝视"），其通过好友介绍方式征求到了最初的访谈对象———一位大三学生，在对他进行深度访谈之后，采用滚雪球抽样的方法，由他推荐合适的访问者。最终对28位大学生及其家长进行半结构化的深度访谈。

28名大学生中，男生14名，女生14名；年龄在18—23岁；涉及985高校、211高校、一般本科、高职院校。28位大学生家长中，母亲15名、父亲13名；年龄在41—50岁；受教育程度为：没上过学1名、小学6名、初中7名、高中（职高、中专）3名、大专以上11名；职业涵盖党政机关领导干部、专业技术人员、个体户、农林牧副渔劳动者、无业/下岗/失业等。

可以说，这些学生和家长在年龄、性别、受教育程度、职业等各方面均具有一定的代表性，能够大致反映大学生网络风险行为的现状。

二、问题框架

本研究基于青少年网络风险问题和影响因素，进而探讨家庭传播情境中的青少年网络风险防范与引导机制，具体思路如下图（图1）：

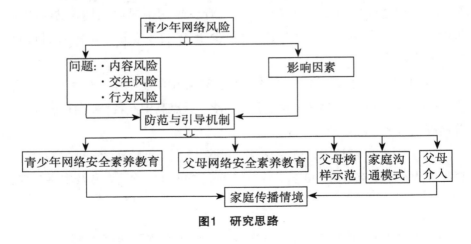

图1　研究思路

（一）主要研究问题

青少年网络风险防范与引导研究包括：问题、原因和对策三大组成部分。本课题试图从实地调研（问卷调查、深度访谈、焦点小组法）等渠道获得的资料进行分析研究。

1.青少年对于网络风险的认知、态度和行为，其影响因素有哪些？

2.父母对于孩子遭受网络风险的认知、态度和介入状况。

3.青少年及家长的网络安全素养如何？其影响因素有哪些？

4.哪种父母介入方式能有效减少青少年的网络风险？

（二）研究重点与难点

1.重点

（1）青少年面临的网络风险及影响因素。

（2）父母采取何种介入策略能有效地减少青少年的网络风险。

2.难点

（1）问卷调查与深度访谈的设计上。由于已有的相关调查和深度访谈较少，可借鉴的资料有限，因而本研究调查问卷及深度访谈的合理性、与对象的吻合度等都会是研究设计方面的难点。

（2）多学科理论的整合上。家庭传播情境下的青少年网络风险防范与引导研究，是一个复杂的社会现象，仅仅依靠一门学科是难以透彻分析。必须从传播学、社会学、教育学、心理学、伦理学等多学科视角展开研究，将这些不同学科的理论整合起来会有不小的困难。

（3）网络传播和家庭传播的交汇融合上。我国关于家庭传播研究还处于相对空白阶段，青少年网络风险研究还处于起步阶段，因此将二者进行交汇融合，将会面临理论与实践有机结合的严峻挑战。

（三）创新之处

1.研究对象的创新——网络传播与家庭传播的交叉研究

目前国内研究基本上探讨的是网络对于青少年的正负面影响，但没有深入具体的社会生活中，去探讨网络风险作为一种变量在家庭这一独特场域中所产生的微妙影响。而本书创新性地将青少年网络风险置于家庭这一特定的传播情境中，在家庭传播中去审视其作用机制。这无论是对于网络传播研究，还是对于家庭传播研究，都具有一定的创新性。

2.研究视角的创新——从家庭传播学的视角展开研究

本书从家庭传播学视角展开青少年网络风险防范与引导研究，这在理论研究上具有一定的创新性：既扩展了网络传播和家庭传播研究二者的学术空间，也极大地提升了网络传播和家庭传播二者研究对于社会整体发展的学术价值。

第一章 家庭传播学的逻辑起点、历史演进和发展路径

第一节 家庭传播学的逻辑起点

传播学自20世纪40年代发端以来，不断开疆拓土，并与相关学科融合，学术版图不断扩大，产生了各种分支学科：健康传播、政治传播、跨文化传播、科学传播、人际传播、组织传播、环境传播、视觉传播、危机传播……每一个分支都以其传播学的独特贡献，丰富了传播学的内涵，拓展了传播学的外延，推动了传播学的快速发展。作为新兴的分支学科，家庭传播（Family Communication）因其对传播学的理论（发展了一种系统模式，而不是个人模式；从现象研究转向过程研究；研究方法的创新）和实践的重要贡献（贴近现实生活，能够切实解释和解决家庭生活中的行为和问题）而广受关注。

然而与其他分支学科相比，家庭传播研究起步较晚。即使在美国，家庭传播从人际传播和群体传播中剥离出来，吸收、借鉴了其姐妹学科——社会学、心理学和家庭学的成果，成为传播学的分支学科得到广泛认可，至今也不过30年，却发展成为一个较为系统的研究领域。它主要关注父母与子女的沟通、夫妻之间的交流、父母对子女接受媒介信息的影响等。虽然这些研究问题很微观，但是很贴近现实生活，与普通人的生活密切相关，体现了传播学作为一门社会学科应有的人文关怀，这也是每一个社会学科务

力的方向：既要在宏观上能解释和研究社会现象与社会规律，也要在微观层面上能够切实解释社会生活中的一些行为现象。

相比在美国发展的日臻成熟，家庭传播研究在中国属于尚未开垦的研究飞地。由于各国家庭处于不同的自然、经济、政治和文化情境，因此中国的家庭传播既具有与美国家庭传播相通之处，又呈现出自己的独特之处。那么，如何吸收借鉴美国家庭传播的研究成果，建构出中国家庭传播研究的自主性？中国家庭传播研究的核心概念和轴心命题是什么？其学科逻辑和范式是什么？其学术视野在哪里？哪些现实问题值得关注？如何凝聚学术共同体，强化主体性认同？……这一系列未来中国家庭传播研究发展必须回答的问题，不仅在一定程度上有利于促进家庭传播理论在中国的发展，而且有助于理解信息时代我国家庭传播面临的问题和挑战，指导我国家庭传播实践，进而为家庭治疗提供参考和指引，解决我国的家庭传播问题，促进家庭的和谐与发展。

一、理论溯源：家庭传播本体论

家庭传播研究如何强调自身特性，从而与其他学科相区别——这是"家庭传播"诞生之初就需要回答的问题。因为在这之前，社会学、经济学、法学、人类学、伦理学等不同学科都对"家庭"现象进行了研究。

（一）家庭定义

家庭是人类传播的一个独特情境。人人似乎都知道"家庭"和"传播"的含义，但是人们对于它们的界定却不尽相同。

数十年来，家庭的定义虽然经历了变迁，但是总的来说，可以从结构、功能和互动三个原则来界定。

结构定义。是通过考虑家庭的形式，以确定一个社会群体是不是家庭。过去人们把家庭看作是通过法律和生物关系构成的个人组合，像1964年的《婚姻和家庭手册》指出："家庭包括合法结婚的伴侣和他们的后代，这种界定包括原生家庭和拓展家庭，即一个人通过血缘、婚姻和收养关系成为家庭的成员。"①但是这种界定代表的是过去的家庭，并不能反映20世纪90年代以后的家庭结构现实，因为在现代社会，未婚同居、未婚生子、单身、同性恋等家庭形式屡见不鲜。

功能定义。从社会心理学角度，指出一个家庭就是一个心理社会群体，它是由两个或者更多的成员组成的，这些成员为完成彼此需要的满足、养育和发展等任务而努力。②这种定义的优点在于可以把非传统家庭关系包含在内，比如同性配偶以及非婚生育孩子；弱点在于概念的模糊边界。

互动定义。将家庭界定为：两个或两个以上人组成的一个社会群体，其特征是持续的彼此依赖，植根于血缘、法律和喜爱的长期承诺。③互动定义不那么强调结构、功能，而是强调彼此的依赖和承诺，拓展了家庭的边界，使学者们得以把各种各样不同的家庭类型涵盖在内。但是这种定义的不足之处在于概念的模糊性，为研究者的研究带来困难。

从家庭传播研究的视角来看，其对于家庭的界定是基于对最具包容性定义的偏好，即互动定义。因为在他们看来，长期承诺和相互依存的特性是凌驾于其他家庭特性之上。④

（二）家庭传播界定

在界定家庭传播之前，我们先来看看什么是传播。家庭传播学者大多将注意力聚焦于传播上，把它界定为人类用来创造意义的象征性过程。美国学者斯图亚特（Stewart）从这样的视角来界定传播：传播是人类构建现实的方法。人类世界不是由对象组成的，而是由人们的反映对象或是他们的意义组成的。而且这些意义是以传播方式进行协商。传播不仅仅是分享意

————————

①　Christensen, H. T., *Handbook of Marriage and the Family*. Chicago: Rand McNally, 1964, p.3.

②　Fitzpatrick, M.A. & Wamboldt, F.S., "Where is All Said and done? Toward an Integration of Intrapersonal and Interpersonal Models of Marital and Family Communication", *Communication Research*, vol.17, no.4, 1990, pp.421–430.

③　Braithwaite, D.O. & Baxter, L. A., *Engaging Theories in Family Communication: Multiple Perspectives*, London: SAGE Publications, 2006, p.4.

④　Braithwaite, D.O. & Baxter, L. A., *Engaging Theories in Family Communication: Multiple Perspectives*, London: SAGE Publications, 2006, p.3.

见的方式，更是人类用来定义现实的过程。[①]

以这种方式来界定家庭传播，传播不仅仅是将信息从一个人传递给另一人。家庭传播是指我们在社会交往中共同创造和协商意义、身份和关系的方式；也就是，我们如何构建自己和我们家庭关系的方式。[②] 从家庭传播的视角来看，传播不仅仅是家庭的一个方面，而是作为家庭的核心过程，即家庭是如何在话语中共同构建、协商和合法化。

二、家庭传播学的研究目标、范围和视角

一门学科是否成立有两个基本指标：一是"内化"指标，在研究对象、研究方法及理论体系上是否有本体意义上的凝聚；二是"外化"指标，是否有专业的研究人员、代表作、教育、学术机构、学术刊物等。[③] 而家庭传播研究符合了以上学科生成的内在逻辑。

（一）研究目标

家庭传播所关注的是传播在家庭中的角色和功能，其研究目标不仅在于理论建构，而且在于运用传播理论和研究方法来解决影响家庭的问题：比如萨布林（Sabourin）发现，传播模式的干预对于减少配偶间的虐待行为是至关重要；弗格森和迪克森（Ferguson and Dickson）指出，通过修辞策略和互动，可增加孩子接受单亲父母约会行为以及约会对象的概率。

（二）研究范围

家庭传播研究的研究范围不仅包括整个家庭，而且包括家庭各个分支。像米勒（Miller）研究同一家庭四代女性的代际传播模式与自杀未遂的关系；相比萨布林的研究对象为配偶双方，斯坦普和萨布林（Stamp & Sabourin）专

---

① Stewart, J., "Interpersonal Communication: Contact between Persons" ,In *Bridges Not Walls (7th ed)* , Stewart, J. (Ed.), New York: Random House, 1999, pp.13–43.

② Baxter, L.A., "Theorizing the Communicative Construction of ' Family' : The Three R's" , In *Remarking "Family" Communicatively*, Baxter, L.A. (Ed.), New York, NY: Peter Lang, 2014, pp.33–50.

③ 参见王文利、艾红红：《"广播电视学学科体系建设研究"学术研讨会综述》，《现代传播》2007年第4期。

门研究丈夫。[①]

（三）研究视角

随着学科交叉和融合趋势的不断增强，任何学科都很难通过独占某种研究对象而划定学科边界。在此大背景下，家庭传播的"合法性"来源于其独特、新颖与不可取代的研究视角。

1. 完形变化。代表着一种家庭生命周期视角，勾勒了研究家庭阶段的方法，即"关系系统的膨胀、收缩、重组来支撑家庭成员的加入、存在和发展"。连续性概念是家庭生命周期视角的重要议题，这种以时间为单元，强调长时间以来变化的性质和家庭固有经历的增长，包含了家庭的建立、发展和解体消亡。换句话说，这种完形变化提供了一种总体测量家庭生命周期里家庭传播潮起潮落的方法。

2. 事件变化。更为特殊，家庭传播研究者把互动界定为随时间流逝发生的特定事件。例如，家庭庆典事件（如结婚纪念日）是年复一年、周期性地出现，我们可以考察事件语境中的互动作为传播的诱因，比较不同时间的变化和相似之处。

3. 偶发事件变化。偶发事件变化也是研究家庭传播互动模式必须考量的。比如配偶会在婚姻的早期采取一种冲突解决模式，在婚姻的后期会改变模式，以更好地解决关系中的冲突。追踪家庭传播模式的建立、发展和变化，有助于更好地理解家庭生活和传播的其他类似问题。[②]

（四）研究方法

研究方法是衡量一门学科是否进入科学性、系统性研究之列，也是实现其理论创新和发展的重要手段。由于家庭传播研究是从发展的视角把家庭当作一个系统，因此严格的定性研究和定量研究在家庭传播中都是有效的研究方法。

[①]　Whitchurch, G. G. & Webb, L. M., "Applied Family Communication Research: Casting Light Upon the Demon", *Journal of Applied Communication Research*, vol.23, no.4, 1995, pp.239-246.

[②]　Petronio, S. & Braithwaite, D. O., "The Contributions and Challenges of Family Communication to the Field of Communication", *Journal of Applied Communication Research*, vol.21, no.1, 1993, pp.103-110.

1. 想象互动（Imagined Interactions，IIs）。罗森布拉特和梅耶（Rosenblatt& Meyer）提出"想象互动"概念，即研究者请受访者选择一个或多个目标人物，构建与他们的对话。想象互动理论是建立在符号互动主义基础上的一种社会认知和人际交往理论。[①]通过想象互动行为，人们想象着自己为了各种目的与他人进行谈话。想象互动具有多种功能，包括信息预演、自我理解、关系保持、冲突处理、情感宣泄和补偿真实互动的缺失等。家庭传播研究者会请家长和孩子各自构建"想象互动"，并比较他们的不同结果，它为研究亲子之间的传播冲突提供了有益的工具，很好地替代自我报告式的问卷调查法。

2. 自然观察法。这种方法的关键之处在于研究家庭传播中公共行为与私人行为的关系，比如说观察在公共场合家长如何约束孩子；观察婚礼和婴儿洗礼等传播仪式；运用观察法和话语分析来研究夫妻之间的抱怨。

3. 日记访问法。此方法是家庭传播研究者最近经常用到的方法。研究者让家庭成员观察并记录他们的行为和发生的事件，以获得家庭这一特定语境中对于事件变化的多重解释。

4. 媒介分析法。媒介提供了绝佳的家庭传播系统模板，因此家庭传播研究者经常运用大众媒介作为信息的来源。这方面的例子包括引用在杂志和电视节目中出现的家庭关系的态度。

5. 实验法。对于很多传播研究是主流，但对于家庭传播研究来说，却面临着诸多困难，其中最大的困难在于道德问题：因为把夫妻双方或整个家庭带到实验室，操纵诸如家庭隐私的变量，对于研究者来说无疑是巨大的挑战。但这并不是说实验法是不合适或不可行的，只是要注意在控制的实验室里研究家庭，控制会带来复杂、不可预料的系统效应。

6. 问卷调查。问卷调查法是家庭传播研究中运用最多的一种方法。但是以往的数据收集仅局限于个人，而家庭传播研究者则设计问卷来收集

---

① Rosenblatt, P. & Meyer, C., "Imagined Interaction and the Family", *Family Relations*, vol.35, no.2, 1986, pp.319–324.

夫妻双方或亲子双方的回答,以期获得多重视角;此外,与其他传播研究不同之处,家庭传播研究的受访者是描述关于自己生活,而不是回答假设问题。

（五）家庭传播之于传播学学科的理论和实践贡献

1. 发展了一种更多地关注家庭成员相互关系的系统模式,而不是个人模式

相比以往的人际传播研究经常把个人作为研究单位,家庭传播研究把家庭整体作为研究单位。它较少关注个人层面的传播,而更多地把家庭成员的传播作为一个系统来进行研究。这种研究的贡献在于更多地了解具有多层次共识的人们的互动方式。由于家庭是一个复杂的系统,家庭成员共处同一环境和历史;单纯个人无法解释传播议题。只是了解个人如何做出选择和决策,无法解释其他成员是如何决策;个人的研究也无法说明家庭成员如何协调他们之间的互动从而达成共识。因此,家庭传播研究的研究者不得不考虑长时间历史的影响和家庭成员之间亲密关系的动力。

2. 从点的现象研究转向多点变化的过程研究

与群体传播、组织传播相似,家庭传播研究把相互关系作为研究的重点。它关注了家庭人际关系如何随着时间变化而发展,家庭传播如何随时间而变化,这种过程视角将有助于我们转向过程取向的传播模式研究。

第二节　他山之石：家庭传播学的历史演进

梳理和回顾美国家庭传播的演进历史,对于把握家庭传播的发展规律,展望未来家庭传播的发展前景具有重要意义。

一、孕育萌芽：20 世纪 50—70 年代

早在 20 世纪 50 年代初期,维琴尼亚·萨提尔和保罗·瓦兹拉威克（Virginia Satir ＆Paul Watzlawick）就专门聚焦家庭互动和家庭治疗（family therapy）。60 年代末，人际关系学者呼吁人们关注持续的关系，并开始关注于包括婚姻在内的长期关系的开始、维护和瓦解。1968 年的言语传播协会（Speech Communication Association，SCA）大会通过一项决议，号召开展包括家庭在内一系列情境的传播研究。帕罗阿尔托（The Palo Alto）研究小组对家庭互动的研究，推动了家庭传播理论和研究在重要概念上的进展。①

以前，传播学者研究家庭一般是作为考察群体历程的工具；随着论文《家庭传播研究》（1974）②、《家庭传播研究的概念前沿》（1976）③ 的发表，家庭传播开始形成自己的身份。70 年代末，不同学科的学者开始关注家庭功能，开始探讨日常家庭生活的复杂性，试图识别"正常"家庭功能的特征。但是这时的家庭传播研究，绝大多数是由非传播学科领域里的学者进行，尤其是心理学、家庭治疗学和社会学。

二、发展壮大：20 世纪 80 年代

尽管在 20 世纪 70 年代的人际传播教材中出现了与家庭传播相关的章节，但是第一本家庭传播教材——《家庭传播：聚合与变化》④，直到1982年才出现；之后，《家庭谈话：家庭里的人际传播》（1986）⑤、《家庭里的传播：在流逝时间里寻找满足感》（1989）⑥陆续出版。同一时期，人际传播学者开始关注家庭互动模式、婚姻类型、冲突与决策。

80 年代中期起，家庭传播的课程开始出现在美国校园，研究项目日益

---

① Galvin, K.M., "Family Communication Instruction: a Brief History and Call" , *Journal of Family Communication*, vol.1, no.1, 2001, pp.15–20.

② Bochner, A.,*Family Communication Research: a Critical Review of Approaches, Methodologies and Substantial Findings*, Paper Presented at Meeting of the Speech Communication Association, Chicago, 1974, November.

③ Bochner,A., "Conceptual Frontiers in the Study of Communication in Families: an Introduction to the Literature" , *Human Communication Research*, vol.2, no.1, 1976, pp.381–397.

④ Galvin,K.M.,Brommel,B.J.&Bylund,C.L.,Family Communication:Cohesion and Change, Belmont, CA: Wadsworth, 1982.

⑤ Beebe, S.A.&Masterson,J.T.,Family Talk: Interpersonal Communication in the Family, New York:Mc Graw–Hill, 1986.

⑥ Pearson, J.C.,Communication in the Family: Seeking Satisfaction in ChangingTtimes, New York: Harper Collins, 1989.

增多。家庭传播作为传播学的分支学科得到确认是在 1989 年，美国最大的传播专业学会——全国传播学会（National Communication Association，NCA）成立了家庭传播委员会（Commission on Family Communication，CFC）。自此之后，CFC 发起家庭传播研究的论文工作坊。[1]

三、日臻成熟：20 世纪 90 年代至今

20 世纪 90 年代，传播学者开始从不同的理论视角接近家庭，并达成一种共识，家庭传播具有与非家庭的人际传播（比如说朋友群体）不同的特质。随着言语传播大会中家庭传播论坛的兴盛和越来越多的家庭传播研究教材的问世：《理解家庭传播》（1990）、《家庭关系传播》（1993）[2]、《家庭传播的视角》（2002）[3]，家庭传播研究在传播学领域日臻成熟。

家庭传播研究的丰富特性，催生了《家庭传播杂志》（2001）的诞生，它标志着家庭传播向专业化领域迈出重要一步。[4]2002 年，在洛杉矶的新奥尔良召开的 NCA 会议上评估了家庭传播理论和研究的未来。家庭传播已从聚焦婚姻或家庭教养到转向更为广泛的家庭关系和家庭形式。家庭传播的研究在很多方面成为最尖端的知识，包括评估生理标记和统计分析，这在以前是不可想象的。[5]

家庭传播研究已从首先是传播学科之外的人加以研究的领域，走向传播学者在其中扮演中心角色的领域。据美国学者统计，在《传播学季刊》《传播学研究》《传播学报告》《传播理论》等 21 本学术期刊上，1990—2003年共刊登了 471 篇家庭传播论文，平均每年 33.6 篇；2004—2015 年 486 篇，

---

① Braithwaite, D.O., Suter, E.& Floyd, A. K., *Engaging Theories in Family Communication:Multiple Perspectives (2nd Edition)*, New York: Routledge, 2017, p.3.

② Noller, P. & Fitzpatrick, M. A., Communication in Family Relationships, Englewood Cliffs, NJ: Prentice Hall, 1993.

③ Turner, L.H. & West, R., *Perspectives on Family Communication (2nd ed.)*, *Mountain View, CA:* Mayfield, 2002.

④ Braithwaite, D.O., Suter, E.&Floyd,A.K., *Engaging Theories in Family Communication:Multiple Perspectives (2nd Edition)*, New York: Routledge, 2017, p.3.

⑤ Galvin,K.M., "Family Communication Instruction: A Brief History and Call", *Journal of Family Communication*, vol.1, no.1, 2001, pp.15–20.

平均每年 40.5 篇。刊登家庭传播论文最多的是《家庭传播杂志》，其次是《社会与个人关系杂志》。[①]

是否有自己原创性的理论是一门学科成熟与否的重要标志，研究者也会自觉地使用这些理论开展研究。在家庭传播研究中，经常使用的理论包括关系传播理论（Relational Communication Theory）、符号聚合理论（Symbolic Convergence Theory，SCT）、情绪调节理论（Emotion Regulation Theory）、情绪评估理论（Appraisal Theories of Emotion）、作为控制理论的不协调培育理论（Inconsistent Nurturing as Control Theory，INC）、叙事表演理论（Narrative Performance Theory）、弹性沟通理论（Communication Theory of Resilience）、符号互动论（Symbolic Interactionism）、社会学习理论（Social Learning Theory，SLT）、压力与适应理论（Stress and Adaptation Theories）、自然选择理论（The Theory of Natural Selection，TNS）、使用与满足理论（Uses and Gratifications Theory）等。[②] 以 2004—2015 年发表的 486 篇家庭传播研究论文为例，在这些论文中引用 4 次以上的理论如下图（表 1-1）。[③]

表1-1　2004—2015家庭传播研究的理论图谱

引用理论	引用次数
传播隐私管理理论（Communication Privacy Management Theory, CPM）	34
家庭传播模式理论（Family Communication Patterns Theory, FCP）	20
关系辩证理论（Relational Dialectics Theory）	29
叙事理论（Narrative Theory）	21
系统理论（Systems Theory）	14

---

① Braithwaite, D.O., Suter, E. & Floyd, A.K.,*Engaging Theories in Family Communication: Multiple Perspectives (2nd Edition)*, New York: Routledge, 2017, p.9.

② Braithwaite, D. O. & Baxter, L.A.,*Engaging Theories in Family Communication: Multiple Perspectives*, London: SAGE Publications, 2006, p.1.

③ Braithwaite, D.O., Suter, E. & Floyd, A.K., *Engaging Theories in Family Communication: Multiple Perspectives (2nd Edition)*, New York: Routledge, 2017, p.10.

续表

引用理论	引用次数
依恋理论（Attachment Theory）	11
情感交换理论（Affection Exchange Theory）	8
传播适应理论（Communication Accommodation Theory, CAT）	6
女性主义理论（Feminist Theory）	5
关系动荡理论（Relational Turbulence）	5
社会建构理论（Social Construction Theory）	5
归因理论（Attribution Theory）	4
平等理论（Equity Theory）	4
面子理论（Face Theory）	4
多元目标理论（Multiple Goals Theory）	4
社会认知理论（Social Cognitive Theory）	4
结构化理论（Structuration Theory）	4
不确定管理理论（Uncertainly Management Theory）	4
动机信息管理理论（the Theory of Motivated Information Management）	4

第三节　家庭传播学的理论图谱

一、家庭传播学的元理论话语视角

不同学者研究和发展家庭传播理论是差异很大的。因此，理解学者们使用的不同元理论，将有助于我们理解和领会用不同的方法来提出家庭传播问题，选择研究方法来回答我们的问题，并提供评估研究结果和结论的标准。[1] 每一种话语（范式）或视角都带着一套不同的假设：关于真理和现实的本质，研究者和正在调查的现象之间的关系，价值观在理论和研究中的作用，以及如何最好地写出和传达研究的发现。[2]

关于家庭传播有三种基本的元理论话语：后实证主义的视角、解释的视角和批判的视角。

（一）后实证主义的视角（Post-positivist Perspective）

采用后实证主义视角的研究者使用科学研究的方法，有时也被称为"逻辑经验主义传统"（logical-empirical tradition）。在这个研究传统中，学者的目标是产生可归纳的因果解释，即在客观世界中变量是如何相互依存的。研究人员通过变量来寻求对社会世界的因果解释，其中一些变量作为自变量，导致对其他变量（因变量）的影响或结果。致力于"后实证主义"理论的研究人员将会发现一个与他们想要解释和预测的现象相关的理论和可验证的假设。这一范式的理论包括在各种情况下应用的类似于法律声明，涉及变量如何关联、因果关系或功能。在其理想化的形式中，研究者的任务是从理论中推导出可验证的假设。

研究人员将他们的工作放在后实证主义范式中，可能会对研究一个人的家庭传播规范如何影响到成年后家庭中的传播规范的发展产生兴趣。研究从一种理论开始，例如一种代际家庭传播理论，在这种理论中，关键变量的可预测模式被假定。从这个理论出发，研究者将得出与传播规范相关的可验证假设。研究人员将确定这些假说是否得到了观察结果的支持，从而确定了代际家庭传播理论是否得到了支持。

对于后实证主义者来说，一个好的理论是准确的（与观察一致的）、可检验的（可验证的和可证伪的）、逻辑上一致的、简洁的（适当的简单）、合

---

[1]　Baxter, L.A.& Babbie, E.,The Basics of Communication Research, Belmont, CA: Wadsworth, 2004.

[2]　Braithwaite, D.O., Suter,E.& Floyd, A. K., *Engaging Theories in Family Communication: Multiple Perspectives (2nd Edition)*, New York: Routledge, 2017, p.5.

适的适用范围，并且有助于预测和解释家庭传播。[①]

（二）解释的视角（Interpretive Perspective）

采用解释主义视角的研究者致力于丰富而详细地理解在家庭传播中，特定的社会实践是如何进行协商和维持的。解释主义研究者重视参与者的观点——即被研究者的视角和语言选择。他们所重视的理论，侧重于意义和意义的形成，并在研究特定群体或语境的成员之间寻找共同的意义模式。研究人员试图通过人们和家庭的日常实践来了解现实是如何产生和维持的；其目标不是在一个特定的情境中检验这个理论，而是将理论与研究者的新观察和参与者的经历中涌现出来的解释联系在一起。

以代际传播模式为例，解释主义研究者可能会采用一种归纳方法，请家庭成员用他们自己的术语来描述他们的家庭和直系亲属的传播模式特征。研究者可能对家庭成员的观点感兴趣：即家庭沟通方式如何与他们在家庭中的交流有关。解释主义研究者不是检验假设，而是从一个理论开始解释社会现实是如何被复制的，然后将这个理论作为一个敏感的工具，来指导初步的访谈问题，或者在研究分析阶段使发现具有可解释性。最后，研究者会得出这样的结论：这个理论在启发家庭成员的经验方面或多或少有用。

一个好的解释理论是启发式的，启发被研究的人或群体的意义和意义形成的过程。这和后实证主义理论的预测和解释目标不同；然而，相同的是也必须有很强的逻辑一致性和简洁性。[②]

（三）批判的视角（Critical Perspective）

批判学者把家庭看作是一种社会/历史的产物，在这个过程中发生各种权力斗争。一个批判的研究者会依靠组织或意识形态力量的理论来提供分析指南，以理解和解释为什么一些声音边缘化或沉默，而另外一些声音

---

①　Braithwaite,D.O.,Suter, E. & Floyd, A. K., *Engaging Theories in Family Communication: Multiple Perspectives (2nd Edition)*, New York: Routledge, 2017, pp.5–6.

②　Braithwaite,D.O.,Suter, E. & Floyd, A. K., *Engaging Theories in Family Communication: Multiple Perspectives (2nd Edition)*, New York: Routledge, 2017, pp.6–7.

却居于主导地位。批判学者会关注不同社会结构和意识形态（诸如个人主义和父权意识形态）在个人认同的作用，并且经常关注那些妇女、有色人种、非精英的社会阶层——如 LGBTQ（Lesbians，女同性恋；Gays，男同性恋；Bisexuals，双性恋；Transgenders，跨性别者；Queer，非异性恋或不认同出生性别的人）家庭。以解放或启蒙运动为目标和积极的社会变革议程，都推动了批判学者的工作。

批判学者采用的研究方法类似于解释性的研究者，如访谈、观察和民族志，但目标不同：解释性的研究者旨在寻求认同模式或一致性，批判学者则专注于矛盾、分歧或不平等，在差异中寻找意义。以代际传播模式为例，批判学者的目的在于恢复家庭生活动力动态中沉默的观点和规范。

一个好的批判理论是通过它揭露被边缘化的声音和促进社会公正的能力来评估的，从压迫的社会结构或意识形态中解放出被剥夺权利的群体。[①]

二、美国家庭传播研究的代表性理论

社会科学研究离不开理论观照，家庭传播的研究同样需要理论指导。相关理论能够加快研究者思考问题的过程，更深入地揭示现象背后的规律，为研究提供宝贵的思想资源和实施基础。

（一）传播适应理论（Communication Accommodation Theory，CAT）

传播适应理论来源于社会心理学领域的社会认同理论。1973 年，霍华德·吉利斯（Howadri Giles）等美国学者提出 CAT 理论，探讨了人们如何和为什么会根据与对方的互动来调整自己的传播行为。适应可以通过四种方式进行：适应对方的语言和非语言特征；适应对方的理解能力；适应对方的会话需要；适应对方自主选择角色的需要。各种适应方式背后的动机包括改进传播效果、获得社会赞助、保持积极的社会身份或保持自我身份，保持谈话中权力和角色的差异。这四种适应方式分别对应了四种策略：近似

---

① Braithwaite,D.O., Suter, E. & Floyd, A.K., *Engaging Theories in Family Communication: Multiple Perspectives (2nd Edition)*, New York: Routledge, 2017, p.7.

策略（Approximation Strategies）、可理解策略（Interpretability Strategies）、话语管理策略（Discourse Management Strategies）、人际控制策略（Interpersonal Control Strategies）。[①]

该理论认为 CAT 理论鼓励不仅在微观层面进行传播考查（例如说话频率，口音的细微变化），而且在更广泛的话语层面（如面部工作，寻求妥协）进行研究，因此它在理解家庭中传统人际关系的进程方面具有很大的解释力：比如说婚姻冲突中出现的分歧；多种族家庭传播适应过程；继父母家庭关系中的认同协商。[②]

（二）传播隐私管理理论（Communication Privacy Management Theory，CPM）

传播隐私管理理论是从社会心理学的自我表露研究中发展出来，旨在围绕人们关于披露和隐瞒隐私信息的行为。CPM 围绕六个主要原则展开：前三个原则是用来管理私人披露的"假设原则"，即公开——私人的辩证张力；隐私信息的概念化；隐私规则；另外三个原则是"互动原则"，反映了在披露和隐瞒隐私信息时与他人的传播互动被管理的方式，包括共享边界、边界协调和边界混乱。[③]

CPM 理论旨在理解家庭面临的日常隐私问题：彼得罗尼奥（Petronio）发现，在建立隐私规则的时候，新婚夫妇经常为确定他们应该披露何种隐私而大伤脑筋。新婚夫妇要经历一个过程，协商婚姻关系中公开和保密的可接受程度；隐私规则通过这一过程得以建立[④]；当父母尊重孩子需要拥有

---

① Coupland, N., Coupland, J., Giles, H. & Henwood, K., "Accommodating the Elderly: Invoking and Extending a Theory", *Language in Society*, vol.17, no.1, 1988, pp.1–41.

② Braithwaite, D.O. & Baxter, L.A., *Engaging Theories in Family Communication: Multiple Perspectives*, London: SAGE Publications, 2006, p.30.

③ [美]莱斯莉·A.巴克斯特，唐·O.布雷思韦特:《人际传播:多元视角之下》，殷晓蓉、赵高辉、刘蒙之译，上海译文出版社 2010 年版，第 405 页。

④ Petronio, S., "The Embarrassment of Private Disclosure: A Case Study of Newly Married Couples", In *Case Studies in Interpersonal Communication: Processes and Problem, Belmont*, Braithwaite,D. O.& Wood, J.T.（Eds.），CA: Wadsworth, 2000, pp.131–144.

私人信息、空间、财产和领地时，他们就能和孩子有更满意的关系。①

（三）家庭沟通模式理论（Family Communication Patterns Theory，FCP）

家庭沟通模式理论起源于大众传播，建立在早期认知心理学的基础上。大众媒介研究者麦克劳德和查菲（McLeod &Chaffee）发现，家庭倾向于发展相对稳定和可预测的沟通方式，因此他们将家庭沟通模式分为概念定向（concept-oriented）和社会定向（social-oriented）。②后来，里奇和菲茨帕特里克（Ritchie &Fitzpatrick）将这两个维度修订为：对话定向（conversation orientation）：家庭营造一种气氛，即鼓励所有家庭成员参与一系列广泛主题、不受约束的互动；服从定向（conformity orientation）：家庭传播强调态度、价值观和信仰一致性的气氛。③不同模式产生四种不同类型的家庭：共识型（consensual）、多元型（pluralistic）、保护型（protective）、放任型（laissez-Faire）。

学者运用FCP理论来研究许多重要的家庭过程，比如沟通理解力④、冲突的解决⑤、父母工作环境对家庭沟通的影响、孩子对家庭政治讨论的影响以及家庭谈话中的自我定位等。⑥

（四）目标—计划—行动理论（Goals-Plan-Action Theories，GPA）

目标—计划—行动理论旨在解释在面对面的交流中，个体是如何形成

① Petronio, S., "Privacy Binds Family Interactions: The Case of Parental Privacy Invasion", In *The Dark Side of Interpersonal Communication*, Cupach, W.R. & Spitzberg, B. H.（Eds.）, Hillsdale, NJ: Erlbaum, 1994,pp.241-258.

② Mcleod, J. M. & Chaffee, S. H., "Interpersonal Approaches to Communication Research", *American Behavioral Scientist*,vol.16, no.4, 1973, pp.469-499.

③ Ritchie, L. D. & Fitzpatrick, M. A., "Family Communication Patterns: Measuring Interpersonal Perceptions of Interpersonal Relationships",*Communication Research*, vol.17, no.4, 1990, pp.523-544.

④ Elwood, T. D.& Schrader, D.C., "Family Communication Patterns and Communication Apprehension",*Journal of Social Behavior and Personality*, vol.13, no.13, 1998, pp.254-268.

⑤ Koerner, A. F.& Fitzpatrick, M.A., "You Never Leave Your Family in a Fight: The Impact of Families of Origins on Conflict-behavior in Romantic Relationships", *Communication Studies*, vol.53, no.3, 2002,pp.234-251.

⑥ Koerner, A.F.& Cvancara, K. E., "The Influence of Conformity Orientation on Communication Patterns in Family Conversations",*The Journal of Family Communication*, vol.2, no.3, 2002, pp.132-152.

和追求目标的，如何对彼此的目标进行推断，并管理相互冲突的目标。它包括三个重要概念：一是"目标"，是个体与他人交流和协调所要达到或保持的事件的未来状态；二是"计划"，是人们对与目标相关行为的认知，人们可以形成计划，但可以选择不实施；三是"行动"，是实现目标所实施的行为。[①]

由于家庭成员是相互依存，因此每个成员都影响着其他成员的目标和计划。研究者将 GPA 理论运用于家庭来强调家庭成员的目标、计划和行动之间动态依存的本质：比如父母如何让他们的孩子参与计划[②]；当孩子们长大时，他们如何学习为潜在的障碍进行预测和计划；[③] 当父母们自己可能受益于制订更复杂或更具体的计划时。[④]

（五）作为控制理论的不协调培育（Inconsistent Nurturing as Control Theory, INC）：家庭传播的新理论

作为家庭传播的新兴理论，控制理论的不协调培育理论（INC）聚焦正常的家庭成员试图控制或减少另一名家庭成员的不健康行为（如药物滥用、抑郁、饮食混乱和赌博成瘾）的传播策略；与此同时，正常的家庭成员还要培养与问题成员的感情，以维持彼此之间的关系，这就导致了不协调地使用强化和惩罚策略。[⑤]

家庭传播学者运用 INC 理论来探讨饮食紊乱的女儿与母亲的沟通[⑥]、抑

---

① ［美］莱斯莉·A.巴克斯特，唐·O.布雷思韦特：《人际传播：多元视角之下》，殷晓蓉、赵高辉、刘蒙之译，上海译文出版社 2010 年版，第 82 页。

② Friedman, S.L. & Scholnick, E.K.（Eds）., *The Development Psychology of Planning: Why, How, and When Do We Plan?* Mahwah, NJ: Lawrence Erlbaum, 1997, p.78.

③ Marshall, L.J.&Levy, V.M., "The Development of Children's Perceptions of Obstacles in Complaince-gaining Situations", *Communication Studies*, vol.49, no.4, 2000, pp.342–357.

④ Wilson, S.R., "Developing Planning Perspective to Explain Parent–child Interaction Patterns in Physically Abusive Families", *Communication Theory*, vol.10, no.2, 2000, pp.200–209.

⑤ Braithwaite, D. O. & Baxter, L. A., *Engaging Theories in Family Communication: Multiple Perspectives*, London: SAGE Publications, 2006, p.84.

⑥ Prescott, M. E.& &Le Poire, B.A., "Eating Disorders and Mother–daughter Communication: A Test of Inconsistent nurturing as Control Theory ", *Journal of Family Communication*, vol.2, no.2, 2002, pp.59–78.

郁者与伴侣之间的传播①。康复项目发现，将家庭成员纳入治疗和治疗过程中能获得更大的成功。

（六）叙事表演理论（Narrative Performance Theory）：讲故事、构建家庭

叙事表演理论对于理解家庭传播具有三个优势：首先，它强调家庭是传播实践的产物，而不是语言的、历史的、被分离的或自然实体的产物；其次，它强调家庭讲故事既是表演（一个家庭要做的某件事），又是趋向行为的完成（做讲故事的事，以便构成和形成家庭）；再次，它运用了一种策略模型，这种模型提供了一种探索家庭和家庭故事复杂性的方法，而不需要在占主导地位或抵抗性话语之间消除或减少叙事话语的对立。②

在家庭传播研究中，探讨叙事内容、过程和关系结果变量之间的关系发展迅猛，例如与其故事含有敌意、价值分歧、混乱和不友善的人相比，那些讲述团聚、关心、幽默、重建和适应性等家庭故事的人，对家庭更为满意。兰格利尔和彼特森（Langellier & Peterson）则关注家庭成员中"作为建立家庭和再造家庭文化的诸多可能策略之一"的共同讲故事的问题。③

（七）关系传播理论（Relational Communication Theory）：一个互动的家庭理论

关系传播理论是由人类学家格贝特森（Bateson）创立，该理论聚焦关系成员相互联系时，他们之间的互动传播行为；其思想基础是，社会关系和由此产生的社会秩序是从反复发生的传播中产生。贝特森指出，消息同时提供两层含义：内容层次和关系层次；内容层次提供讯息是什么的信息，而关

① Duggan, A., *One-up Two-down: An application of Inconsistent Nurturing as Control Theory to Depressed Individuals and Their Partners*, Doctoral Dissertation, University of California, Santa Barbara, 2003.

② Braithwaite, D.O. & Baxter, L. A., *Engaging Theories in Family Communication: Multiple Perspectives*, London: SAGE Publications, 2006, pp.109-110.

③ [美]莱斯莉·A.巴克斯特，唐·O.布雷思韦特：《人际传播：多元视角之下》，殷晓蓉、赵高辉、刘蒙之译，上海：上海译文出版社2010年版，第333页。

系层次则提供关于消息如何进行解释的信息。[1] 关系讯息比内容讯息更能影响传播效果。例如，评论"你迟到了"的内容指向是时间，而关系层次却通常意味着对对方缺乏责任感的批评。[2]

研究者运用关系传播的编码系统来研究伴侣之间的互动传播模式。[3]

（八）关系辩证理论（Relational Dialectics Theory，RDT）：家庭传播的多重对话

20 世纪 80 年代后期，美国学者贝克斯特（Baxter）将俄国社会理论家巴赫金（Bakhtin）的对话理论融入自己的理论建构中，发展出关系辩证理论。RDT 理论指出，人际传播中存在着对立、紧张关系，这些对立的关系构成了矛盾的张力，引起人际关系发展变化正是这些张力。[4]

家庭关系作为 RDT 理论的重要研究对象，可以用来理解夫妻之间的一些特殊经历，比如夫妻之间的虐待、冲突和"已婚的寡妇"（其中一个配偶住在老年痴呆症的养老院）；还有继父母家庭的形成和继父母与孩子的关系。[5]

（九）符号聚合理论（Symbolic Convergence Theory，SCT）：家庭内的传播、戏剧化信息和修辞幻象

符号聚合理论又被称为想象—主题分析（Fantasy-Theme Analysis），是

---

①　Bateson,G., "Information and Codification: A Philosophical Approach", In *Communication: The Social Matrix of Psychiatry*, J.Ruesch & G. Bateson（Eds.）,New York: Norton, 1951, pp.168-211.

②　Braithwaite, D. O. & Baxter, L. A., *Engaging Theories in Family Communication: Multiple Perspectives*, London: SAGE Publications, 2006, p.119.

③　Rogers, L. E. & Farace, R., "Analysis of Relational Communication in Dyads: New Measurement Procedures", *Human Communication Research*, vol.1, no.3, 1975, pp.222-239.

④　Baxter,L.A., "Relationships as Dialogues," *Personal Relationships*, vol.11, no.2, 2004, pp.1-22.

⑤　Sabourin, T.C. & Stamp, G.H., "Communication and the Experience of Dialectical Tensions in Family Life: An Examination of Abusive and Nonabusive Families", *Communication Monograps*, vol.62, no.3,1995, pp.213-242; Erbert,L., "Conflict and Dialectics: Percetions of Dialectical Contradictions in Marital Conflict", *Journal of Social and Personal Relationships*, vol.17, no.4, 2000, pp.638-659; Braithwaite, D.O.Baxter, L.A.&Harper, A.M., "The Role of Rituals in the Management of the Dialectical Tension of 'Old' and 'New' in Blened Families", *Communication Studies*, vol.49, no.2, 1998, pp.101-112; Braithwaite, D.O. & Baxter, L.A., "You're My Parent but You're not My Parent: Contradictions of Communication between Stepchildren and Their Nonresidential Parents", *Manuscript Under Review*, vol.34, no.1, 2003, pp.30-48.

由美国传播学者厄内斯特·鲍曼（Ernest Bormann）等人在20世纪70年代发展起来的一套理论，即研究群体在交流过程中是如何共同分享主题，并建构出统一的符号现实。它是一个将社会科学与人文科学的修辞学结合起来的研究符号与意识的理论，是建立在自然科学基础上的扎根理论。[1]

SCT理论尤其适用于小群体传播（譬如家庭传播）研究，理解一系列的家庭传播过程，包括家庭决策研究、家庭关系，尤其是家庭叙事和讲故事：像学者加埃塔诺（Gaetano）研究父子传播的修辞幻象；在父女关系的研究中，恩德雷斯（Endres）指出了父亲的四种修辞幻象：必不可少的伴侣、沉默的入侵者、爱的家长和故事讲述者。[2]

（十）依恋理论（Attachment Theory）：家庭传播与依恋模式之间的相互关系

依恋理论由英国精神病学家约翰·鲍尔比（John Bowlby）提出，初衷在于解释婴儿为什么与照顾者之间存在一种特殊的情感纽带和分离后所体验到的苦恼经历；之后，被应用于贯穿一生的各种关系之中，包括亲子关系、朋友关系、情侣关系和兄弟姐妹关系。该理论还解释了人们如何形成不同的依恋类型（安全型、焦虑型和回避型），以及这些类型如何可能得到修正的问题。[3]

依恋理论中的三个重要问题与家庭传播密切相关：首先，传播是如何影响依恋安全的最初发展；其次，依恋类型如何影响家庭关系的互动；最后，家庭互动如何促成依恋安全的改变。[4]运用依恋理论有助于我们更好地

---

[1]　[美]李特约翰：《人类传播理论》（第9版），史安斌译，清华大学出版社2009年版，第186页。

[2]　Endres,T.G., "Father-daughter Dramas:A Q-investigation of Rhetorical Visions", *Journal of Applied Communication Research*, vol.25, no.4, 1997, pp.317-340; Gaetano, G.M., *A Fantasy Theme Analysis of Son's Remembered Communication Experiences with their Fathers*, Doctoral Dissertation, University of Minnesota, 1995.

[3]　Bowlby, J., *Maternal Care and Mental Health*, Geneva, Switzerland: World Health Organization, 1951.

[4]　Braithwaite, D.O. & Baxter, L. A.,*Engaging Theories in Family Communication: Multiple Perspectives*, London: SAGE Publications, 2006, p.166.

理解家庭传播进程，如亲子互动和夫妻互动。研究发现，个人在总体上倾向于披露较少关系信息给回避型配偶，而与焦虑型配偶之间信息披露则不那么亲密，情感基调更为消极。[①]当妻子面对一个令人沮丧的事件吐露心声时，安全依恋型女人的丈夫会更多地去倾听，而那些非安全依恋型丈夫的妻子则在解决问题的谈话中更倾向于拒绝。[②]

（十一）归因理论（Attribution Theories）：家庭中责任判断的评估

归因理论来源于奥地利社会心理学家海德（Heider）的论断，即人们试图理解别人行为的意义作为预测和控制环境的总体需要。[③]传播者对于认知过程是如何影响信息的解释特别感兴趣；那些与归因过程有关的传播结果，也包含了很多归因理论的原则。首先，归因可以被看作是包括传播行为在内的社会行为的解释；其次，归因也可以看作是将解释分类为内部的或还是外部的，积极的还是消极的等的方法；最后，我们可以把归因看作是行为的，或是我们在头脑中形成的陈述的实际意义，或是在我们的讲话中反映了我们对行为的整体意义。[④]

在家庭传播研究中，归因理论通常应用于婚姻中的归因和传播的阴暗面：比如研究者发现，婚姻不幸福的夫妻对负面事件进行归因时，往往在对方身上寻找原因，把这种原因看作是固定或恒久不变的，并视这种原因是全面的，或影响到婚姻关系的许多方面[⑤]；虐待孩子的父母经常把原因归结

---

① Bradford,S.A.,Feeney,J.A.&Campell,L., "Links between Attachment Orientations and Dispositional and Diary-based Measures of Disclosure in Dating Couples: A Study of Actor and Partner Effects" , *Personal Relationships*, vol.9, no.4, 2002, pp.491-506.

② Kobak, R.R. &Hazan, C., "Attachment in Marriage: Effects of Security and Accuracy of Working Models" , *Journal of Personality and Social Psychology*, vol.60, no.6,1991, pp.861-869.

③ Heider,F., *The Psychology of Interpersonal Relations*, New York, NY: Wiley, 1958.

④ Manusov, V. & Koenig, J., "The Content of Attributions in Couples' Communication" , In *Attributions, Communication Behavior, and Close Relationships*, Manusov, V. & Harvey, J.H.（Eds.）, Cambridge, England: Cambridge University Press, 2001, pp.134-152.

⑤ [美]莱斯莉·A.巴克斯特，唐·O.布雷思韦特：《人际传播：多元视角之下》，殷晓蓉、赵高辉、刘蒙之译，上海译文出版社 2010 年版，第 53—55 页。

为孩子的不当行为。[①]

（十二）批判的女性主义理论（Critical Feminist Theories）：关于家庭的挑战性视角

批判的女性主义理论来自社会学、哲学、语言学和文化学领域，是批判理论和女性主义理论结合而形成的：即确认、质疑并试图改变父权制所带来的压迫，权力、机会和角色的不平等和不公平，而不仅仅是基于生物性（sex）和社会性别（gender）之上的不公平和不平等。换言之，文化结构和文化实践惯例是如何塑造男女各自的生活和传播实践的，反过来，男女各自的生活和传播又是如何塑造男女文化结构和文化实践的。

他们提出了一些关于传统的西方结构和家庭实践的独特问题，例如家庭应该包括哪些人？婚姻的功能是否应该是分配权利的制度？管理家庭的权力是如何集中和分散？家庭生活的哪些方面应该是研究的焦点？[②]

（十三）情绪调节理论（Emotion Regulation Theory）：观察家庭冲突和暴力的透视镜

情绪调节理论起源于心理学家戈特曼（Gottman）及其同事试图理解孩子的社会情感发展，以及如何通过婚姻互动和亲子互动来预测这种发展。[③]戈特曼等人特别关注婚姻不和谐传递给发展中的孩子，并发现处于困境婚姻中的父母可以做些什么来缓冲他们对孩子的不良影响。[④]

---

① Wilson,S.R.&Whipple,E.E., "Attributions and Regulative Communication by Parents Participating in a Community-based Child Physical Abuse Prevention Program", In *Attributions, Communication Behavior, and Close Relationships*, Manusov,V. & Harvey, J.H. (Eds.),Cambridge, England: Cambridge University Press, 2001, pp.227-247.

② Braithwaite, D.O. & Baxter, L.A., *Engaging Theories in Family Communication: Multiple Perspectives*, London: SAGE Publications, 2006, pp.201-208.

③ Gottman, J.M. & Katz, L.F., "Children's Emotional Reactions to Stressful Parent-child Interactions: The Link between Emotion Regulation and Vagal Tone", *Marriage & Family Review*, vol.34, no.3, 2002,pp.265-283.

④ Gottman, J.M., "Meta-emotion, Children's Emotional Intelligence, and Buffering Children from Marital Conflict", In *Emotion, Social Relationships, and Health*, Ryff, C.D. & Singer, B.H. (Eds.), New York: Oxford University Press, 2001,pp.23-40.

　　该理论通过以下方式阐明我们对家庭传播的理解：（1）确定了父母的沟通模式，促进了孩子们调节情绪的能力，进而带来了积极的发展结果；（2）情感教导（Emotion-coaching，EC）所培养的发展成果之一是更好的儿童同伴关系，这显然需要从家庭互动中获得人际传播能力；（3）情感教导型父母会缓冲婚姻衰退中父母消极的沟通模式对孩子的负面影响；（4）积极的亲子沟通和配偶之间积极的沟通模式（例如建设性的冲突管理）相关。①

　　情绪调节理论揭示了在家庭进程（例如抚养、处理婚姻冲突等）和家庭外的关系运作（友谊、工作关系）中家庭传播的重要性。研究者主要运用该理论来探讨家庭冲突和家庭暴力现象。②

　　（十四）社会建构主义和符号互动论（Social Constructionism and Symbolic Interactionism）：传播再造家庭

　　社会建构主义和符号互动论理论都是来源于社会学，聚焦人们在互动中如何通过使用语言来创造意义，但是方式有所不同：前者主要关注人们如何理解世界，特别是通过语言，并强调对关系的研究；而后者的中心问题是对自我和社会角色的理解。

　　社会建构主义是美国社会学家伯格（Berger）和卢克曼（Luckmann）提出的，其理论适用于传播行为最相关的两个要点为：首先，中心假设是人们通过构建社会模型以及它的运作方式来理解经验③；其次，强调语言是人类社会最重要的符号系统。④ 由此得出的结论，现实维护最重要的工具是

---

① Braithwaite,D. O. & Baxter, L.A., *Engaging Theories in Family Communication: Multiple Perspectives*, London: SAGE Publications, 2006, p.217.

② Cahn,D.D., "Family Violence from a Communication Perspective", In *Family Violence from a Communication Perspective*. Cahn, D.D. & Lloyd, S.A.（Eds.）, Thousand Oaks, CA: Sage, 1996, pp.1-19; Deturk, M.A. "When Communication Fails: Physical Aggression as a Compliance Gaining Strategy",*Communication Monograps*, vol.54，no.1，1987, pp.106-112.

③ Schwandt, T.A., "Three Epistemological Stances for Qualitative Inquiry", In Denzin, N.K.& Lincoln, Y.S.（Eds.）, *Handbook of Qualitative Research(2nd)*, Thousand Oaks, CA: Sage, 2000,pp.189-213.

④ Berger, P.L.& Lukmann, T., *The Social Construction of Reality: A Treatise in the Sociology of Knowledge*, New York, NY: Anchor Books, 1967.

对话。①

符号互动论则是由芝加哥学派学者米德（Mead）创立，并由其学生布鲁默（Blumer）正式提出，该理论强调意义、自我以及通过与他人的互动构建自我的方式。②

这两种理论为家庭传播研究者提供了新的研究方法，即强调谈话分析和民族志③：比如说研究家庭晚餐桌上的谈话。④ 在家庭传播研究中，社会建构主义已广泛运用于研究家庭内部性别的社会化；符号互动论特别适合于对家庭成员所扮演的各种角色的研究。⑤

（十五）社会交换理论（Social Exchange Theories）：分析关系成本—收益的路径

借用传播学领域之外的理论来理解家庭传播，社会交换理论是最常用的理论之一。该理论用经济隐喻来解释相互影响的生活，认为所有的人类互动都涉及从一个人到另一个人的自愿和互惠的资源交换。⑥ 在众多的社会交换理论中，两种理论与家庭传播研究有关：一为社会心理学家蒂博与凯利（Thibaut & Kelly）的相互依赖理论（Theory of Interdependence），通过考察三个相互依存的变量（关系结果、绝对的比较标准和相对的比较标准）来预测人际关系的满意度、独立性和稳定性⑦；二是沃尔斯特（Walster）的平等理论（Equity Theory）：在人际交往中，人若发现自己的收益与投入之比与

---

① Shotterr, J., *Cultural Politics of Everyday Life*, Buckingham, UK: Open University Press, 1993.

② Blumer, H., *Symbolic Interactionism: Perspective and Method*, Englewood Cliffs, NJ: Prentice Hall, 1969.

③ Atkinson, P.&Housley, W. *Interactionism: An Essay in Sociological Amnesia*, Thousand Oaks, CA: Sage, 2003.

④ Blum-Kulka, S., *Dinner Talk: Cultural Pattern of Sociability and Socialization in Family Discourse*, Mahwah, NJ: Lawrence Erlbaum, 1997.

⑤ Golden, A.G., "Modernity and Communicative Management of Multiple Roles: The Case of the Worker-parent", *Journal of Family Communication*, vol.1, no.4, 2001, pp.233-264.

⑥ Roloff, M.E., *Interpersonal Communication: The Social Exchange Approach*, Beverly Hills, CA: Sage, 1981.

⑦ Thibaut,J.W. & Kelly, H.H., *The Social Psychology of Group*, New York, NY:Wiley, 1959.

对方两者之比大致相同，则会认为实现了公平分配，心理上比较平衡。[①]

社会交换理论已经被应用于父母的好处和付出；家庭动力的变迁等研究。

（十六）社会学习理论（Social Learning Theory，SLT）：强调在亲子关系中建模

社会学习理论指出，人类通过在社会环境中与他人的互动和观察来学习行为。[②]班杜拉（Bandura）认为，在家里孩子们可以通过观察、模仿他们的父母的行为，获得许多的沟通技巧和能力。[③]

SLT理论为研究与健康行为、社会支持和减少刻板印象有关的家庭传播过程提供了洞察力：例如斯坦普（Stamp）运用SLT理论探讨了家庭暴力的代际传播；祖父母的沟通方式不仅影响了孙子对祖父母的看法，也影响了他们对老年人的刻板印象。[④]

（十七）压力与适应理论（Stress and Adaptation Theories）

压力与适应理论是关于家庭如何应对可预测和不可预测压力的理论，它强调在人生的特定阶段，家庭应对的实际原因和适应能力。诸如孩子出生、孩子青春期、空巢、最终照顾父母等事件并不会孤立于其他生活事件中，并且会产生一个累积的压力源。[⑤]

家庭传播学者指出，传播可视为家庭内外用于应对压力的一种资源；传播既是家庭成员应对压力的方式，也是这种应对努力的结果。通过聚焦于作为家庭基础的传播，能很好地理解快乐和压力的悖论是相互作用和共

---

① Braithwaite, D. O.&Baxter, L.A., *Engaging Theories in Family Communication:Multiple Perspectives*, London: SAGE Publications, 2006, p.251.

② Bandura, A., *Social Learning Theory*, Englewood Cliffs, NY: Prentice–Hall, 1977.

③ Bandura, A., "Influences of Models' Reinforcement Contingencies on the Acquisition of Imitative Response", *Journal of Personality and Social Psychology*, vol.1, no.6, 1965, pp.589–593.

④ Stamp, G.H., "Theories of Family Relationships and a Family Relationships Theoretical Model", In *Handbook of Family Communication*. Vangelisti, A.（Ed.）, Mahwah, NJ: Erlbaum, 2004, pp.1–30.

⑤ Braithwaite, D.O. & Baxter, L. A.,*Engaging Theories in Family Communication: Multiple Perspectives*, London: SAGE Publications, 2006, p.287.

同构建的现实。如在过渡到为人父母的过程中,如何通过传播来行使父母角色①;研究者还调查了试图处理压力生活的家庭日常传播行为,观察这些家庭如何通过他们的传播策略来处理压力和给予安慰。②

(十八)结构化理论(Structuration Theory)

结构化理论是著名社会学家安东尼·吉登斯(Anthony Giddens)探究个体行动及其能动性与社会结构之间关系的理论。在吉登斯看来,"结构"为社会系统的生产和再生产过程之中的规则和资源。结构化理论以"结构的二重性"取代了传统的二元论,即社会结构是个体行动得以进行的中介和结果,它不仅使个体行动成为可能,而且对个体行动具有制约作用。个体行动既维持着结构,又改变着结构。③

结构化理论提供一个用于探索宏观社会进程以及微观层面家庭传播过程(建构、重构并维持家庭结构的变化)的框架。有研究者运用结构化理论解释了在全球经济中出现的跨国家庭在微观层面家庭互动的差异,以及宏观层面家庭和政治和经济组织之间的联系④;还有研究者使用结构化理论探讨再婚家庭在共同抚养关系下的沟通过程,这涉及了两种结构的意义:其一是法律文件,规定父母的权利和责任;其二是共同养育决策过程中的非正式协商。⑤

(十九)系统理论(Systems Theory)

系统理论起源于生物学和控制论,它有四个基本假设:系统要素是相互联系的;系统只能以整体来理解;所有系统都通过环境反馈来影响自己;

① Stamp,G.H., "The Appropriation of the Parental Role Through Communication During the Transition to Parenthood", *Communication Monographs*, vol.61, no.2, 1994, pp.89-112.

② Braithwaite, D.O. & Baxter, L. A., *Engaging Theories in Family Communication: Multiple Perspectives*, London: SAGE Publications, 2006, p.288.

③ Giddens, A., *The Constitution of Society: Outline of the Theory of Structuration*, Berkeley, CA: University of California Press.

④ Parrenas, R.S., "Mothering from a Disance: Emotions, Gender, and Intergenerational Relations in Filipino Transnational Families", *Feminist Studies*, vol.27, no.2, 2001,pp.361-390.

⑤ Schrodt, et al., "The Divorce Decree, Communication, and the Strucatation of Co-parenting Relationships in Stepfamilies", *Journal of Social and Personal Relationships*, vol.23, no.5, 2006, pp.741-759.

系统不是现实。[①] 系统理论进入家庭传播领域主要是通过家庭治疗。

系统理论把家庭看作是一个系统，这就提供了一个研究家庭互动的独特视角，即聚焦家庭关系的相互依赖性、整体性、复杂性和开放性，而不是个体特征。例如，普雷斯科特和普罗瓦德勒（Prescott& Poire）利用系统理论来探讨饮食失调和母女沟通，因为系统框架研究了家庭成员们对饮食失调系统的影响[②]；巴尔巴托（Barbato, Graham & Perse）等人运用与系统相关的概念来研究家庭传播情境和人际传播动机。[③]

（二十）自然选择理论（The Theory of Natural Selection，TNS）

自然选择理论来源于达尔文的生物进化论，其提出了四条重要思想：第一，在任何一代中，更多的特定物种都是在生育成熟后存活下来的；第二，个体的生物体各有不同，各有不同的物理和心理方式；第三，有些变异是可遗传；第四，也是最重要的特征，那就是遗传特性在生存期或繁殖期中，生物体的优势将逐渐出现在种群中。[④] 当 TNS 理论运用于人文科学时，它最近的血缘关系可以追溯到社会生物学和进化心理学领域。

虽然这种进化和自然选择的视角在家庭传播研究中还未得到广泛的运用，但是它对于解释家庭互动的深度和广度具有丰富的潜力。因为生理学家认为，所有的传播行为，包括家庭互动，都是通过身体、精神和情感方式表现出来；如果研究者只探讨这些行为的社会或者文化影响，可能会错过进化理论可以帮助解释的大部分景象。因此，家庭传播研究者运用 TNS 理论来研究家庭传播进程的生理机能，了解社会行为和身体反应之间的关系；更为重要的是，它将家庭传播模式与持久的动机（生存和生育）联系起来，

---

① White, J.M.& Klein, D.M., *Family Theories*（2nd ed.）.Thousand Oaks, CA: Sage, 2002, p.124.

② Prescott, M.E.& LePoire, B.A., "Eating Disorders and Mother–daughter Communication: A Test of Inconsistent Nurturing as Control Theory", *Journal of Family Communication*, vol.2, no.2, 2002, pp.59–78.

③ Barbato,C.A., Graham, E.E. & Perse, E.M., "Communicating in the Family: An Examintion of the Relationships of Family Communication Climate and Interpersonal Commnunication Motives", *Journal of Family Communication*, vol.3, no.3, 2003, pp.123–148.

④ Braithwaite, D.O. & Baxter, L.A., *Engaging Theories in Family Communication: Multiple Perspectives*, London: SAGE Publications, 2006, p.326.

这将超越社会、文化、种族、性别和阶级的界限,阐明家庭传播行为的整体图景。[①] 比如运用 TNS 理论来理解亲子关系(包括与继父母和养父母之间的关系)中的沟通。[②]

第四节　中国家庭传播学的未来展望:本土化的探索

相比在美国发展的日臻成熟,家庭传播研究在中国属于尚未开垦的研究飞地。如何避免"传播学本位"或"家庭学本位"的"学科褊狭",建构"与中国时代发展相匹配的中国特色、中国气派、中国风格的家庭传播体系";明确家庭传播的不足,实现不同学科的"共振",应成为家庭传播研究的历史担当。

一、立足日常家庭生活实践,提炼核心命题

一个较为成熟的学科,一般拥有支撑学科大厦的核心命题,这些核心命题具有较强的稳定性,经得起时间的检验。[③] 就家庭而言,它是一个具有浓郁文化色彩的语汇。在不同的文化场景中,家庭可能衍生出不同的意义。因此我们必须建立中国家庭传播研究的学术视野,思考家庭传播在中国本土文化土壤中落地生根的基本理论和原则问题。既然家庭传播是一门新兴的应用社会科学,具有浓厚的知识应用特性,是一门解决实际问题的实用学科,那么它的意义就在于与日常家庭实践对话。从中国国情出发,深入

---

① Braithwaite, D.O.& Baxter, L. A., *Engaging Theories in Family Communication: Multiple Perspectives*, London: SAGE Publications, 2006, p.337.

② Floyd,K.&Morman,M.T., "Human Affection Exchage: III, Discriminative Parental Solicitude in Men's Affectionate Communication with Their Biological and Nonbiological Sons", *Communication Quarterly*, vol.49, no.3, 2001, pp.310-327.

③ 张涛甫:《影响的焦虑——关于中国传播学主体性的思考》,《国际新闻界》2018 年第 2 期。

挖掘我国优秀的传统文化思想，聚焦我国社会变革中家庭传播实践出现的一系列矛盾、问题和挑战，把研究议题与我国亟须解决的现实问题结合起来，以解决中国家庭传播问题为导向，从日常生活实践中提炼出具有中国特色，又具普遍意义、全球视野的核心命题，进而凝练出适合中国家庭传播的概念体系、理论体系和话语体系，来表达和理解我国鲜活的家庭传播实践。因为一门学科的发展源自社会的认同，只有为社会实践提供更多的指导、帮助和服务，社会才会承认该学科的价值。

具体来说，借用拉斯韦尔（Harold Lasswell）的 5W 模式，再结合"社会情境"和"传播史"这两个重要变量，笔者尝试勾勒出我国家庭传播研究的五个方向。

（一）家庭传播的传受双方研究

传受双方研究是家庭传播研究的核心议题，也是理解家庭传播问题的基本起点。就家庭传播的角色和类型来看，不仅包括了夫妻关系、亲子关系，也包括兄弟姐妹、拓展家庭关系（祖孙关系、婆媳关系、翁婿关系、同居关系等）。在传播过程中，究竟是谁主导了家庭传播？传受双方的关系如何？谁为主体，谁为客体，或者互为主客体？他们分别扮演何种角色和功能？传受双方受到哪些因素的影响：除了社会统计学变量（如年龄、性别、地域、社会经济地位等）之外，是否与传受双方的人格心理特质差异（性格、自信自尊、价值观、态度等）、传播气质（攻击性、传播忧虑、支配与服从、关系气质等）和认知能力相关？不仅如此，家庭传播是否受到中西家庭伦理的影响？

首先，中国家庭是宗法人伦关系，以强大父权家长制为基础，家庭成员之间是宗法等级关系，主张"父慈子孝，父为子纲；兄友弟恭，长尊幼卑；夫义妇顺，夫为妻纲"；西方家庭是契约人伦关系，强调个体独立，家庭关系相对平等。[①]这就决定了中国亲子之间、夫妻之间、兄弟之间的家庭传播，与强调"民主平等"权力分配的西方家庭有着显著的差异；甚至可能因为囿

---

① 李桂梅：《中西传统家庭伦理的基本特点》，《深圳大学学报》（人文社会科学版）2008年第3期。

于阶层化家庭结构和孝道伦理的规范，不能站在对等的位置进行沟通，而无法解决家庭问题。因此，中国传受双方在家庭中的角色和地位，在很大程度上决定了家庭传播模式、内容及方向，制约着传播效果。

其次，中国是家庭本位，强调家庭利益，要求个人服从家庭；西方家庭主张个人本位，重视个人的利益，主张个人的独立和自由，要求家庭服从个人。① 因此，与西方相对独立的家庭传播过程相比，中国家庭传播的传受双方会受到错综复杂的家庭关系网络（父母、兄弟姐妹，甚至还有关系密切的亲戚，如公公婆婆、岳父岳母、姑嫂、妯娌等）的影响，有时甚至是决定性的影响。例如在恋爱择偶传播过程中，西方人主要把感觉放在第一位，相信缘分，较少受到家庭成员的影响；而中国人的婚姻大事往往不是个人所能决定的，它涉及的是一个家庭或家族，古有"父母之命，媒妁之言"，直至今日虽有所改善，但是父母的意见甚至是亲戚的看法仍然起到重要的作用。这种家庭本位及宗法人伦的家庭伦理，也使得中国家庭的隐私边界与西方家庭有所不同，特别是在亲子隐私传播方面，有些中国家长将查看通话记录、聊天记录、日记等当作是了解孩子思想动态和关心孩子的表现，甚至有一些家长很少把孩子看作独立、有意识、平等的个体，认为子女在父母面前应该没有隐私。那么，中西家庭隐私传播有何不同？现代家庭的隐私传播又发生了哪些变化……这些都是未来中国家庭传播研究要探讨的问题。

（二）家庭传播内容和形式研究

传播学的核心概念在于"意义的共享"，重点在于人类讯息的交换。那么，中国家庭传播的主要内容和形式是什么？随着时代的变迁，中国家庭传播内容和形式发生了哪些变化？其发生变化的动力是什么？和西方相比，中国家庭传播内容和形式上又存在哪些差异？

比如说，国外家庭代际传播内容涵盖了酗酒、吸毒、性、器官捐献等敏

---

① 李桂梅：《中西传统家庭伦理的基本特点》，《深圳大学学报》（人文社会科学版）2008年第3期。

感问题的传播。[①]国内受家庭伦理的影响，父母更注重孩子的学业，认为这是光宗耀祖，为家庭赢得荣光的最一目了然的方法，因而家庭代际传播的内容主要是学习和生活，一般不会涉及敏感问题。随着"红黄蓝幼儿园虐童"事件的曝光，如何对孩子进行家庭性传播，成为很多家长关注的焦点。因为家庭作为性教育的第一阵地，本应发挥着最重要的作用。可是长期以来，儒家文化对性的蔑视和禁锢，把性功能规定为生儿育女，认为性是不登大雅之堂的苟且之事，只可以做不可以说，因此很多家长在对孩子（特别是未成年人）进行家庭性传播时，要么讳莫如深，要么羞于启齿，或者想进行传播，却不知应该传播什么。研究性问题的家庭传播（如青春期保健知识、健康性心理知识、性发育知识、婚前性行为、性暴力、避孕及性病/艾滋病知识等），无疑具有重要的社会现实意义。

在传播形式上，西方鼓励家庭成员之间要自由、公开地表达个人的情感、情绪与意见，甚至是愤怒和不满。而"贵和"是中国传统家庭伦理的基本精神，强调平衡、和谐，抑制冲突、对立，因而强调家庭成员尽量控制自己的负面情感，尽量避免与家人的直接或正面冲突；面对家庭冲突，往往以否认和逃避的方式处理；特别重视"情"，在家庭范围之内"诉诸于理"的传播方式是不合适的；家人对彼此的情感是"内敛"与"含蓄"，不仅影响家人"感情"的话不能言说，即使是表达亲密关系的话也很少出口，否则就有"肉麻"之嫌。

那么，中国的家庭压力处理、家庭冲突传播、亲密关系传播与西方有哪些不同？在现代社会，中国的家庭传播形式是否发生了变迁？如果有变化，变化的轨迹和制约变迁的决定力量有哪些，其内在逻辑又是什么？这些都需要结合中国具体的传播情境做深入的分析。

---

① Askelson, M. N., Campo, S. & Smith, S., "Mother - daughter Communication about Sex: the Influence of Authoritative Parenting Style", *Health Communication*, vol.27, no.5, 2012, pp.439−448; Miller−Day, M. & Jennifer, A.K., "More Than Just Openness: Developing and Validating a Measure of Targeted Parent - child Communication about Alcohol", *Health Communication*, vol.25, no.4, 2010, pp.292−302.

（三）家庭传播媒介与效果研究

媒介与效果研究由家庭传播媒介研究与家庭传播效果研究两部分组成，具体包括：哪些大众传播媒介和人际传播媒介在家庭传播中起作用？它们各自的角色和功能如何？具有什么优势，又存在哪些不足？如何比较不同媒介（口语媒介、书信媒介、电子媒介）在不同历史时期对家庭传播的影响。

特别值得一提的是，在中国的家庭传播中起到了举足轻重作用的媒介——家书、家训（作为中国传统社会一种极富特色的家庭教育形式）：从《颜氏家训》《朱子家训》到《曾国藩家书》《钱氏家训》《傅雷家书》……它们承载着哪些家庭传播的道德伦理准则？到了电子媒介时代，家庭成员不仅共同观看媒介，讨论媒介，而且将媒介内容整合到他们的关系和家庭中，那么，电子媒介（电视、电脑、手机等），特别是社交媒体给传统的家庭形态带来何种挑战和冲击？为家庭传播引入了哪些新的概念和互动模式？赋予家庭和家庭成员哪些新渠道？家庭亲密关系在信息时代（"后传统"时代）的语境下是如何得以重构的？网络家庭给传统家庭传播伦理带来哪些冲突？如何拓展并建构新型的家庭人际交往网络？

与此同时，家庭传播也影响了媒介的形式和实践。考量媒介在家庭情境中的使用状况如何？为什么大致相同的媒介，在不同家庭会产生迥异的传播效果？或不同的媒介在相同的家庭传播情境，传播效果应如何测量和评估？如西方学者运用家庭沟通模式、父母介入等理论探讨家庭传播对于青少年的电视、电脑、手机使用的影响。[①] 而这些理论在大陆传播学领域尚未有人涉及。

（四）家庭传播的社会情境研究

作为社会的一个子系统，家庭如同其他社会关系一样，不能脱离社会

---

① Clark L.S., "Parental Mediation Theory for the Digital Age", *Communication Theory*, vol.21, no.4, 2011, pp.323−343; Krcmar, M., "The Contribution of Family Communication Patterns to Children Interpretations of Television Violence", *Journal of Broadcasting & Electronic Media*, vol.42, no.2, 1998, pp.250−265.

而独立存在。它总是随着社会发展而发展，社会变革而变化，社会影响家庭传播，家庭传播也影响社会。因此，考察家庭传播的社会情境研究包括政治情境、经济情境、文化情境等社会情境对家庭传播的影响，比单纯的效果分析更有价值，其不仅在于方法论的变化，更是研究视角的转变。在这部分需要探究的是：中国的家庭传播如何受到这三个因子的影响？这三个因子所起的作用如何？各自影响的力度有多大？

特别是探讨我国的国家政策（计划生育政策、二孩政策、养老保障制度等）对家庭传播的影响：独生子女家庭传播、二孩家庭传播、留守儿童家庭传播、失独家庭传播……这些都是中语文化情境下家庭传播独有的问题，西方文化无法做出，却具有普遍社会现实意义。

不同文化（少数民族文化、地域文化、中西文化）背景下的家庭传播比较研究：少数民族与汉族家庭传播有何不同？东部与西部地区的家庭传播呈现何种差异？儒家文化浸润下的中国家庭传播与西方家庭传播有何异同等。现代家庭与传统家庭在家庭传播过程中的文化差异：经济发展、全球化思潮和新媒介的蓬勃发展，家庭结构的核心化、小型化，家庭功能的外移，家庭模式的多元（如丁克家庭、单身家庭、单亲家庭、空巢家庭、同居家庭、网络虚拟家庭等），改变了传统的家庭传播模式，带来了家庭传播角色和关系的变革，也使中国家庭遭遇传播伦理的考验和挑战；与西方国家同性恋家庭的合法化不同，中国一些同性恋者迫于社会和家庭的压力，选择与并不相爱的异性组成家庭，那么这些家庭内部如何进行传播的……

反过来，作为家庭和社会透视镜的家庭传播本身也是自变量，具有能动反作用于社会的能力，是理解社会转型、时代变迁的重要中介。那么，将家庭传播研究置于社会变迁或社会转型的时空下，深入研究家庭传播与社会互动关系，解读家庭传播如何折射出家庭权力的变更，乃至不同历史时期的政治、经济、文化和社会的演进轨迹；建构或解构家庭传播所蕴含的文化内涵，都将突破将家庭传播作为单一研究对象的分析模式，使其具备成为透视家庭和社会研究视角的可能性。

（五）家庭传播史研究

历史研究往往是一门学科最基本的研究方向。对于中国家庭传播史研究来说，它应该包括两层含义。

一是宏观家庭传播史：研究人类历史长河中中国家庭传播的演进历史，它将回答我国家庭传播的起源与本质；在不同的历史时空中，有着古老历史渊源的中国家庭传播经历了哪些变迁？追根溯源，探究中国古代家庭在传统儒家思想的"三纲五常"中的"夫为妻纲，父为子纲""亲亲、尊尊、长长，男女有别，人道之大者也""家国一体、家国同构"等思想的影响下，家庭传播行为呈现与西方哪些不同的基本特征？与现代家庭传播行为进行纵向的历史比较分析，密切关注社会转型期家庭传播的新常态和新特征，思考中国家庭传播的独特性，回应社会和时代的关切议题，这无疑是中国家庭传播研究与实践的重要财富。

二是微观家庭传播史：侧重于探究单个家庭内部传播的发展历程，以及家庭内部个体成员之间交流互动的博弈关系，强调家庭传播自身变化的动力。因此，从一定程度上来讲，微观家庭传播史蕴含了个人、家庭和社会的三重变奏。从家庭传播史的角度关注家庭传播的发展与变迁，将家庭传播置于历史大变迁中探讨家庭传播与社会发展的互动关系，进而探讨社会变迁的原因与动向，将成为家庭传播学领域的主要研究范式之一。

总而言之，从拉斯维尔的 5W 模式出发，聚焦恋爱与择偶传播、婚姻与亲密关系传播、代际传播、兄弟姐妹传播、其他拓展家庭关系传播；研究家庭压力处理与传播、家庭角色与类型传播、家庭决策传播、家庭冲突传播、家庭暴力传播、亲密关系与家庭传播、家庭隐私传播、家庭性传播问题……都成为当前我国家庭传播研究迫切需要解决的核心命题。

二、借鉴吸收西方研究成果，构建科学的方法论体系

作为国内的新兴研究领域，中国家庭传播研究应经常与国外学者进行交流，及时译介国外家庭传播研究的著作和论文，清楚洞悉国际家庭传播研究的前沿问题，善于辨析他们做研究的规范和方法，准确把握国际家

庭传播研究的发展趋势，借鉴他们较为成熟的方法论体系，构建我们科学的方法论体系。因为方法论对于学术研究的规范性和科学性具有决定性影响。

方法论是指"以方法为研究对象，探讨方法的形成、变化和发展的规律，方法的性质和作用、特点和功能以及各种方法的联系等问题"，它由三个层面组成：第一，本体论和认识论组成的哲学层面；第二，各种前提假设、定律及其逻辑推理等组成的范式层面；第三，各种具体研究手段组成的方法层面。其中本体论、认识论属于哲学层面的范畴，研究范式反映了研究思路和视角，方法是工具性手段，由此形成了哲学观——价值观——工具手段的方法论体系。[①] 这种从哲学的本体论、认识论的体系结构和思维方式出发，在实践层面和理论层面建构包含本体论追问、认识论根基、研究范式和具体分析方法的方法论体系，不只是对家庭传播研究方法的内涵、特点和应用进行解析，而是探究方法自身的理论体系何以可能，如何在不断变换的时间维度中塑造一个相对稳定的空间理论维度，以此为具体研究方法的变化、选择和运用提供理论指导。（具体见表1-2）

表1-2　中国家庭传播研究的方法论体系建构表

本体论追问	何为家庭传播研究方法
	为何需要家庭传播研究方法
	家庭传播研究方法何以为能
认识论根基	理论和方法的辩证关系
	西方家庭传播研究方法的理论基础（如家庭周期理论、生命历程理论等）
	中国家庭传播研究方法的理论基础

---

① 胡宗山：《西方国际关系理论方法论体系初探》，《社会主义研究》2003年第4期。

续表

研究范式①	后实证主义研究（逻辑经验主义研究）：通过变量来寻求对社会世界的因果解释，即自变量导致对因变量的影响或结果。
	诠释研究：侧重于意义和意义的形成，并在研究特定群体或语境的成员之间理解共同的意义模式。
	批判研究：依靠组织或意识形态力量的理论来提供分析指南，以理解和解释为什么一些声音边缘化或沉默，而另外一些声音却居于主导地位。
具体分析方法	想象互动、自然观察法、日记访问法、媒介分析法、实验法、问卷调查法、访谈法、民族志……

三、凝聚学术共同体，强化主体性认同

构建中国家庭传播研究的主体性，还要看家庭传播研究是否已经形成学术共同体，研究者是否在关键问题、知识生产和建制上达成共识。学术共同体指具有相同或相近的价值取向、文化生活、内在精神和具有特殊专业技能的人，为了共同的价值理念或兴趣目标，并且遵循一定的行为规范而构成的一个群体②，其构成要素包括：学术共同体的主体；主体从事活动的领域；共同的奋斗目标；相应的内在制度；成员之间归属感。③

对照以上标准，西方的家庭传播研究已然形成了一个较成熟的学术共同体，拥有专业的研究人员、代表作、教育机构、学术机构、学术刊物等，学术共同体内部交流比较活跃，专业方面的看法比较一致。④通过共同的语言，西方家庭传播研究学者很好地理解学术领域，分享资源，进行交流沟通，成员之间形成了相互影响、相互促进的人际联系；改变了单个学者孤立的状态，

---

① Braithwaite, D. O., Suter, E. & Floyd, A. K., *Engaging Theories in Family Communication: Multiple Perspectives* (*2nd Edition*), New York: Routledge, 2017, pp.5-7.

② 吴飞、吴妍:《中国新闻学十年研究综述（2001—2010）》,《杭州师范大学学报》(社会科学版) 2011 年第 5 期。

③ 衷光锤、李福华:《学术共同体理论研究综述》,《中国电力教育》2010 年第 7 期。

④ 参见[美]托马斯·库恩:《必要的张力：科学的传统和变革论文选》,范岱年,纪树立译,北京大学出版社 2004 年版,第 288 页。

知识的验证、联合和适用性,更多地取决于共同的质疑、讨论和争辩。①

　　相比之下,近年来我国的传播学研究大多是从宏观层面上进行媒介的政策解读、理论探索,聚焦媒体大方向(媒介融合、大数据、人工智能等),而对于微观层面却很少关注,几乎很少有学者去关注家庭内部的传播现象,而这和我们每个人的生活却是息息相关、密不可分的。即使少数学者的家庭传播研究,基本上也是属于自发、松散式的,且呈现碎片化的特点,如关注微信红包在中国人家庭关系中的运作模式;探讨亲子之间的数字代沟、数字反哺、远距离的数字沟通问题;聚焦家庭仪式传播等。学者们大多是站在各自的研究视角上自说自话,并未在关键问题和核心知识能力上达成共识,相互之间也难以进行对话、沟通与争鸣,更谈不上在知识谱系上形成强有力的逻辑勾连。因此,凝聚中国家庭传播研究的学术共同体,以学术为中心,以提升共同体的学术创新能力、话语权和归属感为核心使命,形成广泛认同的学术理念和共同的价值追求,强化主体性认同,是促进家庭传播研究繁荣和学术创新的重要路径。

---

　　① 参见[美]弗兰克·罗德斯:《创造未来:美国大学的作用》,王晓阳、蓝劲松等译,清华大学出版社 2007 年版,第 55—56 页。

第二章　青少年面临的内容风险

　　青少年所面临的网络风险，种类繁多，层出不穷。西方较为权威的一种划分法，是美国学者利文斯通和哈登（Livingstone and Haddon）的三分法，即将网络风险分为：内容风险、交往风险和行为风险。[①] 虽然该分类不能穷尽所有的网络风险，但是基本上囊括了目前青少年遭遇的主要网络风险。因此，本研究采用上述分类办法。

　　其中内容风险包括：商业风险（接收垃圾邮件传播的虚假商品信息）、性风险（遭遇色情内容）、攻击性风险（接触暴力内容）和价值观风险（不正确的价值观或者有关种族主义、自杀、厌食主题的建议）。

　　网络的开放性、匿名性和便捷性，使青少年可以在一个相对宽松、自由的传播情境下接收信息，只要在浏览器上键入关键词，鼠标轻轻一点，就可以出现任何题材和图片，因此青少年很容易在毫无设防的情况下接触到不当的网络讯息内容。当今网站鲜有专门针对青少年所设置，以至于网站中的信息良莠不齐，可能充斥着包括色情、暴力、仇恨、鼓吹危险或非法活动等不当资讯内容，使青少年成为被动的受害者，产生许多负面结果，如攻击性增强、恐惧、脱敏、学习成绩差、心理创伤症状普遍、反社会行为、消极

---

　　① Livingstone, S. & Helsper, E. "Balancing Opportunities and Risks in Teenagers' Use of the Internet: the Role of Online Skills and Internet Self–efficacy" , *New Media and Society,* vol.11, no.8, 2009, pp.1–25.

自我认知、自卑、缺乏现实、身份混淆等，① 甚至走上违法犯罪的道路。②

由于当代青少年遭遇的主要是性风险和攻击性风险，因此，本章主要聚焦网络色情内容和暴力内容两大类的内容风险。

第一节　性风险：网络色情内容

随着网络的发展与普及，青少年接触网络色情的比例与日俱增。近几年来，英国、德国、意大利、澳大利亚、美国纷纷破获大型儿童色情网站集团，逮捕数万人，显示出问题的严重性。③ 这是因为第一，越来越多的青少年使用互联网，他们是数字时代"原住民"；第二，技术变化，如计算机硬盘和内存大小的增加、更快的互联网连接和数字摄影，这些都提高了计算机的接收、存储和传输图像的能力；第三，网络色情网站的营销，包括弹出式广告，但也包括广告软件和间谍软件，这些软件会秘密安装软件，引导不知情的用户访问色情网站，并劫持或安装非法链接到合法网站上的色情内容。这种隐秘的软件通常与青少年的游戏和经常访问的网站下载的文件类型捆绑在一起。④ 网络正成为青少年获取色情信息的主要媒介。

---

① Donnerstein, E., Slaby, R.G. & Eron, L.D. "The Mass Media and Youth Aggression", In *Reason to Hope: A Psychosocial Perspective on Violence and Youth*, Eron, L. D., Gentry, J. H.& Schlegel, P. (Eds.), Washington, DC: American Psychological Association, 1994, pp.219–250; Fleming, M.J.&Rickwood, D.J. "Effects of Violent Versus Nonviolent Video Games on Children", *Journal of Applied Social Psychology*, vol.31, no.10, 2001, pp.2047–2072; Strasburger, V. C. & Donnerstein, E. "Children, Adolescents, and the Media: Issues and Solutions", *Pediatrics*, vol.103, no.1, 1999, pp.129–139.

② 张振锋:《网络不良信息对未成年人犯罪的影响》,《预防青少年犯罪研究》2017 年第 1 期。

③ O' Briain, M. Borne, A. & Noten, T., *Joint East West Research on Trafficking in Children for Sexual Purposes in Europe: the Sending Countries*, UK: ECPAT Europe Law Enforcement Group, 2004.

④ Sullivan, B., Spyware Firms Targeting Children, Pop–ups Pile up after Visiting Kids' Sites, MSNBC, 2005,Available from: http://msnbc.jmsn.com/id/7735192/.

一、网络色情内容：精神的"海洛因"

（一）网络色情内容的内涵及特征

"色情"源于希腊语"pornographos"一词，在古希腊语中"porno"，意指最低贱的妓女；"graphos"是描述、绘画的意思。因此，从字面意义讲，"色情"特指描写妓女与嫖客的起居生活、行为方式与习惯方面的文学和美术作品。[①]在《牛津英语词典》中将色情界定为：色情书刊或淫秽音像制品等。[②]《大英百科全书》中把色情解释为：在书刊、图片、电影等形式中描述性爱行为，借此挑唆性刺激。[③]因此，"色情"并不等于"性"，而是与"淫秽"一词意思相近。因色情和淫秽通常一并使用，称为"色情淫秽"，即"黄色的东西"。

网络色情内容是网络平台上对性的不正当或不健康的描述和呈现，是关于性及人体重要部位裸露的讯息，能够引发受众的性冲动，而不具有任何教育、科学或艺术价值的文字、声音、视频、图片等。[④]

（二）网络色情内容的3A特征

网络色情具有三个显著特征：易得性（accessibility）、廉价性（affordability）和隐匿性（anonmity），简称"三A"引擎[⑤]，使之成为青少年获取性知识的主要媒介。

1. 易得性

随着数字技术的发展，人们获取信息的门槛愈来愈低。在印刷时代，人们必须具备基本的识字能力才能获取信息；在广播电视时代，人们无须识字，通过音视频就可以获得信息。但是由于政府的管控，色情淫秽的内容很难通过报刊、广播和电视进行传播，即使一些涉性内容，也必须经过相

[①] 杨国安：《色情文化批判》，群众出版社2007年版，第15—16页。

[②] [英]霍恩比：《牛津高阶英汉双解词典》，石孝殊等译，商务印书馆2004年版，第1331页。

[③] 刘法临：《世界性史图鉴》，郑州大学出版社2006年版，第55—58页。

[④] 人民网：《调查中国网络的情色黑洞？》，2019年6月2日，见http://www.people.com.cn/BIG5/paper81/11279/1019225. Html。

[⑤] Cooper,A., "Sexuality and the Internet: Surfing into the New Millennium", *Cyberpsychology & Behavior*, vol.1, no.2, 1998, pp.181–187.

关部门的审核才能公开售卖、播放或传播。

而网络的开放性和便捷性，突破了传统报刊、广播、电视的局限性，使色情内容的获取变得十分容易。青少年只需要在搜索引擎里输入关键词，鼠标轻轻一点，就可以获得海量的色情内容，其中不乏国内外的色情网站。

2. 廉价性

很多网站和手机 APP 为了吸引用户，提高点击率，常常上传免费或廉价的色情内容以供网友观看或下载。

3. 隐匿性

在现实生活中，由于道德伦理和法律的震慑作用，一些人对于传播色情内容会有所顾忌。可是网络的匿名性，为传播色情内容的个人或团体提供了极大的便利：他们可以隐匿身份和场所，将色情信息上传到服务器后，再由服务器将色情信息传给网络；再加上很多网络色情网站的服务器设在国外，都可以用一个虚拟名字设立，然后经常变换 IP 地址，以躲避审查。此外，网络色情内容还可以乔装成两性知识教育进行传播，等网民注册缴费之后，才发现是色情信息。

另外，网络的隐蔽性使人们在上网时不会暴露身份，也无须为自己的行为负责。在这种隐蔽的庇护下，青少年在浏览网络色情内容时，不易被家长或老师察觉。一些青少年会以上网学习为借口观看或下载网络色情内容，一旦父母或老师靠近，便迅速切换浏览页面或把色情内容隐藏、删除，待离开时再清除所有的访问记录。

（三）网络色情内容的表现形式

随着互联网技术的发展，网络色情内容的表现形式发生了变化，呈现出了新特征：

1. 网络直播成了网络色情内容传播的新灾区，2015 年开始的网络色情直播呈快速增长态势。

2. 趋利性明显，如会员制、账户充值和打卡成为最直接的形式。

3. 音视频仍然是网络色情内容传播的重要载体，占比 60% 以上，其次是文字和图片。

4.爆发性传播带来恶劣的负面影响，例如有些黄色视频在短期内出现爆发性传播，造成了极其恶劣的线上和线下的负面影响。

5.跨平台的传播给网络治理带来了新问题。网络色情内容的传播方式，已从原来的光盘、网盘、邮箱、移动存储，升级为云存储；传播方式不仅包括分享色情文字图片、色情音视频和色情网站的链接，还包括制作存储、下载色情视频的APP和网络直播色情表演。具体来说，主要有以下几种形式。

（1）网络色情文学

网络色情文学在一些黄色网站、微博、手机APP都很常见，是网络色情内容最为普遍的一种形式。网络色情文学大多通过大量、直接、露骨地描述性爱过程，以吸引用户的眼球；为了获得高点击量，甚至描写"乱伦""通奸"等畸形的性爱关系和多性伴淫乱。为了躲避审查，有的冠以"性知识""性教育"之名，或隐藏在小说章节之中，具有较强的隐蔽性。

（2）网络色情动漫

网络色情动漫为网络色情内容的一种新兴形式。不少网络色情动漫先通过网页弹窗广告、微信公号、微博等渠道传播，然后用户被导流至专门的色情动漫APP或相关微信公众号。色情动漫APP或微信公众号在给用户观看1—2章的免费漫画之后，往往会要求付费；一般来说，看完一部色情动漫的价位在20元左右。

由于动漫的爱好者很多是青少年，而网络色情动漫打着"动漫"的旗号，具有一定的欺骗性和隐蔽性，因而对青少年身心健康危害极大；而社会对其危害性的认识明显不足，很多家长通常对自家孩子接触色情图片和音视频的警觉性是非常高的，而对于孩子看动漫充值，就觉得没关系，根本没放在心上。这些动漫APP不仅语言描写十分露骨，而且漫画作品本身也超出正常尺度范围。很多网络平台都因提供含有引发未成年人效仿违反社会伦理道德和违法犯罪的网络色情动漫而被查。

有时打开手机浏览网页，会弹出色情动漫广告，点击后就会让我下载APP，接着显示需充值，才能继续观看。（ZC，男，14岁，初二）

在 513 小说网阅读科幻小说时，就会出现色情动漫 APP 弹窗；只要一点击该弹窗，浏览器就会自动下载色情动漫 APP，并开始自动进行安装。（GC，女，18 岁，高二）

（3）网络色情图片

网络色情图片是网络上人们最早接触的色情内容，有真人色情照片和卡通色情图片两种；形式包括静止的和动态的。这类图片通常以裸露或半裸露的人体以及富有挑逗性的神态、动作、姿势，甚至是直接的性行为，来唤起用户的性兴奋。一些网红靠在自己的博客上发布裸照来吸引人们的眼球，满足了某些人的特殊心理需求。

如今网络色情图片不断"升级改版"，新增了变性人、双性人、同性恋等多个板块，甚至冠以所谓"人体艺术""裸体美体"的名义，具有一定的欺骗性。

（4）网络视频

网络视频多数为三级片或者 A 片，一般采取会员注册制，通过交纳一定的费用，或者通过上传影片获取会员资格。

数字媒体技术的发展，给了色情视频传播以可乘之机，传播者可以将色情电影进行数字化压缩后上传到互联网上；用户则可以通过浏览网页，点击地址进行在线观影或下载后进行离线观影，也可以二次上传，实现病毒式传播。

（5）网络色情交易网站

有些网络色情交易网站隐讳或露骨地宣称可以提供一些色情服务，如"买春""卖处""一夜情""换妻游戏"，甚至可以为用户"私人定制"色情服务。

由于这些交易平台比较隐蔽，平台的建立者多数在境外租用服务器建立色情网站，实现境外经营，境内赢利。目前我国除了进行技术屏蔽之外，并无太多的惩罚办法。而且这些网站会"乔装"成诸如"性科学知识""两性健康"的正规网站，或者更改域名逃避监控。这些网站既能传播海量的色情图片、音视频、文字等色情信息，引诱网民登录，欺骗网民注册，进而骗取网民的注册费、会员费及流量，又可能与诈骗勒索、卖淫嫖娼等犯罪相结合。

（6）网络直播

2015年迅速崛起的网络直播因其生动、直观、互动性强的特点而备受网民的追捧和青睐。在其繁荣的背后，色情直播乱象层出不穷。2016年，斗鱼直播平台现场直播"造人"；某女主播在脱衣时"忘了关摄像头"、某女主播因直播色情内容被抓……衣着暴露、举止轻佻、姿态暧昧，成为部分女主播获利的利器。

名为"裸聊"的色情聊天形式迅速在网上滋生蔓延。所谓"裸聊"是指聊天者以全裸或半裸的形式呈现在摄像头下，并辅之各种露骨的文字和暧昧的动作进行性挑逗或性暗示，并通过网络即时传给聊天对象。目前"裸聊"主要有以下几种形式：一是面对点式，即网络色情活动经营者向交纳会员费或购买"点数"的网民提供美女主播的色情视频表演或进行色情视频聊天；二是网络公共式，即在公众聊天室里由聊天室主组织参与者做出色情淫秽动作以供彼此观看娱乐；三是点对点（也称一对一），即两个人之间的裸聊，色情表演者通过聊天软件和摄像头单独与用户进行一对一的色情聊天，甚至提供色情服务。这种"裸聊"形式使得网民可以暂时摆脱现实生活中伦理道德的束缚，体验各种性刺激，甚至将刺激拓展到了同性恋、性虐待、乱伦、群交、兽交等在现实生活中难以体验的性行为，极大地迎合了性欲的无节制发泄。

青少年如果观看了此类直播，打开了利用互联网体验性快感的大门，就会颠覆传统的性价值观，影响今后健康的性需求和性行为；而且这种行为背后可能还隐藏着敲诈、勒索、诈骗等不良问题，不能不引起家长和社会的重视。

（7）网络色情游戏

网络色情游戏是指以色情情节为线索的网络游戏，通过在游戏中进行角色扮演的方式所进行的虚拟色情活动。通过游戏情节的不断推进，向用户再现逼真而淫秽的色情内容，以刺激用户的生理欲望，甚至涉及性暴力、性虐待等内容。

目前我国的色情游戏分为在线色情游戏和离线色情游戏。在线色情游戏通过情色性讯息或者挑逗性的音视频向用户呈现赤裸裸的色情内容，以吸引玩家点击。由于我们国家对网络游戏的管控较严，因此网络色情游戏的传播难度较大。

二、网络色情内容与青少年发展

（一）青少年接触网络色情内容的原因

1. 性成熟的提前 VS 性知识的匮乏

青春期提前是世界性的趋势。我国相关资料显示，我国青少年的青春期发育年龄普遍提前了，性生理的逐步成熟，导致性激素分泌的迅速增加和第二性征的出现，必然伴随着性意识、性欲望和性冲动的萌发。面对生理上的巨变，不少青少年感到惊慌失措、紧张困惑、焦虑不安和恐惧，性知识的匮乏，无法解决他们面临的困惑。于是网络便成为他们了解性知识的主要渠道。本研究的调查结果也说明了这一点，近六成（53.5%）的青少年主要通过网络了解性知识，其次是同学或朋友（46.9%），传统媒体（45.2%），再是老师（43%），通过父母了解的比例最少，只占 26.8%。

2. 性知识的渴求 VS 性教育的滞后（缺失）

青少年正处在青春萌动期，对性知识的渴求很强烈。他们对性充满好奇心理，想要探索性的奥秘；对性感兴趣，会产生性欲，包括做性梦，出现性幻想和性冲动。因此，他们渴望获得性知识，了解自己的性发育状况，知晓男女生理结构的差异，明白男女角色差异，以及怎样与异性相处等。而现实中，学校和家庭的性教育却没有及时跟上，大多数城市在初一时才学习生理卫生课，相对很多青少年在五六年级就进入青春期，初一的课程已相对滞后了；而且所学课程也只是"蜻蜓点水"，很多青少年对于性欲、性冲动、梦遗和痛经等性现象感觉很神秘，特别想知道是怎么回事，可是又羞于启齿；对于性冲动和性欲望既好奇又害怕，但是家庭和学校的教育却相对缺位，也就使得青少年试图通过接触网络色情内容来满足自己的好奇心理。

> 初高中老师、家长都很忌讳谈性。不谈，其实更神秘化；他们只说不能怎么样，没说为什么不能这样，好像封禁起来更靠谱。（YZ，男，18岁，大一）

访谈中，我们发现大部分青少年第一次观看网络色情内容，是出于好奇心，觉得很神秘，想要探索性知识的奥秘，觉得浏览网络色情内容对自己应该不会有太大影响，只是一种宣泄欲望、娱乐放松的方式。长此以往，便容易受到外在环境的影响而放纵自己的行为，或沉迷于色情社交网站，或热衷于网络色情游戏等，陷入无法自拔的境地。

3. 青春期性代偿行为

青春期性代偿行为是指因性冲动无法得到直接满足而转移目标，使用性资料，如影视或文本的性描述等来替代性地满足自己的性冲动。

一般来说，青少年在性欲求能量的累积历程中，由于受到客观条件的约束（无法过正常的性生活），使他们产生性欲求不能和性欲求不满的心理状态，带来一种焦虑不安、难受痛苦等心理矛盾。这种性欲求并不必然导致性犯罪，可以通过神经系统的抑制分散和良好环境的转移发泄使性欲的累积得到缓解，使积欲所产生的心理紧张得到调节。可是在现实生活中，青少年无法找到正常渠道可以宣泄，于是便通过一些非正常途径，比如浏览色情网站、观看网络色情图片、看网络色情小说等来宣泄内心的冲动。

此外，在性激素的作用下，青少年会产生对异性的向往和爱慕，但不知如何与异性交往，并没有得到与异性交往方面的性知识，得不到异性认同，网络色情就成为他们弥补性交往的方式，他们在网络虚拟世界里幻想自己的角色，与之互动，从而获得虚拟的异性认同。

4. 同辈群体社交话题的需要

由于对于性的好奇，青少年谈论最多的社交话题之一就是性话题。他们觉得周围的同学都在看网络色情内容，自己也要看，也要了解，才不会在与同学交谈时"落伍"，听不懂，插不上话。

我们中国的性教育很落后，初中生物课只讲性器官……我们小学五、六年级，开玩笑就开那方面的，你总得懂点；在初一、初二时，我们比赛谁能先找到黄色电影；父母应该理解，不要认为很下流，青春期需要发泄，我们又没办法实践，也没危害社会。（CX，男，16岁，高一）

（二）网络色情内容对青少年的危害

1. 激活和强化青少年的性欲望

已有研究发现，外界的性刺激可以刺激性激素的分泌。美国著名心理学家海曼（Hyman）教授曾对个体在色情淫秽作品的刺激下所产生的性反应进行了实验测量，结果发现，绝大多数被测者在此刺激下都会引起性冲动。[①]

青少年在进入青春期后，会萌发性意识，这一时期如果受到大量性信息的刺激，就会出现脑垂体的前垂过分活跃，性腺过早分泌，促使性冲动的提前。因为根据条件反射原理，在网络色情内容的反复刺激下，会对个体潜在的性意识产生催化作用，促使其觉醒并导致性兴奋。而这时的青少年由于心智发展的不健全，自制力差，面对现场感强、视觉冲击力大、煽情刺激的网络色情画面时，他们的抵抗力往往是不堪一击的，很难理智地对萌发的性冲动进行控制。

自制力差的青少年便会对色情内容中呈现的性行为进行效仿，以发泄内在冲动。至于后果问题，有些人已顾不了那么许多；有些人虽想控制自己，但在强大冲动之下把持不住。这样性犯罪就难以避免地发生了。就像日本犯罪学家山根清道夫指出的："很多性犯罪者对他们的犯罪是不熟悉的，是作为思春期的一种越轨行为而产生的一种性犯罪。"[②]

2. 误导了青少年的性观念

青少年阶段是个体性生理知识、性心理知识和性伦理道德规范的观察、学习和形成的重要时期，这一阶段对于他们性价值观的形成具有至关重要

---

① 任俊、李承芝：《过度渲染易致暴力犯罪行为一再上演》，《中国社会科学报》2015年6月1日。
② [日]山根清道夫：《犯罪心理学》，张增杰等译，群众出版社1987年版，第297页。

的作用,对于爱的认识及性的体验更是会影响他们一生。

而网络色情内容所强调的"性行为"的动物性,将人完全等同于动物,完全忽略了人类性行为的社会性,甚至是有悖人伦的性侵害、性暴力、性乱伦、性变态、性虐待等反社会行为,会潜移默化地误导青少年,使他们形成错误的性审美观、性伦理观、性法制观,为他们今后错误的"性作为",甚至实施性犯罪埋下思想的祸根。

3. 扭曲了青少年的性心理

性心理是指个体有关性欲望、性冲动、性行为等的态度和认知。健康的性心理是指对性发育和性行为有着科学的认知,认识到性行为是立足于追求个体之间的心灵沟通,而不仅仅是欲望的发泄或兽性的满足。

而网络色情所鼓吹的只是一种动物兽性的释放与宣泄,追求生理的满足而非心理的满足,将两性的结合视为生理需求的产物,而非建立在爱情和社会伦理道德基础上的人类之爱;甚至通过鼓吹反人类、反社会的"性作为",诱发青少年的人格障碍,即"心理变态人格",使之不能形成健康的性心理。

4. 解除了青少年的性伦理道德规范

人类性欲望是伴随着个体生理的发育成熟而逐渐出现的。一般来说,进入青春期之后,性器官(睾丸或子宫)已发育成熟……身体已达到性成熟阶段,具有了性要求和性生活的能力,此种对性的要求称为性欲。由此可见,性欲是正常的生理现象。

但是,由于青少年又是"社会人",具有社会性,因此,青少年对"性的主张"必然要受社会伦理道德规范的束缚,遵守社会法律法规。这是人与动物最重要的区别。可是网络色情内容解除了这种社会伦理道德的束缚,不仅过早地激发了青少年在正常状态下潜伏的性意识,而且还过早地激活和强化了性冲动和性欲。它极力鼓吹"性解放、性自由",鼓动青少年追求人的性欲求,而不必顾及社会伦理道德规范,通过赤裸裸的挑逗性感官刺激,强烈刺激了青少年的性欲望,使他们是非不清,没有感受到社会良知与道德的谴责,性伦理道德意识淡漠,最终导致出现违反性伦理道德的行为。

5. 诱发青少年的越轨行为

青少年阶段的特点为容易冲动，缺乏自控力；个体对异性充满好奇，产生接触异性的冲动；自我意识增强，出现"成人感"，但是心智还不够成熟。这时如果给予不恰当的引导，则容易使他们走上歪路、邪路。

而网络色情内容对青少年的越轨行为往往起着挑逗、教唆和引诱作用。一方面，青少年性生理成熟的提前，性心理成熟的相对滞后，往往会经受不住网络色情内容的挑逗、刺激和引诱，控制不住自己的生理冲动，做出越轨行为；另一方面，青少年正处于对性充满好奇的时期，为了满足好奇心，便去进行性探索，网络色情音视频的行为恰好为他们提供了效仿的"模板"，使他们能够随心所欲地释放自己的原始冲动，恣意地放纵自己的性行为，尝试婚前性行为、流产堕胎，甚至走上性犯罪的道路。

研究发现，吸烟、赌博、打架和报复等各种问题行为也与网络色情内容之间存在某种程度上的"联动性"和"集群性"。

三、互联网·家庭·青少年性社会化

（一）互联网与青少年的性社会化

1. 性社会化（Sexual Socialization）理论

早在 20 世纪末，国外学者就开始关注青少年性社会化这一主题。美国学者斯帕尼尔（Spanier）首次提出"性化"（sexualization）这一概念。他指出，"性的社会化"简称"性化"。青少年性化是指被动地适应文化性化，受媒介性化影响，在性认知、性态度、性观念上实现社会化的过程。[①]

我国知名性社会学家潘绥铭教授提出，性社会化是个体学习性知识，形成自我认知，然后做出符合社会规范的性行为过程。[②] 这与世界著名性教育家贺兰特（Herant）对性社会化的界定基本相同，即性社会化是形成性价值观和做出符合社会规范的性行为，具体过程包括：第一，适应并学

---

① Duschinsky, M.R., "What Does 'Sexualization' Mean", *Feminist Theory*, vol.14, no.3, 2013, pp.255-264.

② 潘绥铭、黄盈盈：《性社会学》，中国人民大学出版社 2011 年版，第 85 页。

习社会性别特征和性别规范，准确定位自我在社会中的角色和功能。第二，性实践过程，通过交往及其他方式来判断哪些性行为是适宜的，哪些是不适宜的，从而内化社会性行为的规范。第三，个人在社会活动中接受有关性词汇、性表达、与性有关的行为训练，以便在性规范方面符合社会规范。[①]

对于青少年来说，性社会化可以理解为青少年在性发育的过程中，主动或被动地通过各种渠道进行性知识的社会化学习，学习社会经验和行为规范，包括性常识、性行为规范、性道德观念等，不断地学习、调整和适应社会性文化，形成符合社会规范的性认知、性观念和性行为。

青春期正是性价值观和性行为形成的关键时期，也是可塑性极强的阶段。如果在这一时期，青少年的疑惑、焦虑、冲动得不到合理的引导，再加上缺乏正确的自我认知和自控能力，容易受到不良的误导，出现偏离行为。因此，这一时期也被称为"危险时期"。一旦青少年对性的认知出现偏差，便会影响其性社会化进程，进而导致早恋、过早性行为，甚至是性犯罪。而家庭是青少年最早接受性启蒙的场域。如果父母能根据孩子性生理和性心理发育状况对其进行科学的指导，便能有效防范或纠正青少年性社会化过程中的偏差。

2. 互联网与青少年的性探索

青春期性成熟的到来，使青少年开始意识到性，引发了他们对异性的兴趣，开始了对性的探索。由于目前社会、学校和家庭没有很好地承担起对青少年性教育的职责，于是，青少年便在网络上进行性探索来满足自己的心理需求。因为关于互联网对青少年性发展的研究表明，在线交流有利于他们性的自我探索。由于在互联网上匿名交流的可能性，青少年可以比面对面的交流更容易处理敏感的性问题。例如，青少年经常使用互联网获取关于性健康问题的建议，并讨论与青少年性有关的道德、情感和社会

---

① [美]贺兰特·凯查杜里安：《性学观止》（插图第6版·全两册），胡颖翀、史如松、陈海敏译，科学技术文献出版社2019年版，第110页。

问题。

在线交流作为一种相对安全的探索敏感问题的手段，特别是对于同性恋、跨性恋青年来说尤其重要。因为同性吸引依然伴随着巨大的反响和痛苦，许多同性恋青少年使用互联网来讨论他们的性取向问题，并实践公众对他们性取向的认知。

3. 互联网与青少年的性发展

发展研究人员一致认为，青少年的首要目标是实现社会心理独立。在这个总体目标中，三项发展任务对青少年的社会心理发展至关重要。首先，青少年必须对自己或身份有一种坚定的认识，也就是说，他们需要对自己是谁以及他们想成为什么样的人有一种目标设定。其次，他们必须培养一种亲密感，也就是说，他们需要获得必要的能力来形成、维持和终止与他人亲密的、有意义的关系。第三，他们必须发展自己的性取向，也就是说，他们至少需要：（1）习惯性欲的感觉；（2）定义和接受他们的性取向；（3）学习如何参与到相互的、非剥削性的、诚实的、安全的性接触和关系。

为了完成这三项发展任务，青少年需要发展两项重要的技能，即自我呈现和自我表露。自我呈现和自我表露是相关但不同的技能。它们都必须在青春期被学习、练习和排练，而且它们都对于身份认同、亲密关系和性的发展至关重要。自我表现可以理解为有选择地向他人展示自己的各个方面；自我表露可以定义为揭示一个人真实自我的私密方面。

为了发展身份认同、亲密关系和性行为，青少年需要学会向他人展示自己，并根据他人的反应调整自我表现。通过从他们收到的反馈中学习，他们可以演练和验证他们的社会身份，并最终将它们融入他们的自我之中。[1]为了培养一种亲密感，更确切地说，亲密而有意义的关系，他们需要学习如何充分地透露亲密信息。自我表露不仅能帮助他们确认自己的认知、情感和行为是否恰当，还能通过互惠的准则，引发亲密、支持性的友谊

---

① Steinberg, L., *Adolescence(8th edition)*, McGraw Hill, Boston, MA, 2008, pp.123–136.

和恋爱关系。[1]

青少年阶段正是性价值观和性行为形成的重要时期，也是可塑性极强的阶段。这个阶段如果受到不良的误导，对性的认知出现偏差，便会影响其性社会化进程，进而导致青少年的早恋、过早性行为，甚至是性犯罪。

过多地接触网络色情内容，成为影响青少年性社会化的重要因素。[2]

（二）家庭性教育与青少年的性社会化

1. 性教育

对于"性教育"（Sexuality Education）的界定，世界卫生组织（WHO）指出，性教育包括性生理、性心理和性道德三个维度，它是指通过丰富人格，改善人际交往和情爱方式，使人的性行为在身心、情感、道德等各方面得到全面、协调的发展。美国性信息与教育委员会（SIECUS）则认为，性教育内涵应包括三个层面：（1）知识、态度、价值观和洞察力；（2）人际关系和人际交往；（3）责任，在获得性信息的同时，形成性态度、性信念和性价值观的终身过程；与此同时，还涵盖亲密程度、身份认同、人际关系等重要命题。[3]

从以上定义可以看出，性教育不只是生理学意义上的，更应该是社会学意义上的，是一种全面、综合的性教育观；是人格的健全教育，为孩子成长为一个健康的成年人做好准备。性教育的终极目标是帮助青春期孩子获得全面、客观、科学的性知识，培养健康的性心理，形成正确的性价值观。

青春期是一个充满冲突和困惑的阶段。在这个阶段，青少年的第二性征发育成熟，面对持续不断的生理和心理变化，青少年对于性蠢蠢欲动，而性知识的匮乏已不足以解答自身的性困惑，身心发展的不平衡导致其常常

---

①　Rotenberg, K.J.（Ed.）, *Disclosure Processes in Children and Adolescents*, Cambridge University Press,Cambridge, UK,1995, pp.10–56.

②　Brown, J.D., Engle, L. &Kelly, L., "X–Rated: Sexual Attitudes and Behaviors Associated With U.S. Early Adolescents' Exposure to Sexually Explicit Media", *Communication Research*, vol.36, no.1, 2009, pp.129–151.

③　Stephen, F., Duncn, H. & Wallace G., *Family Life Education:Principles and Practices for Effective Outreach*, SAGE Publications, Inc, 2011, p.214.

处于重重的困惑、不安和矛盾之中；再加上社会上层出不穷的性信息，也在不断冲击着他们的性认知和性价值观，他们渴望生活中有人能够为他们解答种种困惑。

可是由于中国传统文化对性的禁忌，我国对性教育的认识不足，从而在对青少年进行性教育的过程中，无论社会、学校教育，还是家庭教育都始终处于"犹抱琵琶半遮面"的状态。于是，对性知识充满好奇而缺乏指导的孩子便转向网络，形形色色的网络色情信息便成为青少年获取性知识的重要来源。

2. 家庭性教育

由于青少年大部分的生活经验仍主要来自家庭，因此，青少年的家庭性教育显得尤为重要。可是作为青少年的性启蒙老师，家长却没有在性教育中尽到应尽的职责。调查显示，虽然 50.3% 父母认为"有必要对孩子进行性教育，但是不知道教什么或怎么教"。这是因为受中国传统性禁忌文化的影响，很多家长没有接受过系统的性教育，不知性教育应教什么，如何教，教到何种程度；担心教之后会不会诱发孩子对性的兴趣，害怕无法回答青少年的性问题；教也不是，不教也不是，对如何把握好性教育的"度"，感到十分迷茫和棘手，所以干脆采取回避或者倾向于采用模糊不清的"隐晦式说教"。

即使有些家庭对孩子进行性教育，也开始得太迟，一般是从初中开始，因为中国家长总是希望孩子在性方面开窍得晚一些，这样好把心思放在学习上。可是，相对于现在性早熟的孩子来说，这样的性教育明显滞后了。

生活中的各种媒介，如电影电视上性爱镜头，街头电线杆上治疗性病、无痛人流的广告，街头花花绿绿的成人性用品商店，尤其是网络上性内容无处不在，又很容易获取。于是，对性知识充满好奇、因性问题产生的苦恼而缺乏指导的孩子便转向网络"自我摸索"，网络上形形色色的所谓"性知识"和"性教育"便成为青少年获取性知识的重要来源，甚至一些不法分子利用社交媒体对青少年进行性诱惑，诱导青少年进行性探索和性实践，做出后悔莫及的事情。

由此可见，加强对家长性教育的专业培训迫在眉睫。学校、机构可以邀请心理学家、社会学家、专业教师对家长进行专业的性教育（性生理、性心理、性伦理）培训，也可以与社区或公益组织联手为家长提供公益讲座的方式，还可以通过微博、线上讲座、有声读物等多种形式，帮助家长系统地学习青春期性教育内容和方式。

"家庭性教育"（Family Sexuality Education）是指在家庭生活中，以父母为主要的施教者，对孩子进行相关的性教育实践活动。其主要内容包括：

（1）传授孩子青春期的生理、心理发育和性卫生保健的基本知识和技能。

（2）引导孩子正确认识大众媒介以及外部社会环境中所传播的性信息，帮助孩子形成健康的性态度及价值观，学会处理遇到的性问题。

（3）传授孩子防性骚扰、性侵害的方法，指导孩子学会保护自身安全。

（4）性责任教育，教育孩子要对自己的性行为做出负责任的选择。

与学校和同伴性教育相比，家庭性教育具有得天独厚的优势，突出表现在它的隐私性、亲密性和个性化。因为学校性教育是群体性教育，关注的是普遍性；而家庭性教育则不同，每个家长面对的只是自己的孩子，可以顾及个体差异性；而且性问题具有一定的隐私性，孩子可以私下一对一地向家长请教，家长则可以及时、有的放矢地加以引导。

简而言之，家庭性教育应是以防范为首要目标，以家长为主导，应至少提前到小学中高年级，用科学系统的家庭性教育知识来代替网络上良莠不齐的性信息，让青春期孩子不仅掌握性知识，正视由于性生理及性心理变化所引起的种种困扰，而且在保护自身安全的同时，形成正确的性角色观、性角色行为和性角色认同，培养良好的性道德感，从而顺利地实现性社会化。

四、文献综述、研究假设与变量测量

（一）文献综述及研究假设

1. 网络色情

对于青少年网络色情的研究由来已久，已有研究主要聚焦在以下几个方面。

青少年接触网络色情的现状 a；影响青少年网络色情内容接触的因素，包括个体因素，如年龄、性别、受教育程度、性格特征（低自控、低生活满意度、低自尊）[2]；家庭因素（家庭功能差、与监护人情感纽带差、家庭冲突多、家庭沟通差）[3]，学校和社区因素 d，社会和文化因素 e；青少年网络色情内容接触对于其性行为、性态度的影响 f；青少年网络色情内容的对策性研究，可以从青少年自身以及社会环境等方面入手，提供预防性、发展性和治疗性对策；值得注意的是，在英国和澳大利亚，提供媒介保护的国家监管角色逐渐减少，而强调个人责任（包括父母和孩子）的新自由主义治理形式，开始主导新兴的网络色情内容监管格局。[7]

研究的理论视角日趋多元化，涉及媒介实践模型（the Media Practice Model）、性行为序列（the Sexual Behavior Sequence）、社会认知理论（Social

①　张春和：《西部农村中小学生性价值观培育现状及根源分析》，《成都理工大学学报》（社会科学版）2016 年第 4 期；Doornwaard, S. M., et al., "Adolescents' Use of Sexually Explicit Internet Material and Their Sexual Attitudes and Behavior: Parallel Development and Directional Effects", *Developmental Psychology*, vol.51, no.10, 2015, pp.1476–1488.

②　Doornwaard, SM., "Dutch Adolescents' Motives, Perceptions, and Reflections Toward Sex-Related Internet Use: Results of a Web-based Focus-group Study", *Journal of Sex Research*, vol.54, no.8, 2017, pp.1038–1050.

③　Ševčíková, A., Šerek, J., Barbovschi, M. & Daneback, K., "The Roles of Individual Characteristics and Liberalism in Intentional and Unintentional Exposure to Online Sexual Material Among European Youth: A Multilevel Approach", *Sexuality Research and Social Policy*, vol.11, no.2, 2014, pp.104–115.

④　王娟、李莉、林文娟等：《网络色情对青少年心理健康影响的心理社会分析》，《中国卫生事业管理》2010 年第 6 期。

⑤　阮健伦：《网络直播平台主体法律责任研究——以秀场直播网络色情表演为视角》，《法制与经济》2017 年第 7 期。

⑥　Bloom, Z. D. & Hagedorn, W. B., "Male Adolescents and Contemporary Pornography: Implications for Marriage and Family Counselors", *The Family Journal*, vol.23, no.1, 2015, pp.82–89.

⑦　Keen, C., France, A.&Kramer, R., "Exposing Children to Pornography: How Competing Constructions of Childhood Shape State Regulation of Online Pornographic Materia", *New Media & Society*, vol. 22, no.5, 2020, pp.857–874; 李守良：《论网络色情信息对未成年人的危害和治理对策》，《预防青少年犯罪研究》2017 年第 4 期；李志、李龙：《网络色情信息对大学生的影响及治理》，《青年记者》2015 年第 25 期。

Cognitive Theory）、理性行为理论（the Theory of Reasoned Action）、社会连接理论（Social Bonding Theory）、使用与满足理论（Uses and Gratification Theory）、自我同一性状态理论（Ego-identity-status Theory）、一致性理论（Consistency Theories）、社会比较理论（Social Comparison Theory）、性脚本理论（the Sexual Scripts Approach）、培养理论（Cultivation Theory）。[1]

综上，已有研究更多的是采取"问题视角"和"治疗视角"，而缺乏对网络色情接触中青少年"性主体"角色的关注，缺乏对于该问题的科学、理性、中立的立场；大多是进行理论性探讨，缺乏对青少年网络色情内容接触的实证调查的数据支撑，或对该问题深入的实地访谈分析。这些都为本研究留下广阔的空间。

2. 家庭沟通模式（Family Communication Patterns，简称 FCP）

家庭沟通模式理论是家庭传播研究中使用频率最高的理论之一，它是由美国学者麦克劳德和查菲（Mcleod & Chaffee）在 20 世纪 70 年代提出，它认为父母与孩子的沟通方式会影响孩子的社会化进程[2]，包括对媒介的解读。[3]他们从社会定向（socio-oriented）和观念定向（concept-oriented）两个维度着手研究家庭沟通模式。社会定向要求子女顺从长辈，避免争论，以此来营造和谐愉快的家庭社会关系；概念定向强调父母鼓励亲子之间开展观念、思想的开放、自由的讨论。

学者里奇和菲茨帕特里克（Ritchie & Fitzpatrick）对家庭沟通模式进行进一步的修订，修订后的家庭沟通模式（Revised Family Communication Pattern，RFCP）仍由两个维度构成，只不过维度名称略有变化，分别为对话定向（conversation orientation）和服从定向（conformity orientation）。其

---

① Peter, J. & Valkenburg, P. M., "Adolescents and Pornography: A Review of 20 Years of Research", *Journal of Sex Research*, vol.53, no.（4-5）, 2016, pp.509-531.

② Carlson, L.Walsh, A., Laczniak, R. N. & Grossbart, S., "Family Communication Patterns and Marketplace Motivations, Attitudes and Behaviors of Children and Mothers", *Journal of Consumer Affairs*, vol.28, no.1,1994, pp.25-53.

③ Krcmar, M., "The Contribution of Family Communication Patterns to Children's Interpretation of Television Violence", *Journal of Broadcasting & Electronic Media*, vol.42, no.2, 1998, pp.250-265.

中对话定向是指父母鼓励子女自由地表述自己的思想，允许亲子之间的观点分歧；服从定向则强调子女对父母的服从。基于每个家庭在这两个维度上的得分，进一步把家庭沟通模式细分为四种（见图 2-1），即放任型（laissez-faire）、保护型（protective）、多元型（pluralistic）、一致型（consensual）。①

		服从定向（conformity orientation）	
		高	低
对话定向 （conversation orientation）	高	一致型（consensual）	多元型（pluralistic）
	低	保护型（protective）	放任型（laissez-faire）

图2-1　家庭沟通模式

在服从定向和对话定向的维度坐标上看：

低服从 + 低对话的为放任型家庭，其特征为不重视亲子之间的沟通和交流，父母与孩子都分别追求自己的个人目标，而不关心其他家庭成员的需求；在这种家庭内部，家庭成员的自由不是通过沟通来获取，而是以家庭成员之间少沟通、彼此之间漠不关心为代价的。

低服从 + 高对话的为多元型家庭，其特征为看重家庭成员之间的平等交流，积极沟通，鼓励思想观点的自由表达，很少对子女施加压力，让其服从父母的思想和观点。

高服从 + 低对话的为保护型家庭，其特征为强调父母的权威，要求子女对父母命令的绝对服从，不重视家庭之间的沟通，而是通过"禁止"家庭成员之间的分歧，来获得表面上和谐的家庭关系。

高服从 + 高对话的为一致型家庭，其特征为家庭鼓励孩子自由、充分地表述自己的意见和观点，但不能扰乱家庭的等级和内部的和谐，使父母

---

① Ritchie, LD., "Family Communication Patterns", *Communication Research*, vol.18, no.4, 1991, pp.548-557.

能在大原则方面进行掌控和把握，使子女不至于失去父母的引导。

虽然家庭沟通模式在国外传播学研究中的运用已相当普遍，但是国内却多见于心理学研究之中，而鲜见运用于传播学领域：最初用于孩子政治社会化领域，发现高对话定向（多元型和一致型）家庭的孩子，成年之后比高服从定向（放任型和保护型）家庭的孩子更积极地参与政治[①]；随后，研究者聚焦家庭沟通模式对青少年消费观、消费态度及行为的影响，发现多元型和一致型家庭中的孩子的广告认知态度，比放任型和保护型这两类家庭的孩子积极[②]；家庭沟通模式对青少年媒介使用行为、技能的影响，即高对话定向家庭的孩子传播能力要优于高服从定向家庭的孩子[③]；家庭沟通模式对青少年社会心理的影响，即高对话定向与青少年积极的心理与行为有关，如高自尊、强社交能力、低羞涩感等；高服从定向与青少年消极心理与行为有关，如低自尊、低情绪能力、低冲突管理能力等。[④]

3. 父母介入（Parental Mediation）

父母介入是指父母与孩子之间关于媒介使用的互动[⑤]；更具体地说，它被界定为父母策略性干涉，即父母对孩子所接触媒介及内容进行控制、监督、解释。[⑥]该理论已经运用于国外社会心理学的媒介效应研究和社会文化

---

① McLeod, J.M. & Chaffee, S.H., "The Construction of Social Reality", In *The Social Influence Process*, Tedeschi, J. (Eds.) Chicago: Aldine–Atherton, 1972, pp.50–59.

② 张红霞、杨翌昀：《家庭沟通模式对儿童广告态度的影响》，《心理科学》2004年第5期；李诗颖：《家庭的沟通教育方式对儿童消费观、消费态度和行为的影响综述》，《湖南大学学报》（社会科学版）2016年第6期。

③ Wang, NX. Roache, DJ., &Pusateri, KB., "Associations Between Parents' and Young Adults' Face-to-Face and Technologically Mediated Communication Competence: The Role of Family Communication Patterns", *Communication Research*, vol.46 , no.8, 2019, pp.1171–1196.

④ Leustek, J. & Theiss, JA., "Family Communication Patterns that Predict Perceptions of Upheaval and Psychological Well–being for Emerging Adult Children Following Late–life Divorce", *Journal of Family Studies*, vol.26, no.2, 2020, pp.169–187.

⑤ Nathanson, A.I., "Parental Mediation Strategies", In *The International Encyclopedia of Communication*,Donsbach, W. (ed), John Wiley & Sons, Ltd, 2008, p.11.

⑥ Shin, W., & Ismail, N., "Exploring the Role of Parents and Peers in Young Adolescents' Risk Taking on Social Networking Sites", *Cyberpsychology, Behavior, and Social Networking*, vol.17, no.3, 2014, pp.578–583.

人种学对家庭媒体使用的研究之中。

拜比等人（Bybee, et al.）首次将该理论运用于青少年电视使用研究中 ①；之后，学者把父母介入分为三个维度：限制型介入（restrictive mediation）、积极介入（active mediation）和共同观看（co-viewing）。限制型介入是指父母为孩子观看电视的内容和时间设置规则等；积极介入是指亲子之间一起讨论、评论、解释和评估电视内容，以加深对节目所传达整体信息的理解；共同观看是指亲子共同收看电视，把它作为一种家庭活动，但并不对电视内容进行有目的的讨论和积极互动，仅有一些自发情绪的表达。②

有研究发现，父母在孩子玩游戏视频和网络使用方面采取了与观看电视类似的介入策略。③但是，也有一些学者认为，基于传统媒介（例如电视）的父母介入理论应进行拓展，才能更好地与网络使用特征相契合。因此，学者利文斯通和黑尔斯柏（Livingstone & Helsper）提出了父母介入的四种维度：（1）积极共用（active co-use），包括原来用于传统媒体的积极型介入、限制型介入和共同观看（使用）；（2）互动限制（interaction restrictions），即禁止孩子从事与他人保持联系的活动；（3）技术限制（technical restrictions），即在电脑上安装各种过滤和监视软件；（4）监督（monitoring），即事后检查孩子上网活动（如电子邮件或访问网站）。④尼克与简茨（Nikken & Jansz）则提出了五维划分法：即（1）共用（co-use），（2）积极介入（active mediation），

---

①　Bybee, C. R. Robinson, D. & Turow, J., "Determinants of Parental Guidance of Children's Television Viewing for a Special Subgroup: Mass media Scholars", *Journal of Broadcasting*, vol.26, no.3, 1982, pp.697–710.

②　Valkenburg, P. M., Krcmar, M., Peeters, A. L. & Marseille, N. M., "Developing a Scale to Assess Three Styles of Television Mediation: Instructive Mediation, Restrictive Mediation, and Social Coviewing", *Journal of Broadcasting and Electronic Media*, vol.43, no.1, 1999, pp.52–67.

③　Nielsen, P., Favez, N., Liddle, H.& Rigter, H., "Linking Parental Mediation Practices to Adolescents' Problematic Online Screen Use: A Systematic Literature Review", *Journal of Behavioral Additions*, vol.8, no.4, 2019, pp.649–663.

④　Livingstone, S. & Helsper, E.J., "Parental Mediation of Children's Internet Use", *Journal of Broadcasting &Electronic Media*, vol.52, no.4, 2008, pp.581–599.

（3）一般限制介入（restrictive mediation general），（4）特殊内容限制介入（restrictive mediation content specific），（5）监督（supervision）。[①]

父母的积极介入，能够减少儿童观看暴力节目，对媒介内容的恐惧反应和接受暴力观点和模仿暴力行为的概率[②]；提高亲社会行为。[③]

数字媒介时代，父母介入更加复杂多元。一些研究发现，父母的积极介入，能够降低青少年可能遭遇的某些网络风险，如网络隐私暴露[④]、不当网络内容风险[⑤]、网络成瘾。[⑥]但是也有研究发现，除了互动限制之外，其他的介入策略（包括积极介入），并不能够减少青少年的网络风险。[⑦]

相比之下，国内迄今为止，仅有少数论文综述父母对青少年媒介使用的积极介入策略，将有效地促进青少年的认知发展和社会性发展，如提高青少年对媒介内容的思辨能力，减少暴力内容对青少年的负面影响[⑧]，这就为本研究留下广阔的研究空间。

因此，本研究聚焦于以下几点。

①　Nikken, P. & Jansz, J., "Developing Scales to Measure Parental Mediation of Young Children's Internet Use", *Learning, Media and Technology*, vol.39, no.2, 2014, pp.250–266.

②　Rasmussen, EE., Coyne, SM., Martins, N. &Densley, R. L., "Parental Mediation of US Youths' Exposure to Televised Relational Aggression", *Journal of Children and Media*, vol.12 , no.2, 2018, pp.192–210.

③　Martins, N., Matthews, N. L. & Ratan, R. A., "Playing by the Rules: Parental Mediation of Video Game Play", *Journal of Family Issues*, vol.38, no.9, 2017, pp.1215–1238.

④　Youn, S., "Parental Influence and Teens' Attitude toward Online Privacy Protection", *Journal of Consumer Affairs*, vol.42, no.3, 2008, pp.362–388.

⑤　Rasmussen, EE., Rhodes, N., Ortiz, RR. & White, RS., "The Relation Between Norm Accessibility, Pornography Use, and Parental Mediation Among Emerging Adults", *Media Psychology*, vol.19, no.3, 2016, pp.431–454.

⑥　Meeus, A. Eggermont, S; Beullens, K., "Constantly Connected: The Role of Parental Mediation Styles and Self-Regulation in Pre- and Early Adolescents' Problematic Mobile Device Use", *Human Communication Research*, vol.45, no.2, 2019, pp.119–147.

⑦　Shin, W., Huh, J. &Faber, R.J., "Tweens' Online Privacy Risks and the Role of Parental Mediation", *Journal of Broadcasting & Electronic Media*, vol.56, no.4, 2012, pp.632–649.

⑧　齐亚菲、莫书亮：《父母对儿童青少年媒介使用的积极干预》，《心理科学进展》2016年第8期；曾秀芹、柳莹、邓雪梅：《数字时代的父母媒介干预——研究综述与展望》，《新闻记者》2020年第5期。

RQ1：青少年接触网络色情内容的现状如何？其个人影响因素有哪些？

已有研究发现，年龄是影响网络色情内容接触的因素，但结果不尽相同。有研究发现，网络色情内容的接触频率随着年龄的增加而增加[1]；也有研究发现，网络色情内容接触并无年龄差异。[2] 因此，本研究假设：

H1a：年龄越大的中学生越多地接触网络色情内容。

由于本研究的样本是大学本科生，年龄差距小，所以排除了年龄的影响。

H1b：大学生接触网络色情内容不具有年龄差异。

已有研究发现，男生陷入网络色情信息远多于女生。[3] 因此，本研究做出如下假设：

H2a：男中学生比女中学生更多地接触网络色情内容。
H2b：男大学生比女大学生更多地接触网络色情内容。

有研究发现，城乡青少年接触网络色情内容并没有显著差异，但城市学生受网络色情影响的更大。相对于城市学生，在各类网络色情信息的推波助澜下，更容易产生性文化和性价值观的冲突。[4] 因此，本研究假设：

H3a：中学生接触网络色情内容具有城乡差异。
H3b：大学生接触网络色情内容具有城乡差异。

---

[1]　Ševčíková, A. & Daneback, K., "Online Pornography Use in Adolescence: Age and Gender Differences", *European Journal of Developmental Psychology*, vol.11, no.6, 2014, pp.674–686.

[2]　Holt, T. J. Bossler, A. M. & May, D. C., "Low Self-control, Deviant Peer Associations, and Juvenile Cyberdeviance", *American Journal of Criminal Justice*, vol.37, no.3, 2012, pp.378–395.

[3]　Peter, J. & Valkenburg, P. M., "Adolescents and Pornography: A Review of 20 Years of Research", *Journal of Sex Research*, vol.53, no.（4－5）, 2016, pp.509–531.

[4]　张春和：《西部农村中小学生性价值观培育现状及根源分析》，《成都理工大学学报》（社会科学版）2016 年第 4 期。

根据受害者的生活方式日常行为理论（the Lifestyle Routine Activities Theory of Victimization），受害可能性的概率与其生活方式有关。换句话说，该理论解释了日常网络活动如何可能暴露青少年的风险。[①] 因此，本研究做出如下假设：

H4a：上网时间越长的中学生，接触网络色情内容的风险越大。

H4b：社交媒体依赖程度越深的大学生，其接触网络色情内容的频率越高。

H5a：上网目的为信息搜索的中学生，越少地接触网络色情内容。

H5b：上网目的为信息搜索的大学生，越少地接触网络色情内容。

网络安全素养是指遵守网络使用规范，有计划地使用网络，能辨别网络内容和网友与真实世界的区别，且不泄露个人资料与上网密码。[②] 已有实验研究表明，网络安全素养能使青少年减少不良信息的接触。[③]

H6a：网络安全素养越低的中学生，接触网络色情内容的风险越大。

H6b：网络安全素养越低的大学生，接触网络色情内容的风险越大。

RQ2：当代家庭沟通状况如何？与青少年网络色情内容接触关联性何在？

已有家庭沟通模式研究发现，青少年的行为问题与家庭沟通之间有着密切的关系。家庭沟通越差，青少年表现出的问题行为越多。[④] 因此，本研究假设：

① 王薇、许博洋：《自我控制与日常行为视角下青少年性侵被害的影响因素》，《中国刑警学院学报》2019年第6期。

② 黄葳威、林纪慧、吕杰华：《台湾学童网路分级认知与网路安全素养探讨》，数位创世纪：数位传播与文化展现学术与实务国际研讨会，2007年9月，第1—22页。

③ 欧阳间等：《儿童网路安全教育学习成效之评鉴》，台湾网际网路研讨会，2008年10月，第1—10页。

④ 王争艳、雷雳、刘红云：《亲子沟通对青少年社会适应的影响：兼及普通学校和工读学校的比较》，《心理科学》2004年第5期。

　　H7a：越强调服从定向沟通模式的中学生家庭，其孩子接触网络色情内容越多。

　　H7b：越强调服从定向沟通模式的大学生家庭，其孩子接触网络色情内容越多。

　　RQ3：父母介入状况如何？父母介入是否能够减少青少年网络色情内容接触？

　　到目前为止，关于哪种父母介入策略，能够有效降低孩子上网风险的实证结果并不一致。有研究发现，父母制定的关于网络活动的规则限制、监控和积极介入，会降低青少年在网上遭遇危险的可能性[1]；但也有研究发现，父母限制性介入会导致孩子的"媒介叛逆"行为。[2] 这和大量关于父母对电视和视频游戏等旧媒体的介入结果形成了对比，即如果父母对青少年的媒介使用给予干预，就可能有效减少或防止媒介带来的消极影响。[3] 因此，本研究假设：

　　H8a：父母的一般限制策略，能够减少青少年网络色情内容接触。
　　H9a：父母的技术限制策略，能够减少青少年网络色情内容接触。
　　H10a：父母的监管策略，能够减少青少年网络色情内容接触。
　　H11a：父母的共同使用策略，能够减少青少年网络色情内容接触。
　　H12a：父母的积极介入策略，能够减少青少年网络色情内容接触。

（二）变量测量

1. 青少年网络色情内容的接触。本研究采用李克特五级量表来测量

---

① Chen, L.& Shi, JY., "Reducing Harm From Media: A Meta-Analysis of Parental Mediation", *Journal of Journalism & Mass Communication Quarterly*, vol.96, no.1, 2019, pp.173–193.

② White, S. R. Rasmussen, E. E. & King, A. J., "Restrictive Mediation and Unintended Effects: Serial Multiple Mediation Analysis Explaining the Role of Reactance in Us Adolescents", *Journal of Children and Media*, vol.9, no.4, 2015, pp.510–527; 赖泽栋：《青少年微媒介叛逆与亲职督导》，《现代传播》2018年第6期。

③ Zhao, Y.T. & Phillips, B. M., "Parental Influence on Children During Educational Television Viewing in Immigrant Families", *Infant and Child Development*, vol.22, no.4, 2013, pp.401–421.

青少年网络色情内容的接触现状（见表2-1），共9个选项，"每次上网都接触" = 5，"从未接触" = 1；最后将各项得分相加，为青少年接触网络色情内容的现状。量表分数越高，表明接触网络色情内容的频率越高。经过试测，该量表具有较好的信度（α = .90）。

表2-1　青少年网络色情内容接触量表

	每次上网都接触	经常接触	偶尔接触	很少接触	从未接触
1. 网络色情图片	5	4	3	2	1
2. 网络色情文学	5	4	3	2	1
3. 网络色情游戏	5	4	3	2	1
4. 网络色情音视频	5	4	3	2	1
5. 论坛、贴吧关于色情内容的讨论	5	4	3	2	1
6. 微博、微信、QQ、人人网等社交媒体的色情聊天	5	4	3	2	1
7. 浏览新闻跳出色情内容	5	4	3	2	1
8. 搜索查询信息跳出色情内容	5	4	3	2	1
9. 网络购物跳出色情内容	5	4	3	2	1

2. 网络安全素养。网络安全素养是指遵守电脑网络相关使用规范，有计划地使用网络，能留意、辨别网络内容和其他网友与真实世界有别，且不泄露个人资料与上网密码。本研究采用台湾学者黄葳威等人制定的网络安全素养量表。[①] 该量表包含9个题项，采用李克特五级量表（"非常同意" = 5，"非常不同意" = 1），所有项目得分相加，量表得分越高表明网络安全素

---

①　黄葳威、林纪慧、吕杰华:《台湾学童网路分级认知与网路安全素养探讨》，数位创世纪：数位传播文化展现学术与实务国际研讨会，2007年9月，第1—22页。

养越高。经过试测，该量表具有良好的信度（α = .89）。

3. 社交媒体使用依赖性。采用汪向东等人制定的"社交媒体使用依赖性量表"，由 6 个题项组成：（1）社交媒体使用已成为我日常生活的一部分；（2）社交媒体使用已成为我的日常习惯；（3）如果隔一段时间不使用社交媒体，我会感觉自己被隔离了；（4）我感到自己是社交媒体社区的一员；（5）我很自豪地告诉别人自己在使用社交媒体；（6）如果社交媒体被关闭，我会感到遗憾。每个题项采用五级量表编码（"非常不同意" = 1，"非常同意" = 5）。[①] 将所有项目得分相加，量表得分越高，表明社交媒体使用依赖性越强。经过试测，该量表的内部一致性系数 Cronbach's alpha 为 0.83，具有较好的信度。

4. 家庭沟通模式。本研究采用柯纳和菲茨帕特里克（Koerner and Fitzpatrick）修订的家庭沟通模式量表（Revised Family Communication Patterns，RFCP）。[②] 该量表共 26 题，包括两个维度：对话定向（15 题，例如"当家里在谈论一些事情时，父母经常征求我的意见"）和服从定向（11 题，比如"我的父母觉得维护家长的权力和尊严很重要"）；答案为李克特 5 级量表（"非常符合" = 5，"非常不符合" = 1）；所有题项得分相加，得分越高，表明家庭在该维度上的特征越显著。然后以平均数作为分界点进行类型细分，划分出四种家庭沟通模式：在对话定向和服从定向上的得分均低于平均分，为放任型家庭沟通模式；在对话定向上高于平均分，而在服从定向上低于平均分，为多元型家庭沟通模式；在对话定向上低于平均分，而在服从定向上高于平均分，为保护型家庭沟通模式；在对话定向和服从定向上得分均高于平均分，为一致型家庭沟通模式。该量表的对话定向和服从定向的内部一致性系数分别为 0.95 和 0.91，具有良好的信度；此外，该量表经过国外学者的长期研究，证实具有较高的效度。

5. 父母介入。本量表在参阅利文斯通和黑尔斯柏、尼克与简茨研发

---

① 　汪向东、王希林、马弘：《心理卫生评定量表手册》，中国心理卫生杂志社1999年版，第80页。

② 　Koerner, A.F. & Fitzpatrick, M.A., "Understanding Family Communication Patterns and Family Functioning: The Roles of Conversation Orientation and Conformity Orientation", *Annals of the International Communication Association*, vol.26, no.2, 2002, pp.36–65.

的"父母介入"量表基础上修订而成[①]，该量表分为五个维度，即（1）一般限制（2题，"您的父母是否限制您上网的时段、时长""您的父母是否限制您上网的内容"）；（2）技术限制（1题，"您的父母是否有使用过滤或屏蔽软件来阻止您对某些网站的访问"）；（3）共同使用（2题，"您的父母是否参与您网上的活动""当您上网时，您的父母是否在一旁帮助和提建议"）；（4）积极介入（7题，如"您的父母是否会跟您建议如何和网络上的陌生人交往？""您的父母是否有告诉您在社交媒体上如何表现"）；（5）监控（1题，"您的父母是否有监控或跟踪你在网上做的事情，比如跟踪或者查看你的邮箱、微信、微博、QQ页面、搜索历史"）。选项均采用5级记分（"从不"＝1，"总是"＝5）。所有题项得分相加，分值越高，表示父母在该维度的介入越多。经过试测，该量表具有良好的信度（ $\alpha = .89$ ）。

五、青少年网络色情内容的接触现状及影响因素

已有研究发现，42%台湾青少年曾经接触网络上的色情资讯，网络色情也成为台湾青少年最常接触的色情素材。而越常收看网络色情的青少年，越倾向随意性行为及婚外性行为的态度。[②]英国14—17岁的儿童所进行的一项专项调查中，将近60%的人承认其曾有过浏览色情网站的经历。[③]那么，中国大陆青少年的网络色情内容接触现状如何？哪些孩子更会更多地接触网络色情内容？这将是本研究探讨的内容。

（一）中学生网络色情内容接触的现状及影响因素

1. 中学生网络色情接触现状

中学生网络色情接触的9个选项均值为1.97，各项得分均值依次为：

---

① Livingstone, S. & Helsper, E., "Parental Mediation of Children's Internet Use ", *Journal of Broadcasting &Electronic Media*, vol.52, no.4, 2008, pp.581–599; Nikken, P. & Jansz, J., "Developing Scales to Measure Parental Mediation of Young Children's Internet Use", *Learning, Media and Technology*, vol.39, no.2, 2014, pp.250–266.

② 罗文辉、吴筱玫、向倩仪、刘蕙苓：《网络色情对青少年性态度与性行为的影响》，中华传播学会论文，2007年7月，第7—14页。

③ 周季礼、李加运、魏翠红：《英国保护青少年上网安全的主要做法及启示》，《信息安全与通信保密》2015年第7期。

浏览新闻跳出色情内容（2.66，"很少接触"＝2，"偶尔接触"＝3），搜索信息跳出色情内容（2.56），网络色情图片（2.12），网络购物跳出色情内容（1.95），网络色情文学（1.88），微博、微信、QQ等社交媒体的色情聊天（1.68），论坛、贴吧关于色情内容的讨论（1.64），网络色情音视频（1.63），网络色情游戏（1.57）。

> 看黄片，我无意就点进去了；查资料、上贴吧、聊天，都会自动弹出小广告（色情）；有人发色情网站链接，我就放在收藏夹里。4399搜"打底裤""紧身衣""白色裤"关键词，会跳出来很多。还有小游戏上有一层贴膜，随意一点，就什么都看见了。（CX，男，16岁，高一）

> 不正规网站下载软件，会自动弹出色情网站广告，浏览新闻、搜索信息、玩游戏、买东西也会自动弹出全裸的女性。有一次百度查作业，自动弹出色情图片，还卡在那个页面，关不了。（ZS，女，15岁，初二）

2. 中学生网络色情内容接触的影响因素

我们采用OLS分层回归，第一层输入人口特征变量（性别、年级、居住地），第二层输入网络使用变量（上网时长、上网目的、网络安全素养），第三层输入家庭沟通模式变量，第四层输入父母介入变量，来依次检验这些自变量对中学生网络色情内容接触的影响。（见表2-2）经过共线性检测，显示没有共线性问题。

表2-2 分层回归：影响中学生网络色情内容接触的因素

自变量	网络色情内容接触			
	模型1（人口特征）	模型2（网络使用）	模型3（家庭沟通模式）	模型4（父母介入）
年龄	.267***	.219***	.224***	.240***
性别	.015	.013	.010	.015
居住地	−.028	−.020	−.024	−.025

续表

自变量	网络色情内容接触			
	模型 1 （人口特征）	模型 2 （网络使用）	模型 3 （家庭沟通模式）	模型 4 （父母介入）
上网时长		.137**	.144**	.145**
网络消费目的		.001	.006	.006
社交活动目的		.002	.005	.000
信息搜索目的		–.118*	–.108*	–.109*
网络安全素养		–.028*	–.051*	–.030*
对话定向			.001	.034
服从定向			.114**	.078
技术限制				.007
一般限制				.006
监控				.155**
共用				.047
积极介入				–.124
调整 R^2	.073	.105	.114	.130
F	14.337***	8.456***	7.532***	6.025***

注：* 表示 $p < 0.05$，** 表示 $p < 0.01$，*** 表示 $p < 0.001$。

（1）个人因素

①年龄越大的中学生，越多地接触网络色情内容

回归分析结果显示（见表 2-2），年龄与网络色情内容接触呈显著的正相关，即年龄越大的孩子，越多地接触网络色情内容（$\beta = .267$，$P < .001$）。H1a 成立。

②网络色情内容接触不具有性别差异

本研究发现（见表 2-2），网络色情内容与性别不相关（$P > .05$），这与

之前研究发现，男生更多地接触色情内容的结论不一致。[①]这是因为中学生学习压力大，父母管控较严，因此对于网络色情内容未具有性别差异。H2a未得到支持。

③在网络色情内容上，并无显著性的城乡差异

线性回归的结果显示（见表2-2），农村中学生接触网络色情内容的频率与城市学生并无显著性差异（P > .05）。H3a未成立。

④上网时间越长的中学生，接触网络色情内容的频率越高

当控制人口特征变量之后，我们发现（见表2-2），上网时间越长的中学生，接触网络色情内容的频率越高（$\beta = .137$，P < .01）。H4a成立。

⑤以"信息获取、搜索"为目的孩子，接触网络色情内容的频率最低

我们把上网目的（分类变量）转化为哑变量，以娱乐游戏目的为参照，放进线性回归模型。在控制人口特征变量之后（见表2-2）发现，上网首要目的为信息搜索的青春期孩子色情内容接触频率显著低于以娱乐游戏为目的孩子（$\beta = -.176$，P < .001），而以社交活动、网络消费为首要目的孩子的色情内容接触频率与以娱乐游戏为目的孩子并无显著性差异。H5a得到支持。

⑥中学生网络安全素养越低，接触网络色情内容频率越高

当控制人口特征变量之后发现（见表2-2），中学生接触网络色情内容与网络安全素养呈显著的负相关（$\beta = -.028$，P < .05），即中学生网络安全素养越低，接触网络色情内容频率越高。H6a成立。

⑦消极性格特征和能力弱等人格特质的中学生，接触网络色情内容的频率较高

人格特质是青少年接触网络色情内容的内在心理动因，它在一定程度上决定了其接触及沉迷的程度。

已有研究发现，中学生接触网络色情内容与其消极的性格特征呈显著

[①]　Chou, C., Condron, L. & Belland, J. C., "A Review of the Research on Internet Addiction," *Educational Psychology Review*, vol.17, no.4, 2005, pp.363–388.

的正相关，即中学生懒惰或狭隘等消极性格程度越深，对网络色情内容的兴趣度就越高，其接触网络色情内容的频率也就越高（$\beta = .082$，$P < .01$；$\beta = .076$，$P < .05$）；中学生接触网络色情内容与其能力特征呈显著的负相关，即青少年的学习能力和人际交往能力越弱，对网络色情内容的兴趣度就越高，其接触网络色情内容的频率也就越高（$\beta = -.084$，$P < .01$；$\beta = -.070$，$P < .05$）。

这是因为懒惰、狭隘等消极性格程度比较严重，学习能力和人际交往能力较弱的青少年，通常难以正确评估社会对自身的要求，难以对周围环境做出合适的反应，难以正确处理现实中错综复杂的人际关系，从而增加了其在现实生活中遭遇失败的机会。而在空洞化和符号化的网络色情世界中，没有责任感的压力、没有伦理道德的约束，只有占有和征服，这就为具有人格障碍、弱能力的青少年提供了一个发泄情绪，逃避现实生活、推卸责任，寻求心灵安慰的舞台，获得一种在现实生活中难以获取的虚假的权力感，迎合了他们与现实世界隔离和自我封闭的需求，并进一步加深了其懒惰、狭隘等消极性格特征。一旦沉湎于网络色情世界所大肆渲染的性暴力、性犯罪，反过来又会大大削弱其学习能力和人际交往能力。

此外，在自我概念、自我评估、自我管理、自我约束、成就动机方面较差的孩子；寂寞感、忧郁感较强，耐挫能力差，想表现又没特长的孩子，也会更多地接触网络色情内容而难以自拔；而那些在现实中开朗活泼，自我控制、自我调节能力强的孩子，往往能正确对待异性的好奇心和网络色情内容。

（2）家庭因素

①中学生家庭沟通模式分布状况

调查发现，当前青春期孩子家庭沟通状况并不乐观：在青春期家庭中，多元型家庭沟通模式虽然所占比最大，也仅占 26.8%；放任型（26.6%）次之；而一致型（四种传播类型中最理想的一种沟通模式）和保护型家庭传播模式所占比例不相上下，分别为 23.7% 和 22.9%。

多元型家庭沟通模式所占比例最大，表明当代家长倡导家庭教育的民主观念，注重家庭沟通过程中的民主和平等，但是在树立自己权威，引导子女方面存在一定的问题，并不能很好地树立家长在孩子心目中的形象和权威，影响了家长在子女教育方面的主导作用。放任型家庭沟通方式比例次之，达到将近三成，说明亲子沟通存在比较严重问题：很多家长不知如何与青春叛逆期的孩子沟通，就干脆采取少沟通、不沟通的方式。访谈中有家长的一番话代表了很多家长的心声。

> 现在的娃惹不起伤不起，我们当家长的怕说错话，怕适得其反，怕娃反起来，现在对他说话要三思而行。恐怖的青春期！（PCY，母亲，46岁，本科，公司职员）

方晓义等研究者在 2004 年调查显示，青春期家庭中，保护型沟通模式占比最大 [1]；而本研究发现，原来居于首位的保护型家庭沟通模式现在已降到了末位，这说明强调家长的绝对权威，要求孩子一味服从的中国家长正在逐步减少。

②越强调服从定向沟通模式的家庭，其孩子接触网络色情内容越多

在控制人口特征变量、网络使用变量之后（见表2-2），发现网络色情内容接触频率与对话定向的家庭沟通模式不相关，与服从定向的家庭沟通模式呈显著正相关（$\beta = .114$, $P < .01$），即服从定向沟通模式得分越高的家庭，其孩子接触网络色情内容反而越多。这是因为根据心理抗拒理论（theory of psychological reactance），青春期孩子渴望独立自主的意识大大增强，父母越强调顺从，越使孩子产生压抑和抗拒的心理，他们越需要寻找压力释放的渠道，故而越有可能接触网络色情内容。H7a 得到支持。

③父母介入行为现状

研究发现，中国父母对于孩子的网络使用，最常用一般限制策略（M = 3.17，介于"经常" = 4，"有时" = 3 之间），即限制孩子上网的时间、时长和内

---

[1]　方晓义、林丹华、孙莉、房超：《亲子沟通类型与青少年社会适应的关系》，《心理发展与教育》2004 年第 1 期。

容; 其次为积极介入(M = 2.49, 介于 "很少" = 2, "有时" = 3 之间), 再次为共用(M = 2.04), 很少父母采用监控(M = 1.85) 和技术限制(M = 1.76) 策略。

④父母监控越多的孩子, 反而越多地接触网络色情内容

当控制人口特征变量、网络使用和家庭沟通模式变量之后(见表 2-2), 父母监控(β = .155, P < .01) 越多的孩子, 反而越多地接触网络色情内容。这一点西方研究也有类似的发现, 父母采取过低或过高的媒介控制, 都会导致孩子更多的叛逆行为。这是因为, 父母采取过于严苛的限制策略, 都会使青春期孩子产生逆反心理, 反抗过于严厉的父母控制。[①]H10a未得到支持。

⑤父母的一般限制、技术限制、共同使用和积极介入策略, 并不能减少孩子色情内容接触

当控制人口特征变量、网络使用和家庭沟通模式变量之后(见表 2-2), 网络霸凌与父母的一般限制、技术限制、共同使用和积极介入策略不相关, 也就是说父母采取一般限制、技术限制、共同使用和积极介入, 并不能减少孩子色情内容接触。H8a、H9a、H11a、H12a 未得到支持。

(二) 大学生网络色情内容接触的现状及影响因素

1. 大学生普遍接触网络色情内容

大学生网络色情接触的均值为 2.40, 高于中学生网络色情内容接触的均值 1.97。这说明处于青春期性成熟阶段大学生, 更容易在性冲动下释放自我性压力, 更容易接触网络色情信息。

各项得分均值依次为: 浏览新闻跳出色情内容(2.86, "很少接触" = 2, "偶尔接触" = 3), 搜索信息跳出色情内容(2.82), 网络色情图片(2.76), 网络色情文学(2.49), 网络购物跳出色情内容(2.32), 网络色情音视频(2.22), 论坛、贴吧关于色情内容的讨论(2.13), 微博、微信、QQ 等社交媒体的色情聊天(2.04), 网络色情游戏(1.94)。

---

① Nathanson, A. I., "Identifying and Explaining the Relationship between Parental Mediation and Children's Aggression", *Communication Research*, vol.26, no.6, 1999, pp.124–143.

2.大学生网络色情内容接触的影响因素

我们采用 OLS 分层回归，第一层输入人口特征变量（性别、年级、居住地），第二层输入网络使用变量（社交媒体依赖、上网目的、网络安全素养），第三层输入家庭沟通模式变量，来依次检验这些自变量对大学生网络色情内容接触的影响。（见表 2-3）经过共线性检测，显示没有共线性问题。

表2-3 分层回归：影响大学生网络色情内容接触的因素

	变量	模型 1	模型 2	模型 3
人口特征	性别	.124**	.127**	.119**
	年龄	.028	.026	.028
	居住地	.092*	.085*	.091*
网络使用	网络消费		−.028	−.024
	社交聊天		−.010	−.021
	信息搜索		−.044	−.044
	网络安全素养		−.028	−.040
	社交媒体依赖		.074*	.057
家庭沟通模式	对话定向			−.030
	服从定向			.123**
	调整后的 R^2	.020	.024	.037
	F	5.967**	2.989**	3.481***

注：* 表示 $p < 0.05$，** 表示 $p < 0.01$，*** 表示 $p < 0.001$。

（1）大学生接触网络色情内容不具有年龄差异

研究发现（见表 2-3），大学生接触网络色情内容的频率不具有年龄差异（$P > .05$）。H1b 不成立。H1b 成立。

（2）男大学生比女大学生更多地接触网络色情内容

线性回归结果显示（见表 2-3），男大学生比女生更多地接触网络色情内容($\beta = .124$, P $<$ .01）。这与之前的多项研究结果相同。[①]这是因为，首先从生理因素来看，男性对色情内容的兴趣比女生强烈；其次色情内容往往呈现强奸、乱伦、性虐待等病态行为，女性在此类作品中往往是扮演着被控制、被支配甚至受害者的角色，也导致女性对色情作品的反感与抵触，再加上传统性别规范"非礼勿视""乖乖女""淑女"等对女性的限制，因而女生比男生更少地接触网络色情内容。H2b成立。因此，加强男大学生网络色情接触行为的教育和监管势在必行。

（3）城市大学生更多地接触网络色情内容

线性回归的结果显示（见表2-3），城市大学生比农村大学生更多地接触网络色情内容（$\beta = .092$, P $<$ .05）。H3b成立。

（4）大学生社交媒体依赖程度越深，接触网络色情内容的频率越高

在控制人口特征变量之后发现（见表2-3），大学生社交媒体依赖程度越深，其接触网络色情内容的频率越高（$\beta = .074$, P $<$ .05）。H4b得到支持。

（5）大学生的网络色情内容接触与上网目的、网络安全素养不相关

研究发现（见表2-3），大学生的网络色情内容接触与上网目的（P $>$ .05）、网络安全素养不相关（P $>$ .05）。H5b、H6b未得到支持。

（6）越强调服从沟通模式家庭的大学生，其接触网络色情内容越多

在控制人口特征变量、网络使用变量之后（见表2-3），我们发现大学生网络色情内容接触频率与对话定向的家庭沟通模式不相关，与服从定向的家庭沟通模式呈显著正相关（$\beta = .123$, P $<$ .01），即服从定向沟通模式得分越高的家庭，其孩子接触网络色情内容反而越多。H7b得到支持。

（三）父母认知的"第三人效应"与青少年色情内容接触

第三人效应（the third person effect, TPE）指的是人们倾向于高估大众媒介内容对他人所起的作用，但是对于自己的作用则会低估，尤其负面内

---

① Peter, J. & Valkenburg, P. M., "Adolescents and Pornography: A Review of 20 Years of Research", *Journal of Sex Research*, vol.53, no.4, 2016, pp.509-531; 马晓辉、雷雳：《青少年网络道德与其网络偏差行为的关系》，《心理学报》2010年第10期。

容更是如此。[①]

1. 父母低估了孩子网络色情内容接触的频率

通过配对样本的数据显示，父母认为自己孩子接触网络色情内容频率的均值为 1.41（"很少接触" = 2，"从未接触" = 1），远远低于孩子自我报告的接触频率，这说明父母倾向于低估自己孩子所接触网络色情内容的频率。在访谈中，在重点高中就读的小陈（CW，男，16 岁，高一）父母有了这样一段对话：

> 小何儿子拿手机偷看黄色视频，被小何发现了，她快气死了。（PCW1，母亲，45 岁，大专，公务员）
>
> 她儿子怎么能跟我们儿子相比呢？他是八中（普通中学），我们儿子可是重点中学。（PCW2，父亲，46 岁，本科，律师）

但是，笔者与小陈私聊，他说：

> 我也看过黄色视频，只不过父母不知道。因为在父母心目中，我是优秀生，我不想破坏自己在父母心目中的形象。看过黄色视频挺正常，我们又没危害社会。（CW，男，16 岁，高一）

2. 父母认为网络色情内容对于自己孩子的影响要小于对其他孩子的影响

调查发现，父母认为网络色情内容对于自己孩子的影响为 3.49（"影响比较大" = 4，"影响一般" = 3），对于其他孩子的影响为 3.74，这说明父母倾向于认为自己孩子所受网络色情内容的负面影响要低于孩子同学，这和第三人效果理论相符。

六、结论与讨论

（一）青少年接触网络色情内容的现象十分普遍

大学生（M = 2.40）比中学生（M = 1.97）更多地接触网络色情内容，

---

① Davison, WP., "The Third-person Effect in Communication", *Public Opinion Quarterly*, vol.47, no.1,1983, pp.1–15.

这是因为在中学阶段，青少年的学习压力较大，疲于应付中考、高考，很难有时间去接触网络色情活动；父母监控也比较严格。到了大学阶段，许多大学生学习压力没有那么大，有大量可自由支配的时间，父母也放松了对孩子的监控，再加上此时性生理发育成熟，需要宣泄，而网络的匿名性、廉价性、易得性使得更多的大学生去接触网络色情内容。而父母倾向于低估孩子所接触网络色情内容的频率；父母认为网络色情内容对于自己孩子的影响要小于对其他孩子的影响。

青少年接触最多的三种形式均为浏览新闻跳出色情内容、搜索信息跳出色情内容和网络色情图片。这说明国家要加强对此三类网络色情内容的监管、严惩与打击力度。

在影响青少年网络色情内容接触的因素上，中学生受到年龄、居住地、上网时长、上网目的、网络安全素养的影响；而大学生受到性别、居住地和社交媒体依赖的影响。

（二）改善家庭沟通模式和父母介入策略，可以减少青少年的网络色情内容接触

研究发现，越强调服从沟通模式家庭，其孩子接触网络色情内容越多。父母监控越多的孩子，反而越多地接触网络色情内容。这就告诉我们，要建立与孩子信任关系，减少监控；改善家庭沟通模式，采取对话定向沟通模式，多加强对青少年的引导和教育，使他们能够健康、有效地利用网络资源，从正面培养青少年对网络色情内容的鉴别和判断能力，增强抵御不良诱惑的能力，从而有效防止网络色情内容的不良影响。此外，还要对青少年进行法制宣传与教育，增强青少年的遵法、守法意识，可以减少青少年的网络色情内容接触，从源头上避免网络色情内容对青少年的危害。

第二节　攻击性风险：网络暴力内容

随着互联网的飞速发展，网络把关不到位，暴力信息在网络空间的传播越来越频繁，越来越隐蔽，甚至渗透到互联网的各个角落。由于攻击性是人的本能，人们会本能地被具有暴力冲突性的网络信息所吸引；对于人格尚未发展健全，对网络暴力内容缺乏理性认知的青少年来说，更是如此，其吸引力尤其更大。特别是对于那些在校成绩不佳，学习压力大或是家庭环境不和的孩子来说，网络暴力内容便成为他们宣泄内心压抑情绪的出口。长此以往接触网络暴力内容，青少年容易混淆现实世界和网络世界的区隔，共情能力大大减弱，产生强烈的攻击性倾向，甚至做出危害社会的行为。

一、网络暴力内容："血雨腥风"的污染

（一）网络暴力内容的内涵及特征

1. 何谓网络暴力内容

网络暴力内容指的是以网络为传播平台，通过文字、图片、音视频等符号所传播的带有血腥、猎奇、破坏等刺激性因素的信息。[①]

2. 网络暴力内容的特征

（1）快捷性和即时性

网络暴力内容的传播具有快捷性和即时性的特征。传统暴力内容由于受法律制约、道德压力等原因，从物品的制作到传播的过程均局限于小范围内。而在网络世界中，用户只需要搜索关键词或点击链接，敲击键盘，海量的暴力内容便迅速、即时地呈现在其面前；用户甚至可以通过个人定制等方式选择自己所喜好的内容。

---

① 陈宪奎：《美国市民社会研究》，中国社科出版社 2004 年版，第 12 页。

（2）隐蔽性

很多网络暴力内容已不再是单纯的暴力打斗，赤裸裸的打打杀杀，而是对暴力内容进行包装、粉饰，具有极强的隐蔽性。

（二）网络暴力内容类型

网络暴力内容的传播形式包括网络暴力图片、网络暴力文学、暴力电影、暴力游戏、网络暴力直播等。

1. 网络暴力图片

网络暴力图片是最早在互联网平台上传播的暴力内容，因其强烈的视觉冲击力、所占存储空间小等特征而在网络上风行，它们往往是残缺的肢体、充满血腥的场景或攻击性很强的行为、动作、姿势，以此来吸引网络用户的关注，并引起其情绪和心理上的变化。目前随着图片剪辑技术的不断发展，网络暴力图片已不再仅仅局限于直观暴力的特写和暴力场景的呈现，被害人的神态、动作也被包括其中。

近来随着对网络暴力内容的讨伐，许多网络暴力图片在表现内容上对纯暴力内容进行淡化或隐性处理，比如用夸张的动漫表现暴力内容，甚至有些还被制成相册、聊天表情包等形式进行广泛传播。

2. 网络暴力文学

中国的网络暴力文学有两个来源。

一是出自本土网络写手之手，以小说、纪实等形式出现，用离奇、血腥的场面描写和夸张的情节来吸引受众。如一些火爆的小说网站，排行榜前几名的小说中，很多内容都和"打斗""杀戮"有关。

二是对国外暴力文学进行翻译、再传播。在传统媒体时代，当国外暴力文学被引进时，专业编辑会进行审核与修改，力图最大限度地减少暴力内容给受众带来的负面影响。但是在网络时代，草根得以有机会接触外来文学作品，但是他们未必接受过专业训练，对于暴力内容的判断、把关能力不足，无法预估暴力内容所带来的负面影响。有时甚至为了博取点击率，不仅对于暴力内容不加以删改，还在网上推出时，特别强调里面的暴力内容，例如使用"杀戮""屠杀""虐杀""血洗"等震撼性效果的字眼，以此来引发用户产生猎奇心理并点击阅读。

3. 网络暴力电影

目前网络上的暴力电影可以分为两大类。

一是对暴力电影的上传。网络的便捷性和内容审核的滞后性，让一些在现实影院中无法上映，含有大量暴力内容的暴力电影得以在网上大肆传播，甚至因为打着"未删减版"等噱头而备受网友关注。

二是借助数字设备制作拍摄、上传的微电影。数字媒体技术的发展使得暴力微电影的传播成为可能，暴力内容发布者可以将收集好的暴力内容进行再次剪辑、加工、压缩后，上传到互联网上。这些微电影通过真实的现场画面和声音来呈现攻击行为、破坏过程及破坏结果等，以对用户的视听觉造成强烈的冲击力；而用户可以在线观看，也可以使用软件下载，进行离线观看或再次上传，与他人分享。

4. 网络暴力游戏

网络暴力游戏是近年来广受争议的网络暴力内容。从国内最早的《侠客行》到《魔兽世界》，再到《英雄联盟》《反恐精英》，这些游戏火爆的背后无不与打斗、射杀有关，频繁出现的打斗、杀戮场面，吸引了很多青少年玩家。据统计，目前中国有 95% 网络游戏以暴力为主题，很多游戏中都有血淋淋的暴力场景，而且越是暴力的网络游戏，拥有的网络玩家就越多。[1]

由于国家对网络游戏的监管，很多游戏商家所推出的游戏已不再是单纯的暴力打斗，赤裸裸的打打杀杀，而是对游戏中的暴力内容进行包装、粉饰，有些甚至在游戏中宣扬为了正义、和平而战，企图弱化暴力内容引发的非议。

5. 网络暴力直播

网络直播是近年来新兴的一种网络互动形式。由于网络直播"小而众"的特点，决定了网络监管部门不可能对每个主播进行即时的监督。为了增加粉丝量和关注量，有些网络主播会打法律的"擦边球"，通过直播生吃、

---

[1]　燕道成、黄果：《网络暴力游戏涵化青少年的传播心理动因》，《中国青年研究》2013年第1期。

活剥或宰杀活物等具有暴力特征的行为来博取关注，网络看客则通过观看肢体扯裂、血浆飞溅等刺激的情境来满足自己的猎奇心和窥私欲。

6.暴力内容的电子商务

近年来，随着电子商务的日益普及，网友可以方便快捷地在网上进行购买消费。由于国内对于文化市场的监管较严，实体店无法出售带有暴力内容的产品。因此，电子商务平台就成为出售暴力内容产品的新渠道。在线卖家会将现实中禁止发行、购买的含有暴力内容的书籍或影像资料重新包装后，以正常商品的名称取而代之，或把其他合法的资料夹杂于其中，以掩人耳目，在线销售。有特定需求的用户可以通过圈内人推荐介绍，通过暗语进行沟通，再由银行转账完成购买。

二、网络暴力内容对青少年影响理论

关于网络暴力内容对青少年的影响，即媒体暴力内容与青少年攻击性行为是否具有因果联系，学术界仍然存在争议。围绕此议题，美国媒介暴力研究形成了一系列影响深远的理论，包括宣泄理论、脱敏理论、涵化理论、社会学习理论、预示效果、第三人效果理论、有限效果论和强化理论等。

（一）涵化理论（Cultivation Theory）

涵化理论，又称培养分析理论、教养理论、涵化假设、涵化分析，是由美国学者格伯纳（Gerbner）在1969年提出。虽然该理论探究的是电视暴力内容对于人们认识社会、理解社会的影响，但是对于网络暴力内容亦有启发和借鉴。

涵化理论的着眼点有两个，一是电视的暴力内容与社会犯罪之间的关系分析；二是探究这些暴力内容对人们认知社会、认知现实的影响。他的研究发现，电视暴力内容对青少年犯罪有诱发效果，但无必然联系；这种影响不是短期的，而是一个长期的、潜移默化的、培养共同意识的过程，即"涵化"效果。[①]

---

① 郭庆光：《传播学教程》，中国人民大学出版社1999年版，第225页。

网络暴力内容对青少年的负面影响比电视更为严重，因为网络的即时性、便捷性和隐蔽性，青少年更容易在网络上接触暴力内容。裹挟着血雨腥风的网络暴力内容，以生动直观的视听感官刺激，使世界观、人生观和价值观尚未成熟的青少年受到潜移默化的影响和改造，长此以往，对网络暴力内容产生"共同认知"，进而形成一种过度依赖感。

（二）催化剂模型理论（Catalyst Model Theory）

费格森（Ferguson）等学者提出的催化剂模型理论，是认为媒体暴力与攻击性行为不具有必然因果关系的代表性理论。[1]该理论的核心观点是，媒体暴力不是影响攻击性行为的前因变量，而只是促使攻击行为发生的催化剂。基因和环境的交互作用（如家庭暴力、人格特质），才是导致攻击行为发生的前因变量。随后，费格森研究小组采用自己的研究方法（结构方程技术），证明了这一理论假设。[2]

（三）社会学习理论（Social Learning Theory）

美国著名心理学家班杜拉（Bandura）的社会学习理论指出，在青少年时期，青少年获取社会技能的主要方式是观察、学习和模仿；由于其认知能力有限和道德感不够成熟，会造成青少年不加选择地效仿与尝试。[3]

研究证实，长期的网络暴力刺激，会增加青少年身体、语言等方面的反社会攻击性。[4]玩网络暴力游戏的玩家可以即时参与、模仿、强化攻击

① Ferguson, C.J., Rueda, S.M., Cruz, A.M., Ferguson, D.E., Fritz, S. & Smith, SM., "Violent Video Games and Aggression Causal Relationship or By Product of Family Violence and Intrinsic Violence Motivation", *Criminal Justice and Behavior*, vol.35, no.3, 2008, pp.311-332.

② Ferguson, C.J. & Kilburn, J., "Much Ado about Nothing: The Misestimation and Overinterpretation of Violent Video Game Effects in Eastern and Western Nations: Comment on Anderson et al", *Psychological Bulletin*, vol.136, no.2, 2010, pp.174-178.

③ [美]班杜拉:《思想和行动的社会基础——社会认知论》，华东师范大学出版社2000年版，第67—68页。

④ 田媛、周宗奎、丁倩:《网络暴力材料对青少年内隐攻击性的影响研究教育研究与实验》2011年第4期。

行为。[①]

（四）脱敏理论（Desensitization Theory）

脱敏理论认为，网络暴力内容会对青少年具有暴力脱敏效果。脱敏是指反复面对会导致恐惧、焦虑等刺激时，焦虑、恐惧等负面情绪反应会逐渐消退的现象；暴力脱敏则是指持续暴露于暴力刺激时，情绪反应逐渐钝化的现象。[②]

学者们通过大脑相关事件电位（Event-related potentials，ERP）的研究发现，网络暴力内容通过攻击行为的不断呈现和血腥场面的逼真重现，反复给受众以感官上的刺激，使长期接触暴力内容的青少年再次接触到暴力刺激时，感官反应钝化，直至在现实世界中亲自实施暴力行为时，也表现出惊人的冷漠和麻木。[③]

（五）一般攻击模型（General Aggression Model，GAM）理论

安德森等人（Anderon，et al.）提出了一般攻击模型理论来解释媒体暴力是如何促使攻击行为发生。[④]

GAM 理论是解释攻击行为产生的主流理论，也得到了诸多研究的证实。[⑤] 随着研究的不断深入，巴克利和安德森（Buckley& Anderson）在 GAM 理论框架的基础上提出了一般学习模型（General Learning Model，GLM）[⑥]，

---

① 刘衍玲、陈海英、滕召军、杨营凯：《网络暴力游戏对不同现实暴力接触大学生内隐攻击性的影响》，《第三军医大学学报》2016 年第 20 期。

② 郭晓丽、江光荣、朱旭：《暴力电子游戏的短期脱敏效应：两种接触方式比较》，《心理学报》2009 年第 3 期。

③ 滕召军等：《媒体暴力与攻击性：社会认知神经科学视角》，《心理发展与教育》2013 年第 6 期。

④ Anderson, CA. & Bushman, BJ., "Human Aggression", *Annual Review of Psychology*, vol.53, no.2, 2002, pp.27–51.

⑤ Prot, S. & Anderson,CA., "Research Methods, Design, and Statistics in Media Psychology", In *The Oxford Handbook of Media Psychology*, K.Dill,（ Ed. ）, New York: Oxford University Press, 2013, pp.109–136.

⑥ Buckley, K.E. & Anderson, C.A., "A Theoretical Model of the Effects and Consequences of Playing Video Games", In *Playing Video Games: Motives, Responses, and Consequences*, Vorderer, P. & Bryant, J.（ Eds. ）, Mahwah, NJ: Lawrence Erlbaum Associates, 2006, pp.363–378.

并且也得到了实证研究的支持。[1] 根据 GAM 和 GLM 理论,学者发现,媒介暴力内容的接触会产生暴力脱敏,进而使得攻击性增强、亲社会行为减弱。[2]

（六）宣泄理论（净化理论）（Catharsis Theory；Purification Theory）

宣泄理论又称净化作用假说,该理论指出通过观看媒介传播的暴力内容可以满足或减少受众内心的暴力冲动；因此,通过观看暴力内容,可以降低实际暴力行为发生的概率,即通过观看暴力场面,宣泄受众本身的攻击性情绪及行为。

暴力是人们内心深处潜藏的一种本能欲望,它被现实的种种规制压制着但又蠢蠢欲动。网络暴力内容的出现,恰好为现实生活中学习压力大,特别是受到家庭暴力的青少年,打开了宣泄欲望的一扇窗口。通过观看一枪爆头、血肉横飞、尸首异处、血流成河等网络暴力内容画面,既能保证自己的人身安全,又能给予他们宣泄暴力欲望之后的心理满足感和娱乐快感。

（七）第三人效果（the Third-person Effect in Communication）

"第三人效果"是由美国戴维森（Davidson）教授提出的,其假设是指人们倾向于认为大众传播信息对于他人态度及行为的影响要大于对自己的影响。该假设有两个重点:(1)人们倾向于高估媒体对于他人态度和行为的影响；更准确地说,当受众接触信息时,都会预估该信息对于他人的影响要大于对自己的影响。(2)当人们预估传播信息会对其他人产生较大影响时,会促使他们采取相应行动,以保护他人免受信息的不良影响。[3]

---

①　Gentile, D. A. et al., "The Effects of Prosocial Video Games on Prosocial Behaviors: International Evidence from Correlational, Longitudinal, and Experimental Studies", *Personality and Social Psychology Bulletin*, vol.35, no.6, 2009, pp.752–763.

②　Carnagey, N.L., Anderson, C.A. & Bartholow, B.D., "Media Violence and Social Neuroscience New Questions and New Opportunities", *Current Directions in Psychological Science*, vol.16, no.4, pp.178–182.

③　Davison, W.P., "The Third Person Effect in Communicaiton", *Public Opinion Quarterly*, vol.47, no.3, 1983, pp.1–15.

三、研究综述及研究假设

目前国内关于青少年与网络暴力内容的研究尚处于起步阶段,主要从教育学、心理学、社会学、哲学、传播学、犯罪学等学科视角,分析网络暴力内容在青少年当中盛行的原因:家长有效监管的缺失,青少年非理性情绪的发泄,自控力、判断力的欠缺……[1] 运用涵化理论、使用与满足理论,分析网络暴力内容,特别是网络暴力游戏对青少年人格和道德的影响[2];对暴力认知的影响,即喜欢暴力游戏的青少年往往对暴力的赞成程度比较高[3];对青少年的攻击行为产生显著的正向影响[4];成为未成年人犯罪的催化剂。[5]

随着年龄的增长,青少年身体形态逐渐发育成熟,生理和心理的巨大变化,使他们无所适从,容易产生抑郁和压抑的情绪;再加上学业压力,需要采取手段来发泄。[6] 因此,本研究假设:

> RQ1:青少年接触网络暴力内容的现状如何?受到哪些个人因素的影响?
>
> H1a:年龄越大的中学生越多接触网络暴力内容。

由于本研究的抽样样本是大学本科生,年龄差距小,所以本研究假设:

> H1b:大学生接触网络暴力内容不具有年龄差异。

神经内分泌学发现,雄性激素,特别是睾酮与攻击行为有关。由于青春期的男生雄性激素分泌旺盛,因此,攻击性较强,喜欢刺激的东西。鉴于此,本研究假设:

---

① 燕道成、黄果:《网络暴力游戏涵化青少年的传播心理动因》,《中国青年研究》2013年第1期。
② 燕道成:《青少年网络暴力游戏成瘾的传播学分析》,《中国青年研究》2010年第3期。
③ 燕道成:《精神麻醉:网络暴力游戏对青少年的负面影响》,《新闻与传播研究》2009年第2期。
④ 陈海英、刘衍玲、崔文波:《大学生网络暴力游戏与攻击行为的关系:暴力态度的中介作用》,《中国特殊教育》2012年第8期;田媛、周宗奎、丁倩:《网络暴力材料对青少年内隐攻击性的影响研究》,《教育研究与实验》2011年第4期。
⑤ 张振锋:《网络不良信息对未成年人犯罪的影响》,《预防青少年犯罪研究》2017年第1期。
⑥ 魏彦红、李建明:《青春期指导与校园暴力防范》,《教学与管理》2007年第24期。

H2a：男中学生比女中生更多地接触网络暴力内容。

H2b：男大学生比女大学生更多地接触网络暴力内容。

H3a：中学生接触网络暴力内容具有城乡差异。

H3b：大学生接触网络暴力内容具有城乡差异。

根据受害者的日常行为理论，青少年的网络使用习惯会增加其遭遇网络风险的概率。[①] 因此，本研究假设：

H4a：网络使用时间越长的中学生，接触网络暴力内容的风险越大。

H4b：社交媒体依赖程度越深的大学生，其接触网络暴力内容的频率越高。

H5a：上网目的为信息搜索的中学生，越少地接触网络暴力内容。

H5b：上网目的为信息搜索的大学生，越少地接触网络暴力内容。

已有实验研究表明，网络安全素养能使青少年减少不良信息的接触。[②] 因此，本研究假设：

H6a：网络安全素养越低的中学生，接触网络暴力内容的风险越大。

H6b：网络安全素养越低的大学生，接触网络暴力内容的风险越大。

RQ2：家庭沟通模式与青少年网络暴力内容接触的关联性何在？

已有家庭沟通模式研究发现，青少年的行为问题与家庭沟通之间有着

---

　　① 王薇、许博洋：《自我控制与日常行为视角下青少年性侵被害的影响因素》，《中国刑警学院学报》2019年第6期。

　　② 欧阳闾等：《儿童网路安全教育学习成效之评鉴》，台湾国际网路研讨会，2008年10月，第1—10页。

密切的关系。家庭沟通越差,青少年表现出的问题行为越多。[①] 因此,本研究假设:

H7a:越强调服从定向沟通模式的中学生家庭,其孩子接触网络暴力内容越多。

H7b:越强调服从定向沟通模式的大学生家庭,其孩子接触网络暴力内容越多。

RQ3:父母介入是否能够减少青少年的网络暴力内容接触?

到目前为止,关于哪种父母介入策略,能够有效降低孩子上网风险的实证结果并不一致。因此,本研究假设:

H8a:父母的一般限制策略,能够减少青少年网络暴力内容接触。

H9a:父母的技术限制策略,能够减少青少年网络暴力内容接触。

H10a:父母的监管策略,能够减少青少年网络暴力内容接触。

H11a:父母的共同使用策略,能够减少青少年网络暴力内容接触。

H12a:父母的积极介入策略,能够减少青少年网络暴力内容接触。

四、青少年网络暴力内容的接触现状及影响因素

当代青少年接触网络暴力内容的现状如何?又受到哪些因素的制约?本研究发现:

(一)青少年接触网络暴力内容的现况

1.绝大多数中学生接触过网络暴力内容

调查结果显示,"从未接触"网络暴力内容的中学生只有37.1%,62.9%中学生都接触到网络暴力内容,其中"每次上网都接触"比例最小(3.9%),其次为"经常接触"(8.9%),再次为"偶尔接触"(19.7%)和"很少发生"(30.4%),均值为2.12(介于"很少发生"=2和"偶尔接触"=3之间)。

---

① 王争艳、雷雳、刘红云:《亲子沟通对青少年社会适应的影响:兼及普通学校和工读学校的比较》,《心理科学》2004年第5期。

2.大学生普遍接触网络暴力内容

研究发现，大学生普遍接触过网络暴力内容，"从未接触"的只有22.1%，77.9%中学生都接触到网络暴力内容，其中"每次上网都接触"比例最小（6.9%），其次为"经常接触"（12.7%），再次为"偶尔接触"（29.2%）和"很少发生"（29.1%），均值为2.53（介于"很少发生"＝2和"偶尔接触"＝3之间），高于中学生的接触频率。

> 我们都提高了对暴力的容忍度，现在国内游戏中血都是绿色的，一点都不暴力。暗网上有 ISIS 屠杀直播，我们翻墙到 YouTube、Ins、Twitter 上面也有很多，还有公开虐待女孩子。（XW2，男，21 岁，大三）

（二）影响青少年接触网络暴力内容的因素

1.中学生接触网络暴力内容的影响因素

我们采用 OLS 分层回归，第一层输入人口特征变量（性别、年级、居住地），第二层输入网络使用变量（上网时长、上网目的、网络安全素养），第三层输入家庭沟通模式变量，第四层输入父母介入变量，来依次检验这些自变量对中学生网络暴力内容的影响（见表2-4）。经过共线性检测，显示没有共线性问题。

表2-4　分层回归：影响中学生网络暴力内容接触的因素（N＝507）

自变量	网络暴力内容接触			
	模型 1 （人口特征）	模型 2 （网络使用）	模型 3 （家庭沟通模式）	模型 4 （父母介入）
年龄	.257***	.227***	.230***	.246
性别	.063	.060	.057	.059
居住地	.020	.025	.022	.023
上网时长		.064	.069	.075
网络消费目的		−.009	−.004	−.008

续表

自变量	网络暴力内容接触			
	模型 1 （人口特征）	模型 2 （网络使用）	模型 3 （家庭沟通模式）	模型 4 （父母介入）
社交活动目的		−.044	−.042	−.044
信息搜索目的		−.101*	−.096	−.092
网络安全素养		−.041	−.064	−.059
对话定向			.019	.062
服从定向			.086*	.063
技术限制				.010
一般限制				.046
监控				.076
共用				−.041
积极介入				−.071
调整 R^2	.063	.072	.076	.078
F	12.246***	5.896***	5.145***	3.758***

注：* 表示 p < 0.05，** 表示 p < 0.01，*** 表示 p < 0.001。

（1）个体特征

①中学生年龄越大，接触网络暴力内容频率越高

线性回归结果显示（见表 2-4），中学生年龄越大，接触网络暴力内容的频率越高（β = .257，P < .001）。H1a 得到支持。

②中学生接触网络暴力内容不具有性别、城乡差异

研究发现（见表 2-4），中学生接触网络暴力内容的频率不具有性别、城乡差异（P > .05；P > .05）。H2a、H3a 不成立。

③中学生接触网络暴力内容与上网时长、网络安全素养不相关

在控制人口特征变量之后发现（见表 2-4），中学生接触网络暴力内容

与上网时长不相关（P ＞ .05）。H4a、H6a 不成立。

④上网主要目的为信息搜索的中学生，接触网络暴力内容的频率最低

我们把上网目的（分类变量）转化为哑变量，以娱乐游戏目的为参照，放进线性回归模型。在控制人口特征变量之后（见表 2-4）发现，上网首要目的为信息搜索的青春期孩子色情内容接触频率显著低于以娱乐游戏为目的孩子（$\beta = -.176$, P ＜ .001），而以社交活动、网络消费为首要目的孩子的网络暴力内容接触频率与以娱乐游戏为目的孩子并无显著性差异。H5a 得到支持。

（2）家庭因素

①越强调服从沟通模式的中学生家庭，其孩子接触网络暴力内容越多

在控制人口特征变量、网络使用变量之后（见表 2-4），发现网络暴力内容接触频率与对话定向的家庭沟通模式不相关，与服从定向的家庭沟通模式呈显著正相关（$\beta = .114$, P ＜ .01），即服从定向沟通模式得分越高的家庭，其孩子接触网络暴力内容反而越多。H7a 不成立。

②父母的一般限制、技术限制、监控、共同使用和积极介入策略，并不能减少孩子网络暴力内容接触

当控制人口特征变量、网络使用和家庭沟通模式变量之后（见表 2-4），网络霸凌与父母的一般限制、技术限制、共同使用和积极介入策略不相关，也就是说父母采取一般限制、技术限制、共同使用和积极介入，并不能减少孩子暴力内容接触。H8a、H9a、H10a、H11a、H12a 未得到支持。

2. 大学生接触网络暴力内容的影响因素

我们采用 OLS 分层回归，第一层输入人口特征变量（性别、年级、居住地），第二层输入网络使用变量（社交媒体依赖、上网目的、网络安全素养），第三层输入家庭沟通模式变量，来依次检验这些自变量对大学生网络暴力内容的影响。（见表 2-5）经过共线性检测，显示没有共线性问题。

表2-5　分层回归：影响大学生网络暴力内容接触的因素

	变量	模型 1	模型 2	模型 3
人口特征	性别	.004	.015	.010
	年龄	.061	.060	.060
	居住地	.043	.031	.035
网络使用	网络消费		.004	.004
	社交聊天		.025	.020
网络使用	信息搜索		−.032	−.030
	网络安全素养		.018	.019
	社交媒体依赖		.096*	.094*
家庭沟通模式	对话定向			−.052
	服从定向			.044
	调整后的 R^2	.005	.026	.031
	F	1.167*	2.107*	2.009*

注：* 表示 $p < 0.05$，** 表示 $p < 0.01$，*** 表示 $p < 0.001$。

（1）大学生接触网络暴力内容不具有年龄、性别、城乡差异

研究发现（见表 2-5），大学生接触网络暴力内容的频率不具有性别、年龄、城乡差异（$P > .05$；$P > .05$；$P > .05$）。H1b、H2b、H3b 不成立。

（2）大学生社交媒体依赖程度越深，接触网络暴力内容的频率越高

在控制人口特征变量之后，我们发现（见表 2-5），大学生的社交媒体依赖程度越深，接触网络暴力内容的频率越高（$\beta = .096$，$P < .05$）。H4b 成立。

（3）大学生网络暴力内容接触与上网目的、网络安全素养不相关

在控制人口特征变量之后，我们发现（见表 2-5），大学生网络暴力内容接触与上网目的、网络安全素养不相关（$P > .05$；$P > .05$）。H5b、H6b 不成立。

（4）大学生接触暴力内容频率与家庭沟通模式不相关

在控制人口特征变量、网络使用变量之后（见表 2-5），发现网络暴力

内容接触频率与对话定向的家庭沟通模式不相关（P ＞ .05），与服从定向的家庭沟通模式不相关（P ＞ .05）。H7b 不成立。

（三）父母认知的"第三人效果"与青少年网络暴力内容接触

1. 父母低估了孩子所接触网络暴力内容的频率

通过配对样本的数据显示，父母认为自己孩子接触网络暴力内容频率的均值为 1.42（"很少接触" ＝ 2，"从未接触" ＝ 1），远远低于孩子自我报告的接触频率，这说明父母低估了孩子所接触网络暴力内容的频率。

2. 父母认为网络暴力内容对于自己孩子的影响要小于对其他孩子的影响

调查发现，父母认为网络暴力内容对于自己孩子的影响为 3.40，对于其他孩子的影响为 3.77，这说明父母倾向于认为网络暴力内容对于自己孩子的影响要小于对其他孩子的影响，这和第三人效果理论相符。

五、结论与讨论

（一）青少年接触网络暴力内容现象普遍

青少年普遍接触过网络暴力内容，大学生的接触频率高于中学生。这说明我国的网络环境还有待净化，对网络暴力内容的监管亟须加强。

（二）青少年的网络使用习惯显著影响其接触网络暴力内容的频率

青少年接触网络暴力内容的频率与人口特征变量关联不大，只有中学生的年龄有显著影响，其他（如性别、居住地、父母受教育程度）均无显著影响；而是青少年的网络使用行为对此影响较大，中学生受到网龄、周末上网时长、网络安全素养的影响；大学生则受到社交媒体依赖程度的影响。

对于中学生来说，控制他们的上网时间，提高他们的网络安全素养能有效地减少接触网络暴力内容的频率；对于大学生来说，减少社交媒体依赖性，能有效地减少接触网络暴力内容的频率。

（三）父母对孩子的网络暴力内容接触呈现"第三人效应"

父母倾向于低估孩子所接触网络暴力内容的频率；低估网络暴力内容对自己孩子的影响，认为网络暴力内容对于自己孩子的影响要小于对其他孩子的影响，因而也不会过多地控制孩子对网络媒体的使用。

第三章 青少年面临的交往风险

网络交友是人际交往、电话交往等众多方式中的"替代性媒介"。青少年通过网络媒介，在聊天室里或是 MSN、ICQ、即时通信等聊天系统与他人互动所建立的友谊。

而网络交友之所以吸引青少年，主要因为它提供使用者隐秘、匿名又大量快速的社交需求。当孩子们面对自己对异性的好奇却又无法在日常生活中获得满足时，他们很容易选择通过虚拟世界的交友方式来满足自己的社交需求；当生活缺乏交友对象与机会、内心空虚、缺乏家庭温暖、生活中找不到人倾吐心事、害羞、内向、退缩的孩子们，当真实世界当中的关系无法满足他们对安全与社会需求的满足时，网络想当然地成为结交朋友、异性的唯一通道；而有较大课业压力、实际上却又缺乏成就感的孩子也是喜欢运用网络来交友的群体。

依照埃里克森（Erikson）的社会心理发展理论，青少年正处于极力追寻自我认同（self-identity）的时期。面对生理成熟、课业压力、亲子关系以及同伴友谊等多重成长压力，青少年将有关自己的多个层面统合起来，形成一个协调一致的自我整体。他们正思考着自我的了解、自我的未来、重要他人对自己的期望等有关自我认同问题，而浩瀚的网络世界则提供他们部分的答案，协助他们探索了解这个世界。①

网络交友的隐匿性，双方易以虚假面目出现，而且这种速食性的亲密

---

① [美]谢弗（Shaffer, D. R.）：《发展心理学（第9版）（万千心理）》，邹泓等译，中国轻工业出版社 2016 年版，第 121 页。

友谊，往往夹杂着短暂的互动和文字包装，借此所建立起的情爱关系，和真实交友比起来，似乎缺乏了亲密关系中所强调的信任与承诺，在缺乏整体性判断的情况下，若受到有心人士的刻意运作，往往受伤的是未加防备、涉世未深的一方——青少年。随着"陷入迷网"青少年不断增多，逃学翘家、网友强暴、学业受挠、亲子冲突、健康受损等怪现象也层出不穷，甚至恋童癖者更容易通过网上聊天接近孩子，进行网络性诱惑甚至网络诱拐；花几个小时在聊天室寻找朋友，或只是消磨时间的青少年很容易成为不明身份的成年性犯罪者的目标和虐待对象。因此近年来，此一议题逐渐受到关注。

第一节　青春期网络性诱惑：恐惧不安的经历

一、青春期网络性诱惑：值得警惕

最近一段时间，韩国"N号房"事件、国内高管性侵养女事件，使得如何防范青少年免受性侵害，如何对孩子进行性教育，成为舆论关注的焦点问题，牵动着家长乃至整个社会的敏感神经。

在这些风险当中，网络性诱惑尤其值得警惕，已引起公众的注意。网络性诱惑是指网络上认识的成年人要求青少年从事性活动、色情聊天或提供个人的性信息，而不管他们愿意与否。性诱惑不仅涵盖较温和的问题（例如："你胸罩的杯罩有多大？"），而且包括过激的性诱惑，即通过邮件、电话或亲自与青少年进行线下接触，造成很严重的离线后性侵犯。虽然受到网络性诱惑的青少年一般会选择忽略此信息，但是大多数仍然会感到不安和害怕[1]，甚至有一些未成年人被引诱与成年人发生性关系。

---

[1]　Gamez-Guadix, M., Santisteban, P.D.&Alcazar, M.A., "The Construction and Psychometric Properties of the Questionnaire for Online Sexual Solicitation and Interaction of Minors With Adults", *Sex Abuse*, vol.30, no.8, 2018, pp.975-991.

美国通过三次（2000、2005、2010）的青少年网络安全调查（Youth Internet Safety Survey，YISS）发现，由于父母、政策制定者和执法机关的共同努力，美国青少年面临的网络性诱惑呈下降趋势，从 19% 下降到 9%。[1] 在中国，却尚未有学者关注到这一领域。

由于已有西方研究发现，网络性诱惑更多的是发生在青春期[2]，因此，青春期是网络性诱惑的高危时期。首先，青少年是网络使用的主要人群，他们比成年人更多地利用互联网进行休闲活动。其次，青少年比成人更容易参与线下性诱惑和线下风险性行为[3]，因为在此期间，青少年的性意识和性感觉寻求增强。最后，青少年和成年人对于风险行为的感知和益处看法不同[4]，再加上缺乏经验，对于突发事件的应激能力较低，往往不知如何处理面临的网络性诱惑，因而在情感和认知上比成年人更容易受到网络性诱惑的伤害。他们更需要父母的引导。因此，网络性诱惑已引起父母、教师、健康专业人士的关注。

二、文献回顾与研究假设

（一）亲子性话题沟通

亲子性话题沟通主要是指亲子之间对于性问题的沟通。纵观国外研

---

① Mitchell, K.J., Jones, L. M., Finkelhor, D. & Wolak, J., "Understanding the Decline in Unwanted Online Sexual Solicitations for U.S. Youth 2000–2010: Findings from Three Youth Internet Safety Surveys", *Child Abuse & Neglect*, vol.37, no.12, 2013, pp.1225–1236.

② Gámez-Guadix, M., Borrajo, E. & Almendros, C., "Risky Online Behaviors Among Adolescents: Longitudinal Relations Among Problematic Internet Use, Cyberbullying Perpetration, and Meeting Strangers Online", *Journal of Behavioral Addictions*, vol.5, no.1, 2016, pp.100–107.

③ Steinberg, L., "Risk Taking in Adolescence: New Perspectives from Brain and Behavioral Science", *Current Directions in Psychological Science*, vol.16, no.2, 2007, pp.55–59; Steinberg, L.S., "A Social Neuroscience Perspective on Adolescent Risk-taking", *Development Review*, vol.28, no.1, 2008, pp.78–106.

④ Bouchey, H. A. & Furman, W., "Dating and Romantic Experiences in Adolescence", In *Blackwell Handbook of Adolescence*, Adams, G. R.& Berzonsky, M. D.（Eds.）, Blackwell Publishing Ltd, 2003, pp.313–329.

究，主要涉及亲子性话题沟通的内容、开始时间、开放性[1]；亲子性话题沟通对青少年性态度、性知识、性行为的影响[2]；影响亲子性话题沟通的因素[3]。国内这方面的研究少之又少，寥寥无几的文章基本上聚焦青春期的亲子性话题沟通的现状[4]、亲子性话题沟通对于青春期线下性态度、性行为的影响[5]，而没有涉及对网络性诱惑的影响。

国外研究发现，影响家庭性教育的因素，包括青少年的性别与父母的受教育程度等。绝大多数研究发现，母亲往往比父亲更多地参与家庭性教育。这是因为亲职角色不同，父亲往往更多地负责赚钱养家，与青少年之间缺少亲密相处时间，因而较少、较难与青少年进行性话题沟通。[6] 因此，本研究假设：

H1a：母亲与青春期孩子的性话题沟通风格好于父亲。

西方研究发现，受教育程度越高的父母，与孩子的性话题沟通障碍感越少，能更自在地进行亲子性话题沟通。[7] 因此，本研究做出如下假设：

H1b：受过高等教育的父母，与孩子的性话题沟通风格较好。

---

① Rodgers, K.B., Tarimo, P., McGuire, J.K. & Divers, M., "Motives, Barriers, and Ways of Communicating in Mother–Daughter Sexuality Communication: A Qualitative Study of College Women in Tanzania", *Sex Education*, vol.18, no.6, 2018, pp.626–639.

② Rogers, A. A., "Parent‐Adolescent Sexual Communication and Adolescents' Sexual Behaviors: A Conceptual Model and Systematic Review", *Adolescent Research Review*, vol.2, no.4, 2016, pp.105–117.

③ Liu, T., Fuller, J., Hutton, A. & Grant, J., "Factors Shaping Parent Adolescent Communication About Sexuality in Urban China", *Sex Education*, vol.17, no.2, 2017, pp.180–194.

④ 杨梨、张梦玥：《青少年亲子间性话题交流现状调查与对策》，《重庆科技学院学报》（社会科学版）2018 年第 5 期。

⑤ 王争艳：《亲子性话题沟通风格对青少年性行为和性态度的预测：依恋的调节效应》，《心理学报》2007 年第 11 期。

⑥ Flores, D. & Barroso, J., "21st Century Parent–child Sex Communication in the United States: A Process Review", *Sex Research*, vol.54, no.4–5, 2017, pp.532–548.

⑦ Liu, T., Fuller, J., Hutton, A. & Grant, J., "Factors Shaping Parent Adolescent Communication About Sexuality in Urban China", *Sex Education*, vol.17, no.2, 2017, pp.180–194.

（二）青春期网络性诱惑

青春期是青少年发展的关键阶段，个体在这一时期面临着生理、认知、心理和社会变化挑战。这些变化导致了青少年性意识觉醒，性好奇和性兴趣达到顶峰，他们对性相关话题的关注增加，并导致选择性信息处理。[①] 与此同时，这一阶段也是青少年渴望摆脱父母和学校的束缚，发展社会交往和实现独立自我的时期。青少年往往会寻求突破，尝试冒险刺激；新近发展的性重要性也导致青少年性实验，而互联网，特别是社交网站的迅猛发展，为性实验提供了一个新的空间，它比任何其他年龄组更能满足青春期孩子性生理需求（性本能）和性心理需求（好奇、寻求刺激）。

一方面，天真、涉世未深的青少年在网上聊天、寻找朋友或打发时间时，为了满足这种性好奇，青少年可能会以不安全的方式使用互联网，可能向陌生人发送私密信息或在网上搜索性伴侣。他们可能没有能力预测到这些行为会导致负面后果，比如收到不想要的性图片或进行不安全的性接触，很容易成为网络性诱惑者的猎物；网络性诱惑者可能会要求青少年谈论性，泄露个人的性信息，在网上发送性感照片，或者为了可能的性接触而在线下见面。另一方面，技术上很有经验的青少年，他们对冒险的偏好，在网络上陷入困境呈指数级增长。

在美国（10—17岁）的一个全国性的随机样本中，有13%的美国青少年在过去的一年里在互联网上经历了性诱惑。大部分网络性诱惑事件仅限于互联网，而且性质相对温和；然而，也有4%青少年收到了咄咄逼人、蔓延至真实生活的威胁，因为性诱惑者试图与青少年进行线下接触，甚至一些未成年人被引诱与成年人发生不止一次的性关系。在性诱惑者当中，73%为男性，39%为18岁及以上；绝大多数（86%）为网上认识的，在现实

---

① Antaramian, S.P., Huebner, E.S. & Valois, R.F., "Adolescent Life Satisfaction", *Applied Psychology: Health and Well-Being*, vol.57, no.s1, 2008, pp.112–116; Blakemore, S. J. & Choudhury, S., "Development of the Adolescent Brain: Implications for Executive Function and Social Cognition", *European Neuropsychopharmacology*, vol.28, no.s1–s2, 2018, p.1.

中并不认识的。[1]令人感到悲哀的是，受害的青少年当中竟然有一半认为自己爱上了侵犯者或与侵犯者关系密切，而且将其视为很浪漫的事。

面对日趋严重的网络性诱惑问题，西方已有研究探讨了其现状[2]，网络性诱惑受害者的特征是，他们通常存在一定的社会心理问题，比如与监护人关系差、患有抑郁症、过激行为、药物滥用或者在校压力大[3]；受过身体或性虐待；不确定自己的性取向或同性恋。[4]

网络性诱惑的影响因素：年龄和性别是影响网络性诱惑的风险因子。已有西方研究发现，女生和年龄较大的青少年更多地遭遇网络性诱惑。[5]因此，本研究假设：

H2a：年龄越大的孩子越多遭遇网络性诱惑。

H2b：女生比男生更多地遭遇网络性诱惑。

根据受害者的生活方式日常行为理论（the lifestyle routine activities theory of victimization），受害可能性的概率与其生活方式有关。换句话说，该理论解释了日常网络活动如何可能暴露青少年的风险。[6]因此，本研究假设：

H2c：网络使用时间越长的孩子，遭遇网络性诱惑的风险越大。

网络安全素养是指遵守网络使用规范，有计划地使用网络，能辨别网

①　Mitchell, K.J. et al., "Are Blogs Putting Youth at Risk for Online Sexual Solicitation or Harassment?" *Child Abuse & Neglect*, vol.32, no.3, 2008, pp.277–294.

②　Madigan, S.et al., "The Prevalence of Unwanted Online Sexual Exposure and Solicitation Among Youth: A Meta-Analysis", *Journal of Adolescent Health*, vol.63, no.2, 2018, pp.133–141.

③　Dönmez, Y.E.& Soylu, N., "Online Sexual Solicitation in Adolescents: Socio-Demographic Risk Factors and Association with Psychiatric Disorders, Especially Posttraumatic Stress Disorder", *Journal of Psychiatric Research*, vol.117, no.2, 2019, pp.68–73.

④　Chang, FC. et al., "Predictors of Unwanted Exposure to Online Pornography and Online Sexual Solicitation of Youth", *Journal of Health Psychology*, vol.21, no.2, 2016, pp.1107–1118.

⑤　Madigan, S.et al., "The Prevalence of Unwanted Online Sexual Exposure and Solicitation Among Youth: A Meta-Analysis", *Journal of Adolescent Health*, vol.63, no.2, 2018, pp.133–141.

⑥　王薇、许博洋：《自我控制与日常行为视角下青少年性侵被害的影响因素》，《中国刑警学院学报》2019 年第 6 期。

络内容和网友与真实世界的区别，且不泄露个人资料与上网密码。[①]已有实验研究表明，网络安全素养能使青少年防范被人骚扰或侵害。[②]

H2d：上网目的为信息搜索的中学生，较少地遭遇网络性诱惑。

H2e：网络安全素养越低的中学生，遭遇网络性诱惑的风险越大。

已有家庭沟通模式研究发现，青少年的行为问题与家庭沟通之间有着密切的关系。家庭沟通越差，青少年表现出的问题行为越多。[③]因此，本研究假设：

H3a：越强调服从定向沟通模式的中学生家庭，其孩子遭遇网络性诱惑越多。

到目前为止，关于哪种父母介入策略，能够有效降低孩子上网风险的实证结果并不一致，因此，本研究假设：

H3b：父母一般限制策略，能够降低中学生遭遇网络性诱惑的风险。

H3c：父母的技术限制策略，能够降低中学生遭遇网络性诱惑的风险。

H3d：父母的监管策略，能够降低中学生遭遇网络性诱惑的风险。

H3e：父母共同使用策略，能够降低中学生遭遇网络性诱惑的风险。

H3f：父母积极介入策略，能够降低中学生遭遇网络性诱惑的风险。

根据日常行为理论，监护（保护性活动的使用）是预防犯罪的关键要素。[④]在青少年的日常活动中，缺乏负责任的成年人可能会对孩子产生负

---

①　黄葳威、林纪慧、吕杰华：《台湾学童网路分级认知与网路安全素养探讨》，数位创世纪：数位传播与文化展现学术与实务国际研讨会，2007年9月，第1—22页。

②　欧阳间等：《儿童网路安全教育学习成效之评鉴》，2008台湾网际网路研讨会，2008年10月，第1—10页。

③　王争艳、雷雳、刘红云：《亲子沟通对青少年社会适应的影响：兼及普通学校和工读学校的比较》，《心理科学》2004年第5期。

④　王薇、许博洋：《自我控制与日常行为视角下青少年性侵被害的影响因素》，《中国刑警学院学报》2019年第6期。

面影响。而有效的家庭性教育能够减少青少年不安全性行为的发生概率。[1]因此，本研究做出如下假设：

H4a：亲子性话题水平越高的青春期孩子，遭遇网络性诱惑越少。

三、研究方法及变量测量

（一）样本选择

"青春期"是指由儿童逐渐发育到成人的过渡时期。世界卫生组织（WHO）将 10—20 岁年龄范围定为青春期[2]；根据我国青少年的发育状况，中国医学界通常把 12—18 岁这个年龄段划为青春期，这个认定正好与我中学学阶段教育相吻合。[3]这个阶段的个体，既面临着青春发育期的生理巨变，又经历着心理巨变过程的种种冲突、困惑和矛盾；再加上学业压力的骤然增大，极易出现各种心理行为问题，也是青少年人生观、价值观形成的关键时期。[4] 具体抽样方法见绪论。

（二）变量测量

1. 网络性诱惑。本研究采用美国青少年网络安全调查（Youth Internet Safety Survey，YISS）中采用的网络性诱惑量表[5]，该量表包括五个选项：（1）当您不想谈时，是否有人在网络上与您试图谈论性话题？（2）当您不想回答时，是否有人在网络上询问您的性信息（例如身材、内衣尺寸、性经历等）?（3）当您不想做时，是否有人在网络上向您提出从事性活动的要求？（4）当您不想看时，是否有人在网络上给您发送他（她）私密部位的照片、

---

①　Widman, L. et al., "Parent–Adolescent Sexual Communication and Adolescent Safer Sex Behavior: A Meta–Analysis", *Jama Pediatrics*, vol.170, no.1, 2016, pp.52–61.

②　胡莹、李东明主编：《青春期教育》，北京理工大学出版社 2004 年版，第 43 页。

③　杨雄：《青春期与性》，博士学位论文，上海大学社会学系，2005 年，第 12 页。

④　蒋平、阳德华：《农村留守少年儿童青春期性教育的缺失及对策》，《中国青年研究》2008 年第 3 期。

⑤　Gámez–Guadix, M., Santisteban, P. D. & Alcazar, M. Á., "The Construction and Psychometric Properties of the Questionnaire for Online Sexual Solicitation and Interaction of Minors with Adults", *Sex Abuse*, vol.30, no.8, 2018, pp.975–991.

视频或黄色图片、视频？（5）是否有网上性骚扰您的人通过发邮件、打电话或见面方式试图或与您进行线下接触。每个题项采用 5 点记分（1 ＝ "总是"，5 ＝ "从不"），所有题项得分相加，总分越高，表明孩子遭遇网络性诱惑越多。经过测试，该量表具有较好的信度（ α ＝ .87 ）。

2. 亲子性话题沟通。采用王争艳改编父母版 "亲子性话题沟通风格量表"[①]。该量表包括 11 个题项，如 "与孩子谈论性话题时，会使我感到尴尬""我不想回答孩子有关性的问题""我与孩子谈论与性有关的事情，我一般进行说教" 等。每个题项采用 5 点记分（1 ＝ "非常不同意"，5 ＝ "非常同意"），所有项目得分进行反向记分，量表得分越高表明沟通风格越好。经过测试，该量表具有较好的信度（ α ＝ 0.8 ）。

四、青春期亲子性话题沟通的现状及影响因素

（一）青春期亲子性话题沟通的现状

调查发现，亲子性话题沟通风格的四种影响因素依次为："若我与孩子谈论与性有关的事情，我一般进行说教（3.34，介于 4 ＝ '有点同意'，3 ＝ '不确定' 之间）"；"当我与孩子谈论与性有关的事情会使我感到尴尬（3.14）"；"如果我想和孩子谈论性话题，我会问孩子很多私人问题（2.93）"；"如果我们谈论性话题，孩子很难诚实地告诉我他（她）的行为（2.77）"。

（二）青春期亲子性话题沟通的影响因素

表3-1　青春期亲子性话题沟通风格的影响因素分析结果表（N＝507）

变量	模型 1	模型 2
家长性别	−.195***	−.194***
家长受教育程度		.141**
调整后的 R^2	.036	.054
F	19.888***	15.486***

注：* 表示 p ＜ 0.05，** 表示 p ＜ 0.01，*** 表示 p ＜ 0.001。

---

① 王争艳：《亲子性话题沟通风格对青少年性行为和性态度的预测：依恋的调节效应》，《心理学报》2007 年第 11 期。

为了探析青春期亲子性话题沟通风格的影响因素，本研究以家长受教育程度作为自变量，家长性别作为控制变量，亲子性话题沟通风格作为因变量进行分析，结果如表 3-1 所示。多重共线分析结果可知，两个模型的 VIF 均为 1.000，说明不存在共线关系。

1. 母亲与青春期孩子性话题沟通风格好于父亲

研究发现（见表 3-1），母亲与孩子性话题沟通风格好于父亲（$\beta = -.195$，$P < .001$），因为传统的父母性别角色期待影响其角色扮演，在大多数中国式家庭中，母亲比父亲承担更多的教养职责，与孩子相处时间较长，因此更善于与孩子沟通。H1a 得到支持。

2. 受过高等教育的父母，与孩子的性话题沟通风格较好

当控制了家长性别变量之后（见表 3-1），亲子性话题沟通风格与父母受教育程度呈显著正相关（$\beta = .141$，$P < .01$），即受过高等教育的父母，比较懂得如何与孩子进行亲子性话题沟通，因此与孩子性话题沟通风格要好于未接受过高等教育的父母。H1b 成立。

五、青春期网络性诱惑的现状及影响因素

（一）青春期网络性诱惑的现状令人担忧

表3-2 青春期网络性诱惑现状（N=507）

	百分比				
	总是	经常	偶尔	很少	从不
1. 当您不想谈时，是否有人在网络上与您试图谈论性话题？	1.4	3	13	31	51.6
2. 当您不想回答时，是否有人在网络上询问您的性信息（例如身材、内衣尺寸、性经历等）？	0.6	1.6	4.7	18.1	75
3. 当您不想做时，是否有人在网络上向您提出从事性活动的要求？	0.6	0.8	3.2	10.7	84.7
4. 是否有人在网络上给您发送他（她）私密部位的照片、视频或黄色图片、视频？	1	1.6	3	14.4	80
5. 是否有网上性骚扰您的人通过发邮件、打电话或见面方式试图或与您进行线下接触。	0.8	1.6	2	10.7	84.9

调查数据发现（见表 3-2），青春期网络性诱惑的现状令人担忧，48.4%青春期孩子遭遇过"不想谈时，有人在网络上与其试图谈论性话题"；25%遭遇过"不想回答时，有人在网络上询问其性信息（例如身材、内衣尺寸、性经历等）"；20%遭遇过"不想看时，有人在网络上给其发送他（她）私密部位的照片、视频或黄色图片、视频"；15.3%"当您不想做时，是否有人在网络上向您提出从事性活动的要求？"；15.1%遭遇过过激的网络性诱惑，即"网上性骚扰的人通过发邮件、打电话或见面方式试图或与其进行线下接触"。

痛苦性诱惑指的是性诱惑事件之后感到的极其不安和害怕。调查显示，8.7%青春期孩子在性诱惑事件之后总是感到不安和害怕；8.5%经常感到；3.7%偶尔感到；0.8%很少感到，只有0.6%从没感到不安和害怕。

在访谈中，不少孩子向笔者陈述了他（她）们遭遇网络性诱惑的经历：

在网上，我遇到2个人问我有没有与男生交往？有没有性行为？（ZS，女，15岁，初二）

我有一次在二手交易平台上卖cosplay衣服，有一个男的就问我有卖穿过的丝袜和内衣吗？我觉得很恶心。（GY，女，16岁，高一）

有人给我发女性的裸照，说如果加群，就可以看到更多。（ZG，男，17岁，职高）

网拍模特有兴趣吗？加我QQ；想成为童星吗？加我QQ，来张靓照。

不满14岁的少女小美（女，初二）在网上看到招聘童星的"广告"，就加了对方QQ

做模特对身材有要求，姐姐需要通过视频测量你的三围。（在对方诱导下，小美脱下衣服……）

39岁男子冒充童星公司的女性服装设计师，在网络贴吧发布"童星模特招聘信息"，吸引有意向的未成年少女添加其为QQ好友。随后，以设计服装要测三围等名义，诱骗被害人在视频中裸露隐私部位，让部分被害人做一些淫秽动作，并将聊天视频保存至电脑主机、硬盘，供自己观看。

与青春期孩子面对日益增多的性诱惑形成强烈反差的是，父母对孩子的性教育却十分缺失，孩子们自我报告说，他们主要通过网络了解性知识（53.5%），其次是同学或朋友（46.9%）、传统媒体（45.2%），再次是老师（43%），通过父母了解的比例最少，只占 26.8%。

调查显示，将近一半（47%）的家长从来没有或很少教孩子如何防止性侵害、性骚扰；从来没有或很少跟孩子沟通过早恋等性社会问题的父母占46.1%；从来没有或很少跟孩子交流过性生理知识的父母占比43.8%；从来没有或很少跟孩子交流过与异性交往等性心理知识的父母占42.9%（见表3-3）这说明，性话题在中国仍然是亲子之间一个难以启齿的话题，与国外亲子之间经常就性侵犯、性体验、艾滋病传播、性行为、性安全等敏感话题进行沟通形成了鲜明对比。

备受争议的2018年的"科里斯事件"，"bilibili"上 15 岁 up 主播"科里斯"诱导 10 岁女孩进行"文爱"（文字性爱），买白丝袜、求包养等，还教唆女孩离家出走、自杀，使女孩母亲心痛不已并十分愤怒，除了报警之外，她发出呼吁希望天下父母引以为戒，多和孩子交流，引导孩子关于性或爱情的正确认识。

表3-3　家庭性教育的现状（N＝507）

	百分比				
	总是	经常	偶尔	很少	从来没有
1. 青春期生理知识（月经、遗精等）	8.3	19.1	28.8	20.5	23.3
2. 青春期性心理知识（与异性交往等）	10.3	17.8	29	20.7	22.2
3. 与性相关社会问题（早恋等）	10.3	17.6	26	18.9	27.2
4. 防止性侵害、性骚扰	13	18.3	21.7	17	30

面对孩子的指责，50.3% 父母认为"有必要对孩子进行性（如性生理、性心理、与性相关的社会问题等）教育，但不知道教什么或怎么教"；23.9% 认为"有必要，且知道如何教"；16.4% 秉持"无师自通论"，认为"孩子长大了就知道了"；3.6% 为"诱发论"者，认为"如果教了，反而诱

发孩子对性的关注";3.4%"难以开口";2.6% 认为"可有可无或没必要"。由此可见,家长缺乏青春期性教育的知识是影响家庭性教育的重要因素。

（二）青春期网络性诱惑的影响因素

为了探析青春期网络性诱惑的影响因素,本研究以上网时长、网络安全素养、家庭沟通模式、父母介入、亲子性话题沟通作为自变量,孩子性别、年龄、居住地作为控制变量,青春期网络性诱惑作为因变量进行分析,结果如表 3-4 所示。多重共线分析结果可知,五个模型的 VIF 在 1.003—1.079,说明不存在共线性关系。

1. 个体影响因素

（1）年龄越大的孩子,越多遭遇网络性诱惑

回归分析显示（见表 3-4）,年龄越大的孩子,越多遭遇网络性诱惑（$\beta = .215$, $P < .001$）。H2a 成立。这是因为随着年龄的增长,青春期孩子与他人建立联系的需求与日俱增,越来越渴望扩大与外界的交往,而不再是局限于小时候的玩伴,想结交更多的朋友;再加上大部分孩子是独生子女,家里没有兄弟姐妹交流,父母疏于与之沟通,他们寄希望于网络交友。因此,与网络上陌生人交往,对于这个时期的青少年具有一定的吸引力（到了成年之后,此需求反而会下降）。但是与陌生人的交往,往往成为青春期孩子遭遇网络性诱惑的重要原因。

（2）男女生遭遇的网络性诱惑不具有显著差异

研究发现,在中国,网络性诱惑不具有显著的性别差异（见表 3-4）。H2b 未得到支持。这与西方研究发现不一致,也颠覆我们之前女生更多地遭遇性诱惑的刻板印象。

（3）上网时长越长的孩子,越多地遭遇网络性诱惑

当控制了人口特征变量,我们发现（见表 3-4）,网络使用时间越长的孩子,越多地遭遇网络性诱惑（$\beta = .173$, $P < .001$）。H2c 成立。

（4）网络性诱惑与上网目的不相关

我们把上网目的（分类变量）转化为哑变量,以娱乐游戏目的为参照,放进线性回归模型。在控制人口特征变量之后（见表 3-4）发现,以社交活

动、网络消费、信息搜索为首要目的孩子遭遇的网络性诱惑,与以娱乐游戏为目的孩子并无显著性差异。H2d 未得到支持。

(5)网络安全素养越低的孩子,越多地遭遇网络性诱惑

当控制了人口特征变量(见表 3-4),网络安全素养越低的孩子,越多地遭遇网络性诱惑($\beta = -.079$, P < .01)。这是因为网络安全素养低的孩子,会在网络上分享一些私密细节,这就给网络性诱惑者提供了许多了解他们的机会,因而遭遇的网络性诱惑风险较多。H2e 得到支持。

2. 家庭影响因素

(1)越强调服从沟通模式的家庭,孩子遭遇网络性诱惑越多

在控制人口特征变量、网络使用变量之后(见表 3-4),发现网络性诱惑与对话定向的家庭沟通模式不相关,与服从定向的家庭沟通模式呈显著正相关($\beta = .114$, P < .01),即服从定向沟通模式得分越高的家庭,其孩子遭遇网络性诱惑反而越多。H3a 得到支持。

(2)父母技术限制、监控、共同使用越多的孩子,遭遇网络性诱惑越多

当控制人口特征变量、网络使用和家庭沟通模式变量之后(见表 3-4),父母技术限制($\beta = .159$, P < .01)、监控($\beta = .134$, P < .01)、共同使用($\beta = .130$, P < .05)越多的孩子,反而更多地遭遇网络性诱惑。这是因为父母可能觉察到孩子哪里不对劲(如遭遇网络性诱惑),所以更多地采用技术限制、监控、共同使用策略。H3a、H3c、H3d 未得到支持。

(3)父母的一般限制和积极介入策略,并不能减少孩子遭遇网络性诱惑

当控制人口特征变量、网络使用和家庭沟通模式变量之后(见表 3-4),网络霸凌与父母的一般限制和积极介入策略不相关,也就是说父母采取一般限制和积极介入,并不能减少遭遇网络性诱惑。因为遭遇网络性诱惑为不可控事件。H3b、H3e 未得到支持。

(4)亲子性话题水平越高的青春期孩子,遭遇网络性诱惑越少

当控制了人口特征变量,网络使用、家庭沟通模式和父母介入变量之后(见表 3-4),结果发现,青春期网络性诱惑与亲子性话题沟通呈显著的负相关关系($\beta = -.075$, P < .05),即亲子性话题水平越高的青春期孩子,

遭遇网络性诱惑越少。H4a 成立。

表3-4　分层回归：影响青春期网络性诱惑的因素（N＝507）

自变量	网络性诱惑				
	模型 1（人口特征）	模型 2（网络使用）	模型 3（家庭沟通模式）	模型 4（父母介入）	模型 5（亲子性话题沟通）
年龄	.215***	.167***	.171***	.196***	.191***
性别	−.017	−.031	−.039	−.031	−.031
居住地	−.046	−.030	−.039	−.051	−.046
上网时长		.173***	.188***	.191***	.193***
网络消费目的		.062	.074	.069	.074
社交活动目的		−.029	−.023	−.034	−.034
信息搜索目的		−.038	−.030	−.047	−.042
网络安全素养		−.079**	−.145**	−.138**	−.135**
对话定向			.068	.004	.016
服从定向			.211***	.179***	.164***
技术限制				.164***	.159**
一般限制				−.036	−.038
监控				.140**	.134**
共用				.123**	.130*
积极介入				−.053	−.048
亲子性话题沟通					−.075*
调整 R^2	.051	.092	.136	.198	.201
F	9.983***	7.441***	8.985***	9.311***	8.961***

注：* 表示 $p < 0.05$，** 表示 $p < 0.01$，*** 表示 $p < 0.001$。

六、结论与讨论

（一）青春期网络性诱惑现状令人担忧：年龄越大，网络使用时间越长，网络安全素养越低的青春期孩子，遭遇网络性诱惑的风险越大；网络性诱惑并无性别差异

随着社交媒体的日益普及，青少年接触网络性诱惑的风险与日俱增。不法分子通过谈论性话题、索要性信息、发送裸照等方式性诱惑青少年日益增多，网络成为性侵青少年的新方式；而且与传统性侵相比，网络性诱惑形式更隐蔽，问题更严峻。

本研究发现，青春期网络性诱惑现状令人担忧，48.3%青春期孩子遭遇过"不想谈时，有人在网络上与其试图谈论性话题"；25%遭遇过"不想回答时，有人在网络上询问其性信息（例如身材、内衣尺寸、性经历等）"；19.9%遭遇过"不想看时，有人在网络上给其发送他（她）私密部位的照片、视频或黄色图片、视频"；15.2%"当您不想做时，是否有人在网络上向您提出从事性活动的要求？"；15%遭遇过过激的网络性诱惑，即"网上性骚扰的人通过发邮件、打电话或见面方式试图或与其进行线下接触"。而且年龄越大，网络使用时间越长，网络安全素养越低的孩子，遭遇网络性诱惑的风险越大。值得注意的是，男生遭遇的网络性诱惑并不少于女生。

而典型的性侵犯总是从不那么露骨的网络性诱惑开始（如性话语的挑逗刺激、裸露身体和自我刺激生殖器以引起青少年的关注），然后出现线下的实质性身体接触（如搂抱、接吻），直至发生强制性性侵犯。

（二）通过改善亲子性话题沟通风格，充分发挥家庭在青少年性社会化过程中的作用，能够有效地减少青春期网络性诱惑

在中国，性话题作为一个敏感的话题而备受关注，不仅亲子性话题沟通的内容很重要，而且亲子性话题沟通的风格也很重要。研究发现，母亲与青春期孩子性话题沟通风格好于父亲；受过高等教育的父母，与孩子性话题沟通的风格要好于未接受过高等教育的父母。亲子性话题沟通的风格越好的青春期孩子，遭遇网络性诱惑越少。这说明亲子性话题沟通风格对于预防青少年受到网络性诱惑具有积极的作用。

而亲子性话题沟通风格的四大影响因素依次为：说教方式（3.34）；感到尴尬（3.14）；问私人问题（2.93）；孩子很难坦诚（2.77）。这就提醒父母，在与孩子进行性话题沟通时，父亲要参与到与孩子的性话题沟通中来，特别是与儿子的性话题沟通。因为研究发现，男生遭遇的网络性诱惑并不少于女生。

受中国传统性观念的影响，中国父母与孩子在性话题的沟通过程中，经常谈"性"色变或处于"犹抱琵琶半遮面"的尴尬说教状态，严重影响了沟通的效果。因此，在亲子性话题沟通的过程中，家长不仅要掌握性知识，而且还要掌握青春期孩子的生理和心理特点，注意自己与孩子性话题沟通的风格，掌握沟通技巧，避免生硬说教，减少沟通时的尴尬情绪，营造出尊重信任、开放舒适的氛围。只有在这样的沟通氛围中，孩子才能敞开心扉，与家长推心置腹地进行性话题沟通，青春期性困扰才能得到解答，孩子的性心理才能得到健康的发展，从而有助于减少青春期网络性诱惑。

（三）研究意义和局限性

本研究聚焦青春期网络性诱惑，探讨家庭内部的亲子性话题沟通对于网络性诱惑的风险控制。在理论上，扩充了青少年网络性诱惑研究的视野，引起人们对青春期网络性诱惑的更多关注，为后续相关研究奠定良好的基础。在实践上，实证结果显示，青春期网络性诱惑现状令人担忧，应引起家长和教育工作者的广泛关注，及早发现，并通过加强家庭性教育，改善亲子性话题沟通风格来进行风险控制，减少网络性诱惑给青少年带来的危害。

但是本研究仍然存在一些局限性：第一，虽然本文采取分层整群抽样的方法对全中学学生进行抽样，在一定程度上尽量降低抽样带来的误差，保证样本结构与总体的基本一致，但只从东、中、西部抽取了厦门、荆州和南宁三个城市，相对于全国城市总量，覆盖率并不高。第二，我们没有测量网络性诱惑产生的心理后果，因而无法评估青春期孩子受到网络性诱惑后所产生的心理阴影面积。未来可以在这方面进行探讨。

第二节　成人初显期网络风险性行为：隐蔽的风险

相比网络性诱惑是非自愿行为，网络风险性行为是自愿进行网络性活动。

一、成人初显期网络风险性行为：被人忽略的风险

随着社交媒体的方兴未艾，社交媒体已经成为青少年日常生活的重要组成部分。社交媒体在为青少年带来交友便利的同时，也使青少年面临着诸多的网络风险，如网络欺凌、网络性骚扰、网络隐私泄露等。在这些潜在风险当中，网络风险性行为（意指与网上认识的陌生人发生性行为或交换含性暗示的信息）尤其令人担忧。因为其会增加负面经历的可能性，比如攻击性的网络性行为[1]；产生羞愧、内疚和尴尬的感觉[2]；增加性传播疾病的风险等[3]。

在青少年群体中，"成人初显期"群体尤其值得关注。"成人初显期"群体意指处于青春晚期的人群，重点指处于18—25岁的人群。[4] 处于成人初显期个体已经进入了性成熟期，对性方面的欲望很高，可是随着"性等待期"延长（性发育明显提前，而初婚年龄却随着社会期望值的提高而不断延后），导致了婚前性风险期的延长。这时的他们与青春期个体相比，相对独立自由，往往较少受父母的严格管束而由自己做决定，包括他们对于性行

---

① Cooper, A., Morahan-Martin, J., Mathy, R. M. & Maheu, M., "Toward an Increased Understanding of User Demographics in Online Sexual Activities", *Journal of Sex and Marital Therapy,* vol.28, no.2, 2002, pp.105-129.

② Mitchell, K. J., Finkelhor, D. & Wolak, J., "Youth Internet Users at Risk for the Most Serious Online Sexual Solicitations", *American Journal of Preventive Medicine,* vol.32, no.6, 2007, pp.532-537.

③ McFarlane, M., Bull, S.S. & Rietmeijer, C., "A Young Adults on the Internet: Risk Behaviors for Sexually Transmitted Diseases and HIV", *Journal of Adolescent Health,* vol.31, no.1, 2002, pp.11-16.

④ 段鑫星、程嘉：《成人初显期理论及其评述》，《当代青年研究》2007 年第 1 期。

为的决定权；另一方面，因为他们没有承担成人角色，因而他们有更多的自由探索的机会，去尝试爱上不同的人，获得不同的性体验[①]，包括通过网络渠道，因为他们是与数字媒体共生的"数字原生代"。而社交媒体（微信、QQ、探探、陌陌等）的广泛使用，使线上"约炮"更加容易。轻率、便捷而隐蔽的网络风险性行为，往往隐藏着极大的社会风险。一旦不安全地使用网络获得性探索，形成偏离于实际生活的性爱认知体系，或成为性犯罪者、受害者，或感染性疾病、意外怀孕堕胎等，对于成人初显期个体的伤害是巨大的。据中国疾控中心（CDC）数据，我国15—24岁学生中感染艾滋病的年均增长率为35%，其中65%学生艾滋感染者发生在18—22岁的大学阶段。[②] 而人们往往忽视这一群体，认为他们已是成年人：其实成人初显期是正在步入成年初期的过程中，但还没完全达到成年初期，即处于长大未年的状态。

相比西方学者对青春期网络风险性行为的重视，国内鲜有学者关注此现象。因此本研究综合运用问卷调查和深度访谈的方法，旨在从个人、家庭和文化层面来探讨成人初显期个体的网络风险性行为现象及影响因素，这无疑将深化对网络风险性行为特征及其规律的理解，使其研究建立在可靠的实证分析基础之上；同时，为减少成人初显期网络风险性行为，健康地引导其性行为，提供有益的建议和参考。

二、文献回顾与研究假设

（一）成人初显期

本研究以"成人初显期"（18—25岁）群体作为研究对象，主要是基于以下原因。

首先，从定义上来看，"成人初显期"是从生命全程理论这一角度来定义的，是一个介于青春期和成年早期之间的新的人生发展阶段。美国心理

---

① 参见[美]杰弗瑞·阿奈特：《长大成人——你所要经历的成人初显期》，段鑫星等译，科学出版社2016年版，第79页。

② 章正：《近5年我国大中学生艾滋病病毒感染者年增35%》，《中国青年报》2015年11月26日。

学家杰弗瑞·阿奈特（Jeffrey·J.Arnett）指出，在由传统的农业社会向工业、后工业社会变迁的过程中，受教育年限的延长，婚龄和育龄被推迟，使得成年的过程被逐渐拉长，人们需要更多的时间去为成年做准备，这在以往的社会历史形态中是未曾出现的。这个时期并不是"青年的延长"或是"年轻的成年人"，而是在生理上已发育成熟（在生理上已经是成年人），但社会与文化并没有赋予其成人的社会责任和角色期望（如结婚生子、成家立业），因此可以概括为"生理成人性和社会成人性发生脱节"[①]。

其次，从特征上来看，成人初显期群体作为个体成年之前的一个关键性阶段，这一时期的很多决定和行为都直接影响到个体的一生。

具体而言，成人初显期主要有以下几个特征[②]：

（1）自我同一性的探索时期。回答"我是谁"问题，并在各方面（尤其是恋爱和职业上）尝试多种生活选择的时期。

（2）不稳定的时期。即恋爱、职业和住所三者都不确定的时期。

（3）自我关注的时期。即仅仅关注自我发展，较少向他人承诺并履行责任的时期。

（4）处于夹缝的时期。这是一段既不属于青春期，也不属于成年早期的转换时期。

（5）充满机遇和选择的时期。这是一段充满希望的时期，甚至意味着获得人生转机的绝佳机会。

（二）网络风险性行为（Risky Sexual Online Behavior）

从广义上讲，风险行为可以定义为所有涉及潜在负面后果的行为。[③]根据这一定义，许多网络行为可以被归类为风险行为。先前研究将网络风险

---

① 李蔓莉：《"初显成人期"：阶段特征与累积效应》，《中国青年研究》2018年第11期。
② 参见[美]杰弗瑞·阿奈特：《长大成人——你所要经历的成人初显期》，段鑫星等译，科学出版社2016年版，第8页。
③ Boyer, T. W., "The Development of Risk-taking: A Multi-perspective Review", *Developmental Review,* vol.26, no.3, 2006, pp.291–345.

行为界定为黑客行为，即下载非法内容[1]；在网上提供个人资料[2]；与第一次在网上认识的人见面和风险性行为。[3]

网络风险性行为是指主动参与可能产生消极后果的网络性活动，比如与网上认识的陌生人发生性行为或交换含性暗示的信息，其主要包括：（1）在网络上找人谈论性；（2）在网络上找人发生性行为；（3）把自己的半裸或全裸照片、视频发给网上认识的人。[4]虽然从事这种网络风险性行为的青少年不是很多，但是很有必要对其进行研究，因为其负面后果可能是非常严重的；而且研究危险的网上性行为的预测因素，可能有助于我们理解为什么青少年会参与这些网上行为。

相比西方越来越多地关注青少年的网络风险性行为，如探讨青少年网络风险性行为的现状[5]、青春期中期网络风险性行为与同伴模式[6]、行为认知的关系[7]。国内这方面研究却十分匮乏，仅有的几篇论文只是描述了网络性

---

①　Youn, S., "Teenagers' Perceptions of Online Privacy and Coping Behaviors: A Risk–benefit Appraisal Approach", *Journal of Broadcasting & Electronic Media,* vol.49, no.1, 2005, pp.86–110.

②　Ybarra, M. L., Mitchell, K. J., Finkelhor, D. & Wolak, J., "Internet Prevention Messages: Targeting the Right Online Behaviors", *Archives of Pediatrics & Adolescent Medicine,* vol.161, no.2, 2007, pp.138–145.

③　Livingstone, S. & Bober, M., UK Children Go Online: Surveying the Experiences of Young People and Their Parents, London: LSE Research Online. http://eprints.lse.ac.uk/archive/00000395, 2009.

④　Baumgartner, S.E. Valkenburg, P. M. &Peter, J., "Unwanted Online Sexual Solicitation and Risky Sexual Online Behavior Across the Lifespan", *Journal of Applied Developmental Psychology,* vol.31, no.6, 2010, pp.439–447.

⑤　Jonsson, L.S. et al., "Online Sexual Behaviours Among Swedish Youth: Associations to Background Factors, Behaviours and Abuse", *European Child & Adolescent Psychiatry* , vol.24, no.10, 2015, pp.1245–126; Naezer, M., "From Risky Behaviour to Sexy Adventures: Reconceptualising Young People's Online Sexual Activities", *Culture, Health & Sexuality,* vol.20, no.6, 2018, pp.715–729.

⑥　Baumgartner, S.E., Valkenburg, P.M. &Peter, J., "The Influence of Descriptive and Injunctive Peer Norms on Adolescents' Risky Sexual Online Behavior", *Cyberpsychology, Behavior and Social Networking,* vol.14, no.12, 2011, pp.753–758.

⑦　Baumgartner, S.E., Valkenburg, P. M. &Peter, J., "Unwanted Online Sexual Solicitation and Risky Sexual Online Behavior Across the Lifespan", *Journal of Applied Developmental Psychology,* vol.31, no.6, 2010, pp.439–447.

行为对青少年的影响①，而未采用实证方法去呈现网络风险性行为的现状、特点，并深入剖析其原因以及构建预防引导机制。

（三）性脚本理论

1973年，美国社会学家盖格农和西蒙在《性举止：人类性行为的社会来源》一书中提出性社会学具有里程碑式的理论——性脚本理论。②该理论认为个体的性成长不仅是生理学意义上的成长，更是个体的性认同及融入社会性文化的社会化过程。个体的所有性举止，都是性社会化过程中所产生脚本的体现。性脚本包含三个层次：（1）群体层次。社会文化规定的性规范，为性行为的发生提供指引。（2）人际层次。规范个体间性互动的脚本。（3）个体层次。③

性脚本理论自20世纪70年代被提出，研究日益勃兴，如"酷儿性脚本"④；强奸案件研究中的"强奸脚本"⑤；过度消费淫秽品的"敌意男性气质脚本"⑥；现代家庭中青少年的性认同及性观念如何互相影响⑦；HIV病毒感染者的性脚本与致其感染HIV病毒的危险行为之间关系的理论

---

① 郝雁丽：《"网络性行为"对大学生性道德的负面影响及干预策略》，《理论导刊》2007年第5期；吴志远：《从"身体嵌入"到"精神致幻"——新媒体对青年"约炮"行为的影响》，《当代青年研究》2016年第2期。

② Gagnon, J. H. &Simon, W., *Sexual Conduct: the Social Sources of Human Sexuality*. Chicago: Aldine Publishing Co,1973, p.14.

③ Simon, W. & Gagnon, J. H., "Sexual Scripts", in *Culture, Society and Sexuality: A Reader*, Parker, R. & Aggleton, P.（Eds.）.London: UCL Press,1999, p.39.

④ Mutchler, M. G., "Young Gay Men's Stories in the States: Scripts, Sex, and Safety in the Time of AIDS", *Sexualities,* vol.3, no.1, 2003, pp.31–54.

⑤ Ryan, K., "The Relationship Between Rape Myths and Sexual Scripts: The Social Construction of Rape", *Sex Roles*, vol.65, no.11, 2011, pp.774–782.

⑥ Vega, V. &Malamuth, N. M., "Predicting Sexual Aggression: The Role of Pornography in the Context of General and Specific Risk Factors", *Aggressive Behavior,* vol.33, no.2, 2007, pp.104–117.

⑦ Hearn, K.D. Rodriguez, G. &O'Sullivan, L., "Sibling Influence, Gender Roles, and Sexual Socialization of Urban Early Adolescent Girls", *The Journal of Sex Research,* vol.40, no.1, 2003, pp.101–111.

模型[①]。

相比国外性脚本研究的蓬勃发展，国内性脚本研究却相对滞后。1994年，李银河开始译介国外性脚本理论内容；在其专著《性的问题》中，将性脚本理论作为一个性社会建构主义范畴理论来进行研究。[②]之后，性脚本理论作为性社会学的基础理论，在中国逐步被认可。在潘绥铭、黄盈盈主编的《性社会学》教材中，阐述了性脚本理论作为性社会学基础理论的价值意义。[③]在应用研究方面，王东运用问卷调查方法探讨了"80后"性脚本代际特征及其性别差异和城乡差异。[④]

综上，已有少量研究基本从网络风险性行为的个人因素入手，而鲜有从个人、家庭和社会因素出发，发现三者之间的逻辑关系和动力机制。因此，本研究从性脚本理论的三个层次（个体层次、人际层次和群体层次）出发，聚焦网络风险性行为的现状及影响因素，具体研究框架见图3-1：

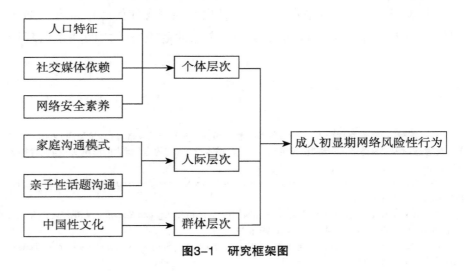

图3-1 研究框架图

---

① Parsons, J. T. et al., "The Impact of Alcohol Use on the Sexual Scripts of HIV-Positive Men Who Have Sex with Men", *The Journal of Sex Research,* vol.41, no.2, 2004, pp.27-36.

② 参见李银河：《性的问题》，内蒙古大学出版社 2009 年版，第 79 页。

③ 参见潘绥铭、黄盈盈：《性社会学》，中国人民大学出版社 2011 年版，第 85 页。

④ 王东：《"80后"一代：性脚本视野下的考察》，《中国青年研究》2008 年第 5 期。

RQ1：成人初显期群体的亲子性话题沟通现状及影响因素。

中国的家长和孩子之间是否会进行性话题沟通？如果没有沟通或很少沟通，其内在原因是什么？如果有沟通，会以什么样的方式进行沟通？亲子性话题沟通时，双方是坦诚、开放的，还是隐晦、回避的？双方感觉是平等、和谐、舒适的，还是尴尬、紧张、不安的？

已有研究发现，受性脚本双重标准的影响，父母与女儿交流性问题更多。男生感受到父母并不鼓励与他们进行性话题沟通，因此更多地依赖同辈群体或传播媒介等渠道获取性知识，而女生往往能与父母展开私密性的亲子性话题沟通。[①] 因此，本研究做出如下假设：

H1a：女生的亲子性话题沟通风格好于男生。

已有研究发现，家庭性教育受到区域文化的影响。不同地区家庭性教育的差异受到当地文化的影响。[②] 因此，本研究假设：

H1b：城市家庭的亲子性话题沟通与农村家庭存在显著差异。
RQ2：成人初显期群体的网络风险性行为现状及影响因素。

成人初显期群体的网络风险性行为现况如何？其影响因素又有哪些？西方研究发现，性别是风险行为研究的关键变量。[③] 因此，本研究提出如下假设：

H2a：男女生的网络风险性行为存在显著差异。

已有研究发现，社交媒体依赖程度越深，网络人际信任度越高。[④] 因此，

① Malacane, M.&Beckmeyer, J. J., "A Review of Parent-based Barriers to Parent-adolescent Communication about Sex and Sexuality: Implications for Sex and Family Educators", *American Journal of Sexuality Education*, vol.11, no.1, 2016, pp.27-40.

② 杨梨、王曦影：《家庭性教育影响因素的国外研究进展》，《中国学校卫生》2018年第11期。

③ Byrnes, J. P. Miller, D. C. & Schafer, W. D., "Gender Differences in Risk Taking: A Meta-analysis", *Psychological Bulletin*, vol.125, no.3, 1999, pp.367-383.

④ 姜永志、刘勇、王海霞：《大学生手机依赖、孤独感与网络人际信任的关系》，《心理研究》2017年第10期。

本研究做出如下假设：

    H2b：社交媒体依赖性越强的大学生，越多从事网络风险性行为。

台湾地区研究发现，网络安全素养会使青少年为自己的网络行为负责。因此，本研究假设：

    H2c：网络安全素养越低的大学生，越多从事网络风险性行为。

已有研究发现，家庭沟通模式不佳孩子，无法把自己的烦恼、困惑向父母诉说，日积月累，就会出现一些反社会行为。[①] 因此，本研究假设：

    H2d：越强调服从定向沟通模式的大学生家庭，其孩子越多从事网络风险性行为。

国外研究发现，亲子性话题沟通能够有效减少青少年线下性伙伴的数量，增加避孕套的使用次数，进而促进青少年的安全性行为。因此，本研究预测亲子性话题沟通也能够减少我国成人初显期群体的线上风险性行为，故提出如下假设：

    H2e：亲子性话题水平越高的成人初显期群体，网络风险性行为越少。

三、研究方法及变量测量

（一）数据收集与样本状况

本研究选择大学生作为"成人初显期群体"的典型代表对象进行研究，主要基于以下几个原因。

一是大学生作为"成人初显期群体"的重要组成部分（由于大学的大幅度扩招，大学生比例在成人初显期群体占比较大）和祖国未来的中坚力量，被寄予更多的期望。二是已有研究发现，网络性行为的高发人群以本科及

---

① 王争艳、雷雳、刘红云：《亲子沟通对青少年社会适应的影响：兼及普通学校和工读学校的比较》，《心理科学》2004 年第 5 期。

以上的高学历人群为主[①]；三是相比于其他群体（比如校外成人初显期群体），针对大学生的研究更加切实可行。具体抽样方法见绪论。

（二）变量测量

1. 因变量

网络风险性行为。采用西方学者制定的"网络风险性行为量表"[②]，其包括3个题项：（1）您是否有过在网络上找人谈论性；（2）您是否在网络上找人发生性行为；（3）您是否有过把自己的半裸或全裸的照片、视频发给网上认识的人。每个题项采用5点记分（"从不"=1，"经常"=5），将所有项目得分相加，量表得分越高，表明从事网络风险性行为的频率越高。经过试测，该量表具有良好的内部一致性信度（$\alpha = 0.87$）。

2. 自变量

亲子性话题沟通风格。采用王争艳改编的青少年版的"亲子性话题沟通风格量表"[③]。该量表包括11个题项，如"当我与父母谈论性话题时，我感到很尴尬""如果我想和父母谈论性话题，只会让他们怀疑我""在讨论性话题时，父母不想听我的想法"等。每个题项采用5点记分（"非常不同意"=1，"非常同意"=5），所有项目得分进行反向记分，量表得分越高表明沟通风格越好。经过测试，该量表具有较好的信度（$\alpha = 0.8$）。

四、成人初显期亲子性话题沟通的现状及影响因素

（一）成人初显期亲子性话题沟通的现状

1. 了解性知识的渠道

当问及"了解性知识的渠道"（多项选择）时，成人初显期群体的答案依次为：网络占78%，传统媒体（报刊、电视等）占56.1%，同学或朋友占

---

① 潘绥铭、黄盈盈：《网上性爱与网下的性实践之间的关系——全国14—61岁总人口随机抽样调查结果的实证》，《学术界》2012年第1期。

② Baumgartner, S.E., Valkenburg, P. M. &Peter, J., "Unwanted Online Sexual Solicitation and Risky Sexual Online Behavior Across the Lifespan", *Journal of Applied Developmental Psychology,* vol.31, no.6, 2010, pp.439–447.

③ 王争艳：《亲子性话题沟通风格对青少年性行为和性态度的预测：依恋的调节效应》，《心理学报》2007年第11期。

56.6%，老师占比 31.6%；父母占比最低，只占 17.8%。由此可见，父母在孩子性话题沟通方面严重缺位，孩子主要通过媒介，特别是网络了解性知识。

2. 亲子性话题沟通内容和频率

与西方亲子之间经常进行性话题沟通相比，中国家庭在亲子性话题沟通频率方面，情况十分令人担忧，各种亲子性话题内容的频率都很低：首先，跟孩子沟通过早恋、婚前性行为等性社会问题频率最高，也仅为 2.49（介于"很少"＝ 2，"偶尔"＝ 3 之间）。其次，跟孩子交流过与异性交往等性心理知识频率为 2.41。再次，跟孩子交流过性生理知识频率为 2.38；最后，教孩子如何防止性侵害、性骚扰频率最低，为 2.35，这与当今社会日益增多的性侵害、性骚扰的现状形成了强烈的反差。这说明，即使在当今的中国家庭内部，性话题仍然是一个"讳莫如深"的话题。

在访谈中，绝大多数学生表示他们对性知识的了解基本上都靠自己摸索，自学成才。当正常渠道无法满足他们的好奇心，他们便会转向网络等其他渠道，在网络平台上形成自己的"性认知"。

> 我爸妈从来没说过（性知识），只是说如果我乱搞，就把我的腿打折了。我全靠自己学，一点一点积累起来。初一时，班上有个神奇人搞了一部手机，里面有黄片，我们班上同学凑在一起看，也有人单独借回去看。(XS，男，21 岁，大二)

> 有人把我误加入了嫖娼群，我在里面潜水，借此了解了很多"知识"。(CH，男，20 岁，大三)

3. 亲子性话题沟通风格

调查发现，影响亲子性话题沟通效果的因素依次为以下四方面。

首先，"当我与父母谈论性话题时，我感到很尴尬（3.47，'同意'＝ 4，'不确定'＝ 3）"。这是因为受中国传统的"性"禁忌文化的影响，言"性"即"耻"的传统观念千百年来影响了中国家庭性话题沟通，造成了亲子双方"谈性尴尬""难以启齿"情境。由此可见，在亲子性话题沟通的过程中，最重要的是亲子双方改变性观念，改善性话题沟通技巧，避免交流的尴尬性，使双方觉得开放舒适、轻松愉悦，而不是紧张难堪，才能收到好的传播效果。

其次，"我不需要与父母谈论性话题，我已经知道了我想知道"均值（3.16）高于国外青少年此问题的均值（2.74），这说明中国父母性话题沟通的缺失与滞后。在访谈中，WK（男，21岁，大三）说：

> 我爸是医生，初一时想跟我讲有关性知识的话题，可是我在五六年级时就已经知道了，那时我们同学就在讲男人和女人如何生孩子。

再次，"我父母不想回答我与性有关的问题（3.02）"均值远远高于国外青少年均值（1.86）。在访谈中，许多学生指出，他们的父母对性话题往往采取了隐晦躲闪、避而不谈或控制警告等单向沟通手段。

> 我们95后父母还是比较保守的，从来没和我谈过性话题；他们认为孩子大了，自然会知道；他们并不好奇我们如何知道。只是讲谈恋爱不要做出格事，不要越过最后一层底线；但是如何避免性骚扰和性侵害没有讲；其实只有讲清楚了，我们才知道如何避免性侵害。我以后当父母，会给我的孩子讲的。（WQ，女，21岁，大三）

最后，"如果我和父母谈论性话题，他们会问我很多私人问题"（3.01）。这说明，在性话题沟通时，孩子很在意父母是否尊重他们的隐私，不希望父母问及他们过多的私人问题。

面对孩子的指责，只有13.9%父母觉得"有必要，且知道如何交流"。36%大学生父母秉持"无师自通"论，认为"孩子长大以后就知道了"；33.3%父母认为"有必要交流，但不知交流什么和如何交流"；9.7%父母觉得"难以开口"；6.9%持"诱发论"，认为"如果交流了，反而诱发孩子对性的关注"。这说明，中国父母对亲子性话题沟通的认知偏差、性知识储备的不足和沟通技巧的缺乏，是影响亲子性话题传播效果的重要因素。

（二）成人初显期亲子性话题沟通的影响因素

1. 女生的亲子性话题沟通好于男生

多元回归分析结果显示（见表3-5），性别与亲子性话题沟通呈显著的负相关（$\beta = -.092$，P $<$ .05），即女生与父母的亲子性话题沟通水平高于男生。而之前研究发现，青春期中期的男生与父母的亲子性话题沟通水平高于女生（王争艳，2007）。这是因为年龄较大的女生在与父母进行性话题沟通时，能更加自在地阐述个人的观点、感受，更不会觉得尴尬。假设 H1a 成立。

2. 城市大学生家庭的亲子性话题沟通较好

表3-5结果显示，亲子性话题沟通与生源地呈显著的正相关（$\beta = .113$，P $<$ .01），即城市大学生家庭的亲子性话题沟通水平较高。假设 H1b 成立。

表3-5　性别、居住地与亲子性话题沟通的多元回归分析

模型	非标准化系数		标准系数	t
	B	标准误差	贝塔	
性别	−1.742	.703	−.092*	−2.478
居住地	2.095	.692	.113**	3.026

注：* 表示 p $<$ 0.05，** 表示 p $<$ 0.01，*** 表示 p $<$ 0.001。

五、成人初显期网络风险性行为的现状及影响因素

（一）成人初显期网络风险性行为现状

研究发现（见表3-6），我国成人初显期的网络风险性行为现状堪忧：29.2% 大学生曾在网络上找人谈论性话题，11.6% 大学生曾在网络上找人发生过性行为，11.4% 大学生曾把自己的半裸或全裸照片、视频发给网上认识的陌生人。社交新媒体为网络风险性行为提供了各种便利。

现在只要我们想做，很容易的，通过微信、QQ、探探、陌陌，还有一些色情 APP（只要下载破解码）。我们学校学生四万人，就有一个300人的"特别群"，还对外"接活"，社会上有一些乱七八糟的人就会要这种学生。你有这方面的需求，就在群里发一个通知，在 ×× 月 ×× 日 ×× 酒店 201 房晚上八点到十二点需要一个什么样的人，在群里发出红包，谁拿了红包谁就赴约，群主会督促赴约并抽成。不过这个群

有很深的壁垒，不是"同类人"根本进不去。群主会严格审核申请入群的人。（YY，男，22岁，大四）

值得注意的是，大学生在网络上找人发生过性行为的比例要高于把自己的半裸或全裸照片、视频发给网上认识的陌生人，这源于大学生的风险感知。

这个不难理解，我们在网络上找人发生性行为一般是不为人知的，而把自己的半裸或全裸照片、视频发给网上认识的陌生人，风险较大，因为互联网是有记忆的。（CJ2，男，22岁，大三）

表3-6　网络风险性行为现状（%）

	总是	经常	偶尔	很少	从不
在网络上找人谈论性话题	1.7	2.8	8.1	16.6	70.8
在网络上找人发生性行为	0.8	2	3.9	4.9	88.4
把自己的半裸或全裸照片、视频发给网上认识的陌生人	1	1.3	3.8	5.3	88.6

之所以会发生网络风险性行为，大学生一般会合理化自我归因，以维护自我意识的稳定性，如金钱利益的驱使；找机会释放自己压抑的生理和情感需求；向父母宣誓自己已经"长大成人"等。这说明父母忽略孩子性发展规律、性求知欲望和主观能动性，一味强调"防火墙"式的性教育模式，反而会引发孩子的逆反心理，试图打破父母的性教育界限。

我们在网上找人发生性行为，无非有三种原因，一是金钱利益，至于用钱来做什么，有很多理由，比如我身边的女同学身体不好，需要钱治病，家庭经济不好，又想考研，所以做这个。二是满足生理需求，各取所需。我班上的一位男生在高数群认识一个女生，第二天一起看电影，第三天就发生关系。三是打破界限。以前父母对我们的教育，总是把性说成洪水猛兽；说如果我们越过这个底线，会怎么样怎么样。我们那时对性的了解其实是"看山不是山"，觉得这件事很神秘，是一种很有仪式感的东西嘛，有初尝禁果的好奇；第一次做（爱），发现并不像父母说的那样，其实也不过就是这样子，习惯了发现也就那样，是"看山就是山"阶段，也向父母表明，我长大了；但是经历了一段时间之后，很多女生会后悔，因为那事对她们身体、谈恋爱、结婚伤害挺大的，她们发现自己之前的想法太简单了，有诸多危险，其实是"看山还不是山"；如果父母能早点告诉我们这些，就可以避免我们自己摸索带来的伤害。（YW，男，18岁，大二）

（二）网络风险性行为的影响因素

我们采用分层回归分析，首先输入人口特征变量（性别、年龄、居住地），其次输入网络使用变量（上网目的、网络安全素养、社交媒体依赖），之后输入家庭沟通模式，最后输入亲子性话题沟通变量来依次检验这些自变量对网络风险性行为的影响。经过共线性检测，显示没有共线性问题。结果显示（见表3-7）：

表3-7　分层回归：影响成人初显期网络风险性行为的因素

自变量	网络风险性行为			
	模型 1（人口特征）	模型 2（网络使用）	模型 3（家庭沟通模式）	模型 4（亲子性话题沟通）
性别	.186***	.184***	.178***	.168***
年龄	.005	.001	.002	.001
居住地	.055	.050	.055	.065
网络消费目的		.034	.036	.033
社交活动目的		−.034	−.042	−.040
信息搜索目的		−.085*	−.085*	−.083
社交媒体依赖		.133***	.122**	.111**
网络安全素养		−.137***	−.146***	−.143***
对话定向			−.018	−.003
服从定向			.081*	.045
亲子性话题沟通				.115**
调整 R^2	.033	.064	.068	.078
F	9.223***	7.123***	6.214***	6.498***

注：* 表示 $p < 0.05$，** 表示 $p < 0.01$，*** 表示 $p < 0.001$。

1. 男生更多地从事网络风险性行为

回归分析结果显示（见表 3-7），网络风险性行为与性别呈显著的正相关（$\beta = .186$，P $<$ .001），即男生更多地从事网络风险性行为。这一点依据性脚本理论不难理解，社会赋予男生与女生不一样的角色规范。男女生在成长过程中，会通过学习各自的性脚本，获得性关系中对于社会性别的不同认知模式和观念，最终影响和决定二者不同的性实践。中国男性的性脚本内容为主动追求性伴侣、性欲一旦觉醒便难以控制等；而女生的性脚本内容往往被"训诫"比男生更高的性道德规范。此外，男生比女生更爱冒险，追求刺激的程度更高[1]，西方学者威尔逊和戴利（Wilson & Daly）指出风险行为是"男性心理学的属性"。[2] 假设 H2a 成立。

2. 社交媒体依赖性越强的大学生，越多从事网络风险性行为

调查结果显示，当今大学生社交依赖性较强（M $=$ 4.00，4 $=$ "同意"）。当控制人口特征变量之后，我们发现（见表 3-7），社交媒体依赖性越强的大学生，越多从事网络风险性行为（$\beta = .133$，P $<$ .001）。假设 H2b 得到支持。

3. 网络安全素养越低的孩子，越多从事网络风险性行为

当控制人口特征变量之后，我们发现（见表 3-7），网络安全素养越低的孩子，越多从事网络风险性行为（$\beta = -.137$，P $<$ .001）。假设 H2c 得到支持。

4. 越强调服从沟通模式的家庭，孩子越多从事网络风险性行为

在控制人口特征变量、网络使用变量之后（见表 3-7），发现网络性诱惑与对话定向的家庭沟通模式不相关，与服从定向的家庭沟通模式呈显著正相关（$\beta = .081$，P $<$ .05），即服从定向沟通模式得分越高的家庭，其孩子越多从事网络风险性行为。H2d 得到支持。

---

① 　Zuckerman, M., Ball, S. & Black, J., "Influences of Sensation Seeking, Gender, Risk Appraisal and Situational Motivation on Smoking", *Addictive Behaviors*, vol.15, no.3, 1990, pp.209-220.

② 　Wilson, M. & Daly, M., "Competitiveness, Risk-taking, and Violence: The Young Male Syndrome", *Ethology and Sociobiology*, vol.6, no.1, 1985, pp.59-73.

5. 亲子性话题沟通越好的孩子，越少从事网络风险性行为

当控制人口特征变量、网络使用、家庭沟通模式变量之后，我们发现（见表3-7），网络风险性行为与亲子性话题沟通呈显著的负相关（$\beta = -.115$，$P < .01$），即亲子性话题沟通水平越高的孩子，越少从事网络风险性行为，得到支持。这说明家长通过与青少年进行坦诚、开放的性话题沟通，能够起到减少孩子网络风险性行为的作用。假设 H2e 得到支持。

六、结论与讨论

（一）成人初显期群体的网络风险性行为令人担忧，尤其是男生、社交媒体依赖性强群体

本研究发现，近三成的成人初显期群体（29.2%）曾在网络上找人谈论性话题，11.6% 曾在网络上找人发生过性行为，11.4% 曾把自己的半裸或全裸照片、视频发给网上认识的陌生人；男生、社交媒体依赖性强群体，越多地从事网络风险性行为。这一现象应引起家长、学校、社会的足够重视，尤其是家长对于成人初显期群体的重视。

照理说，成人初显期群体随着年龄的增长，应该做出更加理性的行为决策；可是已有研究发现，相比儿童和成人，成人初显期群体的风险行为更多[1]，二者似乎产生悖论。但是双系统理论能够合理地解释这一悖论：双重系统理论认为，在行为决策过程中，人脑是运用双系统模式加工的。一方面，年长的青少年比年轻的青少年标准决策能力更成熟；另一方面，自动化认知系统的不断成熟和发展，成人初显期群体趋向于启用自动化的认知范式，运用模糊、直觉、概括的表征方式，这些范式在增长个体认知效率的同时，也带来更多的认知错觉，使他们更容易错误地根据先前的经验来推理问题，进而产生不合理的风险评估，最终参与冒险活动。

此外，与青春期早、中期相比，这一时期成人初显期群体不再依附父母（大部分离开了父母），独自在外求学或工作，再加上在生理上已是成年人，

---

[1]　Jessor, R., "Risk Behavior in Adolescence: A Psychosocial Framework for Understanding and Action", *Journal of Adolescent Health,* vol.12, no.8, 1991, pp.597–605.

没有了高考的压力，来自父母和老师的约束和控制越来越少，开始拥有更多的独立自主性；这时又没有承担成人角色的责任。处在这种自我不稳定的过渡状态中，便有着独特的机会来进行各种生活方式的探索，并不断进行修正与调适。因此，成人初显期群体往往心态更加复杂，风险行为系数更高，个体化与两极化的趋势日趋明显。[1]虽说通过风险行为的尝试，不断积累成功或失败经验，也是一种学习过程。但这种学习也往往伴随着代价，而尝试网络风险性行为所付出的代价往往是不能承受之重，甚至由此扭转自己的人生轨迹。

（二）中国父母在孩子性话题沟通方面严重缺位，应帮助父母（尤其是农村家庭）提升此方面的素养

父母在孩子性社会化过程中发挥着强有力的作用。与孩子进行性话题沟通，是培养孩子性科学、性道德和性文明的再社会化过程；也是人格的健全教育，为成人初显期群体成长，为一个健康的成年人做好准备。可是本研究发现，中国的父母在成人初显期孩子的性话题沟通方面严重缺位，近八成（78%）的成人初显期群体是通过网络了解性知识；通过父母了解的占比最低，只占17.8%。其实，父母是子女性知识、性道德的启蒙者，父母对子女进行性话题沟通，具有学校教育无法比拟的、得天独厚的优势。

可是由于近四成父母（36%）秉持"无师自通"论，认为"孩子长大以后就知道了"，把青春期性教育的责任推给学校和社会；可是学校性教育也相对滞后，除了一线城市外，很多城市是从初一才开始讲授基础的生理知识，而这些知识孩子早在小学五六年级就已经通过媒体或同伴了解了，所以许多孩子表示："我不需要与父母谈论性话题，我已经知道了我想知道的"均值（3.16）。现代社会孩子性生理发展速度大大加快，而性心理发展相对滞后，二者发展的不匹配，给青春期的孩子带来了困扰：他们不知道如何以正确的方式去转移、分散、排解自己的性冲动，学校和家庭又不能给予他们

---

[1]　袁芮：《社会资本视角下青年人身份资本的形成路径分析——基于上海的实证调查》，《兰州学刊》2018年第1期。

正确的引导，只能寻求其他途径（例如网络）来解决；而网络性信息良莠不齐，大量的色情内容、成人论坛、社交媒体等，很容易对孩子产生误导；一旦孩子通过错误的途径，听信了某些别有用心人的诱惑或教唆，勾起好奇心，萌生试一试的念头，以偏激方式寻求感官刺激，缓解自己的性冲动，就很容易出现网络风险性行为。等到孩子出现问题后，父母才与他们谈论性话题，"亡羊补牢"为时晚矣。

还有相当一部分父母（33.3%）认为"有必要交流，但不知交流什么和如何交流"，这说明父母性知识储备的不足，很难与子女进行深入的性话题沟通，也无法从科学角度回答子女提出的性问题，易给孩子留下"我父母不想回答我与性有关的问题"（3.02）的认知偏差；沟通技巧缺乏，无法形成良性互动，使亲子性话题沟通时面临着尴尬的情境（3.47），无法取得预期的效果。只有高效的沟通，即在性话题沟通时，以开诚布公的方式，允许孩子充分地表述自己的观点和主张，轻松、愉悦的交流情境，才能真正解答孩子对于性问题的困惑，使他们正视自己青春期的性生理变化，从而使性心理得到健康发展。

面对此现状，首先，要从文化层次上逐步去性神秘化，把性作为中国社会日常化和生活化的一种常态，给予描绘并使父母适应。其次，可以组织相关专家对父母，特别是农村家庭的父母进行性教育的专业培训（本研究发现，农村家庭的亲子性话题沟通水平较低），帮助他们改变固有的性教育观念，形成正确积极的性教育观念，丰富他们的性知识，了解青春期、成人初显期不同阶段孩子的性心理，明确家庭性教育对孩子的重要意义，提高性话题的沟通技巧，减少他们与孩子沟通时的尴尬情绪，营造性话题沟通的和谐氛围，方能取得良好的传播效果。

（三）尊重孩子的性主体性，改善亲子性话题沟通（尤其是男生的亲子性话题沟通），能够有效减少成人初显期的网络风险性行为

本研究发现，亲子性话题沟通对青少年网络风险性行为有直接的预测作用。这是因为亲子之间如果对于性话题的交流少，孩子在家庭中没有获取足够的性信息，那么他们可能会通过其他途径，包括通过社交媒体来满

足自己的好奇心。

相反，如果父母充分考虑孩子性需求，尊重孩子的个体差异性，将孩子视为"主体"，而非"他者""被教育者"角色，与孩子之间经常坦诚、平等地谈论一些性话题，例如如何与异性交往，什么样的行为是性骚扰，如何防止性侵害、性骚扰，怎样看待社会上的一些性问题（如早恋、过早性行为、婚前同居、意外怀孕、堕胎、性病传播等）；通过开放、舒适的讨论，让孩子在积极构建自己性脚本过程当中，明晰正确的性道德准则，知道什么是健康的性行为，性行为意味着什么，要承担什么样的责任和后果。与父母积极的人际互动，能够使孩子形成积极健康的性态度，在遇到性问题时不会感到羞耻、难以启齿；处理性问题时更加自信，更有责任感，并且遇到问题能与父母协商沟通，以积极向上的方式去解决自身的性问题，而不是自己去偷偷摸索，那么网络风险性行为就会减少。

本研究还发现，男生比女生更多地从事网络风险性行为，他们所面临的风险更大；可是他们与父母的性话题沟通水平却低于女生。这是因为在中国传统的性别刻板印象中，女生更容易受到性侵害，父母会比较担心；因此，对于女生性道德的要求较为严格，而对男生的性行为更为宽容。社会性别规范的双重标准，导致了父母会比较积极主动地向女儿进行性话题的沟通，而忽略了与儿子进行此方面的沟通。

> 我妈有一次看到我在看发小（男）传给我的黄片，和我爸商量后，我妈就和我一起看情色视频，还跟我解释，现实中并没有那么美好，实际应该是这么样的；要注意男孩子的安全套是否有问题，是否有扎破。所以我对网上性骚扰，能很好地应付。（LY，女，21岁，大三）

> 这方面（性教育）父母很缺失，基本不谈；或不敢谈，比较保守；我记得到现在为止，只讲过两次：一次是小学毕业，我和表弟在浴室看到大人裸体，回来就在谈论，父母严肃地说不准我们再说，也没解释；另一次是初二时，我们在看相关色情内容被发现，父母跟我讲这是不真实的，长大以后再了解，现在不要了解。（YA，男，21岁，大三）

因此，改善亲子性话题沟通，应打破性别刻板印象，尤其要注意加强男生的亲子性话题沟通，在性道德和性行为方面对男生进行合理的引导，以父母的影响力来减弱社会上或同伴的不良影响，从而有效地减少成人初显期男生的网络风险性行为。

（四）研究意义及局限

本研究将成人初显期群体作为一个独立群体来研究，用实证方法呈现成人初显期群体网络风险性行为的现状，并对网络风险性行为与社交媒体使用、亲子性话题沟通之间的关系进行实证检验。在理论上，扩充了青少年风险行为研究的视野，引起人们对成人初显期群体的更多关注，为后续的相关研究奠定良好的基础；在实践上，实证结果显示，成人初显期群体的网络风险性行为现状令人担忧，应引起家长和社会的广泛关注，推动家庭和社会协同行动，建构支持性友善的中国性文化语境，改善亲子性话题沟通，能有效地减少网络风险性行为。

但是本研究仍然存在一些不足，有待于未来进一步改进和探索：第一，未能将网络风险感知、情绪等社会心理因素纳入考量范围；第二，未能追踪收集纵贯数据，了解网络风险性行为给成人初显期群体所带来的影响；第三，囿于条件限制，研究对象主要是在校大学生，未能全面覆盖其他成人初显期群体，特别是未上大学的成人初显期群体。

第三节　网络诱拐：一个新的威胁

网络改变了人们交往的方式。上网社交已成为青少年社会生活的重心。和成年人相比，青少年更多地使用社交媒体。他们广泛使用社交媒体的行为，引起人们的广泛关注。人们担心，青少年，尤其是未成年人在毫无拘束的网络环境里，与各种陌生人相处，并与其发展出的浅薄关系，有可能成为网络诱拐的受害者。特别是一些道德堕落、心理变态的成年人运用网络与儿童取得联系，通过伪装或欺骗的手段，引领儿童走进性的世界，从而伤害他们，已经成为现代社会的一个新的威胁。

一、网络诱拐：目的性社交诱骗

网络诱拐指的是成年人利用数字媒介从获取未成年人性资料（图片、视频）到以实施性侵为目的的诱骗过程。[①]

（一）网络诱拐的界定

诱拐（grooming）现在普遍认为是一种将性犯罪者的幻想变成现实的技术，不管是在线还是离线。[②]诱拐者可以有意识利用包括聊天室、社交网站、即时通信工具等网上空间，去引诱那些社会孤立、性格脆弱，却热衷于网络交往的年轻人。

他们一般先观察，例如，作为一个沉默的非参与者进入聊天室，分析其他用户之间的交流；寻求确定潜在的目标受害者，以便他/她能够与确定的目标进行对话；寻求与目标受害者的私人谈话。随后试图通过注意力、情感、友善和礼物来逐渐引诱他们的目标，诱拐他们加以性侵害。一些恋童癖者也利用网络寻找受害儿童，他可以在网上伪装成十几岁的少年，勾引、怂恿、聊骚、邀约，以此诱拐目标对象。

奥康奈尔（O'Connell）设计了一个网络诱拐的五阶段模型，这个模型是解释孩子网络诱拐最常用的理论。具体包括：（1）友谊形成；（2）关系的形成；（3）风险评估；（4）排他性；（5）性阶段。

第一阶段：友谊形成

网络诱拐通常从建立友谊开始，这时网络诱拐者会问儿童一些生活问题，并与他们进行闲聊。[③]因此，建立信任始于接触之初，是与孩子离线见

---

① Smith, P.K.&Steffgen, G., *Cyberbullying Through the New Media: Findings from an International Network*. Psychology Press: Florence, KY, USA, 2013, p.112.

② Staksrud. E., "Online Grooming Legislation: Knee-jerk Regulation?" *European Journal of Communication* , vol.28, no.2, 2012, pp.152-167.

③ Black, P. J. Wollis, M. Woodworth, M. & Hancock, J. T., "A Linguistic Analysis of Grooming Strategies of Online Child Sex Offenders: Implications for Our Understanding of Predatory Sexual Behavior in an Increasingly Computer-mediated World" , *Child Abuse & Neglect*, vol.44, no.3, 2015, pp.140-149.

面的必要条件。

第二阶段：关系形成

建立关系和有规律地接触也是网络诱拐阶段很常见的。以前，诱拐者通常会在家庭、工作场所、居住地方诱拐所认识的儿童。20世纪90年代互联网的出现改变了这一情况，特别是社交媒体，使得诱拐一个潜在受害者变得更加容易。"恋爱关系"是引诱受害者线下见面最常用的策略。

第三阶段：风险评估

风险评估是网络诱拐的必要阶段。这些评估包括在网上被抓的风险，与孩子见面的潜在风险。风险评估贯穿于整个诱拐过程，而且不是一次性的。诱拐者通过询问电脑的位置或儿童看护人的下落，实施隐匿和安全措施。[①]

第四阶段：排他性

通过即时通信工具，特别是专为年轻人设计的网络聊天室，使融洽关系的建立更为容易，也使诱拐者可以获得排他性。在这个阶段，诱拐者会让孩子觉得自己很特别，给他们送礼物，为他们安排各类活动。诱拐者也会同步他们的行为和沟通方式，以使孩子感到更舒适。

第五阶段：性阶段

在性阶段，一个显著的特征就是在与孩子的交谈中引入性色彩的内容，使孩子将这类行为视为正常化，为以后的身体接触做好准备。性化阶段可能有很多不同的形式，调情、谈论性行为，甚至制造性幻想。性化开始的速度因诱拐者的动机、需求、侵犯方式而有所不同。

基于对儿童的弱点、问题和他们所处环境的详细了解，诱拐者会采取不同的策略。

（1）欺骗：欺骗策略不仅仅是隐藏意图，而且似乎有不同程度的欺骗细化。

---

① Whittle, H., Hamilton-Giachritsis, C., Beech, A. & Collings, G., "A Review of Online Grooming: Characteristics and Concerns", *Aggression and Violent Behavior*, vol.18, no.1, 2013, pp.62-70.

"个人打扮"指的是成年人为了让自己与儿童的联系合法化，以及获得对儿童的影响力而采取的一些策略，比如虚构自己的身份；了解孩子的兴趣，通过给他们送礼物（比如漫画、糖果等）来建立一种特殊的关系。"家族修饰"是指通过与孩子建立友谊，让孩子的父母或看护人放松警惕，以确保信任，在接近孩子时获得合作，并降低被发现的可能性。"机构教养"，这是一种利用自己的工作或职业环境来虐待与引诱与自己相处孩子的策略。通过互联网的接触，可以让侵犯者了解儿童，而不再是他们的"陌生人"。在这种情况下，花在未成年人身上的时间因情况不同而有所不同。[①]

（2）贿赂：提供一些物品（如手机、零食等）、金钱或承诺（如承诺让有演员或模特理想抱负的女孩子，会将她们的照片发布到不同的媒体渠道上，以制作广告之用）。

（3）介入：诱拐者根据之前研究过的孩子情感需求，对孩子使用不同的角色定位模式（例如，作为朋友、照顾者和伙伴），并介入孩子的情感之中，提供给孩子不同的情感支持，并且表现出这段关系是平等和自由的。

> 我们每天都在网上聊天，她（未成年人）开始跟我谈论她所遇到的问题。她说她不知所措。我说："你想让我们通话吗？"于是我给了她我的电话号码。我还帮助她解决物理和化学问题，学习英语，建立一段友好关系。[②]

（4）侵犯：有时诱拐者还会用骚扰、恐吓或强迫等行为胁迫儿童。

（二）自我呈现、自我表露与网络诱拐

网络在线交流已经成为青少年生活不可或缺的部分。与面对面的交流相比，网络在线交流增强了自我表现和自我表露的可控性。这种增强的可

---

① Whittle, H., Hamilton-Giachritsis, C., Beech, A. & Collings, G., "A Review of Online Grooming:Characteristics and Concerns", *Aggression and Violent Behavior*, vol.18, no.1, 2013, pp.62–70.

② Santisteban, P. D., "Progression, Maintenance, and Feedback of Online Child Sexual Grooming: A Qualitative Analysis of Online Predators", *Child Abuse & Neglect*, vol.80, no.2, 2018, pp.203–215.

控性，反过来又能在青少年中产生一种安全感，让他们在人际交往中比在面对面的情况下更自由自在。这对青少年来说尤其重要，他们有时会在面对面的环境中感到害羞和自我。自我表现和自我表露的增强可控性为他们提供了克服在线下交流环境中遇到的社会障碍的机会。在线交流能够增强自尊，有助于关系形成、友谊质量的提高和性自我探索。

网络诱拐是为了与孩子建立一种个人的、基于信任的关系。在使用互联网的过程中，孩子的个人或亲密信息的披露，如泄露个人的信息，如姓名、年龄、性别、手机号码、照片、生日、爱好、街区、家庭住址、学校以及他们日常活动的其他细节，使在线的性捕猎者能够据此采取更复杂的操纵孩子的策略。有时候，这种信息披露本身就是最终的目标，让孩子们分享关于他们身体、恐惧、经历和幻想的私密信息。这种接触是计算机中介传播（computer mediated communication，CMC）的一种类型。

计算机中介传播理论认为，计算机中介传播的匿名性鼓励个人进行新形式的自我表露。[1] 网络诱拐的阶段符合计算机中介传播理论，它描述了从网络上开始发展关系到面对面的见面（Face-to-face Meetings，F2F）和身体接触。[2] 计算机中介传播的两个明显特征——交流线索的减少和潜在的异步交流，在诱拐的传统阶段都存在。孩子觉得与网络上的陌生人聊天有物理距离，是比较安全的；他们往往认为与自己聊天的是同龄人。然而很多网络诱拐者用的是虚假身份：伪造的年龄、外表和兴趣等。

> （我）会假扮成一个与演艺圈有关的人，似乎是某个音乐团体或一部成功电视剧粉丝俱乐部的代表或主席，并使用虚构的名字。（XW1，女，12岁，初一）

---

① Henderson, S. & Gilding, M., "'I've Never Clicked this Much With Anyone in My Life': Trust and Hyperpersonal Communication in Online Friendships", *New Media and Society,* vol. 6, no.4, 2004, pp.487–506; Walther, JB., "Computer-mediated Communication", *Communication Research*, vol.23, no.1, 1996, pp.3–43.

② Gibbs, J.L., Ellison, N.B. and Heino, R.D., "Self-presentation in Online Personals", *Communication Research,* vol.33, no.2, 2006, pp.152–177.

本研究发现，13% 青少年会被网络上成年人的虚假身份欺骗；而且成年人诱拐者的说服能力和沟通方式往往导致线下的见面。本研究发现，近八成（77.3%）青少年不会与网络上认识的陌生人见面，这说明当代孩子的网络安全意识较好。但是仍有一部分（23.7%）青少年会背着父母与网络上认识的网友见面，这就蕴藏着极大风险。

二、网络诱拐的现状

随着青少年大量使用社交网络，儿童被网络诱拐的风险呈指数级增加。[①]

英国北约克郡的 21 岁男子杰克·帕里（Jake Parry）经常在脸书上寻找无知的未成年人，用铺天盖地的礼物和甜言蜜语攻破她们的防线，将她们拐走后进行性培训，煽动她们从事性活动。

英国一位家长描述了 15 岁女儿被网络诱拐之后，被迫从事性培训的过程：她在网上和一个成年男人交往，男子每天都送给她礼物；一段时间之后，女儿觉得这个男人是真心对她好，坚信他是她唯一信任的人。虽然我们这些旁观者都很清楚，这个男人的动机不纯；但是女儿已经完全陷入这个男人所打造的"蜜罐"当中，任谁说都不听。之后，女儿就和这个男人离家出走了，被"圈养"在男子家里进行各种性培训，直至他被警方逮捕。[②]

因此，英国最大的儿童保护组织——英国防止虐待儿童协会（National Society for the Prevention of Cruelty to Children，NSPCC）要求 Facebook、Instagram、Snapchat 在内的社交媒体，通过算法向特定用户投放广告，或是在线检测非法内容，以防止更多儿童网络诱拐案件的发生。英格兰和威尔士对警方的信息自由请求中显示，自 6 个月前的儿童性传播法公布以来，已发生了 1316 起网络儿童性诱拐案件。网络诱拐者通常利用 Facebook、Twitter

---

① Schoeps, K. et al., "Risk Factors for Being a Victim of Online Grooming in Adolescents", *Psicothema*, vol. 32, no.1, 2020, pp.15–23.

② 《青少年被诱拐、性剥削，英国警察能做什么？》，2017 年 9 月 16 日，见 http://www.sohu.com/a/192468633_818730。

等社交网站来引诱 12—15 岁的孩子，最小的受害者仅有 7 岁。[①]

德国政府 2019 年 6 月 26 日通过的刑法修正案提案规定，未来企图实施网络诱拐的犯罪嫌疑人将会入刑，以此来保护青少年免受网络诱拐的侵害。

西班牙的一项对 3212 名调查者的研究发现，16.6% 儿童遭遇过网络诱拐。[②]

在马来西亚，成年男子会通过流行的手机聊天软件猎捕未成年女孩。他们一般会以慈祥关爱的形象骗取女孩的信任，通过信息联系几天后，再提出见面约会。在马来西亚，被网友强奸的受害人中，80% 是 10—18 岁未成年人。通过"我手机里的捕猎者"行动，马来西亚国会最终在 2017 年 4 月通过了具有里程碑意义的《性侵儿童法案》。[③]

在中国，近年来随着社交媒体在青少年的普及，网络诱拐受害者的案例在逐步攀升。台湾 30 岁男子通过网络游戏诱拐 13 岁少女，致使其怀孕，被判入狱 6 年 6 个月。[④]

> 一位母亲陈述道："近日，13 岁的女儿通过网络认识一位 28 岁的成年男子，该男子利用孩子青春期对异性的好奇心理，通过 QQ、电话和短信方式向孩子传送色情图片，并以赤裸裸、令人难以启齿的语言进行挑逗、引诱，并教唆孩子怎样跟他见面开房。尽管被我及时发现阻止，但是已经给孩子身心带来严重影响。现在无论我说什么，女儿都听不进去，还一直想偷偷联系他，和他见面。"

---

① 聂韬：《英机构吁社交媒体监测非法内容 预防儿童遭诱害》，2018 年 2 月 1 日，见 http://health.hnr.cn/rdjj/20180201/359121/。

② Machimbarrena, J. M., "Internet Risks: An Overview of Victimization in Cyberbullying, Cyber Dating Abuse, Sexting, Online Grooming and Problematic Internet Use", *International Journal of Environmental Research and Public Health*, vol.15, no.11, 2018, p.2471.

③ 联合国儿童基金会：《2017 年世界儿童状况：数字时代的儿童》，2017 年 12 月 1 日，见 https://www.unicef.org/ chinese/sowc2017/index_101887.html。

④ 凤凰网游戏：《30 岁男子通过网游诱拐 13 岁少女 致对方怀孕》，2014 年 11 月 28 日，见 http://games.ifeng.com/ shehui/detail_2014_11/28/39599777_0.shtml。

　　我初二时，班上有一个女生野一点，喜欢化妆，有一次就受网友的教唆，坐动车从漳州到深圳去见他，结果和那个男人有了"身体上的接触"。(CC,男,16岁,高一)

三、网络诱拐的影响因素

　　导致青少年受网络诱拐的因素，既复杂又彼此关联。大多数研究表明，在网上遭受性侵害的女生更多，其次是未成年的同性恋者或性取向不明者；受害最常见的是 13—17 岁的未成年人。[①]

　　（一）人口特征变量

　　1. 被网络诱拐的大多数是少女

　　研究表明，那些容易被网络诱拐的大多数是少女，因为这个时期的青少年网络活动频繁，更乐意通过网络这种虚拟空间结识朋友；她们的懵懂无知，"幼小""柔软"的特点，正是网络诱拐者洗脑和诱骗性交的绝好对象。但这并不是说男生就没有风险，那些同性恋的男生或怀疑自己性取向的男生也容易被诱拐。[②]

　　2. 青春期孩子易被网络诱拐

　　青春期是认知、生理和心理成长的一个关键发展阶段，面临着青春期独特的挑战，是突破界限，寻求冒险的阶段。因此，这个发展阶段是至关重要，成人 75% 的心理健康问题都是发生在青春期。[③]在这段时间里，年轻人寻求更广泛的社会参与并积极寻求人际关系，通常会导致性实验。他们可

---

　　① 　Winters, G., Kaylor, L. & Jeglic, E., "Sexual Offenders Contacting Children Online: An Examination of Transcripts of Sexual Grooming", *The Journal of Sexual Aggression*, vol.23, no.1, 2017, pp.62–76.

　　② 　UK Council for Child Internet Safety（UKCCIS）, https://www.gov.uk/government/groups/uk–council–For–child–internet–safety–ukccis, 2012;Wolak, J., Finkelhor, D. &Mitchell, K.J., "Internet–initiated Sex Crimes against Minors: Implications for Prevention Based on Findings from a National Study",*Journal of Adolecent Health,* vol.35, no.1, 2004, pp.11‒20; Wolak, J., Finkelhor, D.& Mitchell, KJ.et al., "Online ' Predators' and Their Victims", *American Psychologist,* vol.63, no.2, 2008, pp.111–128.

　　③ 　Kessler, R.C.et al., "Lifetime Prevalence and Age–of–Onset Distributions of DSM–IV Disorders in the National Comorbidity Survey Replication", *Archives of General Psychiatry*, vol.62, no.6, 2005, pp.593–602.

能想要得到关注、认可和接受。①研究还表明，18岁以下的人在大脑中的社会情绪系统有更强的反应性，这导致他们对奖励表现出更大的敏感性。这与青少年的社交互动和接纳的渴望相结合，很可能会影响他们在网上的行为，使他们容易被诱拐。

青少年发展的特征通常是冒险和冲动行为。青少年倾向于在情绪激动的情况下做出较差的决定，但在情绪激动程度较低或认知能力较差的情况下能够做出成熟的决策。在网络的情境下，诱拐的过程很可能在情感上唤起年轻人，因为它经常唤起爱的情感。这是为什么有些青少年在被诱拐时继续与侵犯者接触，从而做出糟糕的决定。

3. 社会经济地位低的青少年更容易被网络诱拐

社会经济地位较低的青少年更容易受到各种社会问题的影响。虽然社会经济地位较高的青少年有更高的网络接触率，面临着更高的网络风险②，更有可能接触到诱拐者，但是他们对于在线风险的适应能力要高于社会经济地位较低的青少年；而社会经济地位低的青少年虽然遇到网络风险的概率更低，但是一旦遇到风险，更加紧张不安和困扰。③

4. 身体有缺陷的青少年更容易被网络诱拐

身体有缺陷的年轻人在网上面临着更高的风险，特别是在现实世界中与网上认识的人见面的风险。当身体有缺陷的青少年在现实世界感到被边缘化或被排斥在同伴群体之外时，网络为他们提供了社会参与的机会，他们可以从网络世界中获取慰藉和支持；虽然有时也会在网上遭遇进一步的

---

① Dombrowski, S.C., LeMasney, J. W., Ahia, C. E. & Dickson, S. A., "Protecting Children from Online Sexual Predators: Technological, Psychoeducational, and Legal Considerations", *Professional Psychology: Research and Practice*, vol.35, no.4, 2004, pp.65–73.

② Livingstone,S. Haddon, L.&Ólafsson,K. (Eds.)., *Comparing Children's Online Opportunities and Risks across Europe.* Cross-national Comparisons for EU Kids Online, 2009.

③ Livingstone, S., Haddon, L., Görzig, A. et al., *Risk and Safety on the Internet: The Perspective of European Children. Full Findings from the EU Kids Online Survey of 9–16 Year Olds and Their Parents.* EU Kids Online. London: LSE, 2011; Livingstone, S., Ólafsson, K. & Staksrud, E., *Social Networking, Age and Privacy*, EU Kids Online, London: LSE, 2011.

边缘化。对于身体有缺陷的青少年来说,信任不熟悉的成年人是很典型的,他们暴露在网络诱拐的风险中,但可能不太能识别或应对它,这可能会使得他们在网上特别容易受到信任的成年人的伤害;学习障碍还可能与不太挑剔或谨慎的行为有关,这让网络诱拐者更容易确信,有学习困难的年轻人会信任他们。而且如果他们在网上遇到一些令人担忧的事情,他们不太可能向朋友吐露心声,这表明,这一群体社会支持较少。[1]

(二)青少年的社会心理特征

1. 低自尊、低自信、情绪障碍和心理障碍的青少年更容易被网络诱拐

年轻人的社会心理特征会影响他们在网上如何与他人互动。[2]犯罪者在评估年轻人可以诱拐时,经常要寻找好下手的目标。性格特征是一个年轻人容易受到诱拐关键的风险因子。

低自信和低自尊的个性特征使年轻人容易受到侵犯者的攻击。[3]心理健康问题(如抑郁症)、问题心理和不良倾向可能会使年轻人更容易受到网络诱拐。[4]追求感觉、爱好独特、不随大流、安静、内向的特征也与网络诱拐有关。儿童期创伤(精神虐待、身体虐待、性虐待、情感忽视和身体忽视),也增加被网络诱拐风险。相反,高自尊、具有良好社会支持(父母的支持、来自同伴的支持)的青少年被网络诱拐的风险较小。

① Livingstone, S., Ólafsson, K. & Staksrud, E., *Social Networking, Age and Privacy*, EU Kids Online, London: 2011.

② Livingstone, S. & Helsper, E. J., "Taking Risks When Communicating on the Internet:The Role of Offline Social-psychological Factors in Young People's Vulnerability to Online Risks", *Information, Communication & Society*, vol. 10, no.5, 2007, pp.619–644.

③ Davidson, J. et al., *European Online Grooming Project- Final Report*, March, 2012.

④ Mitchell, K.J., Ybarra, M. & Finkelhor, D., "The Relative Importance of Online Victimization in Understanding Depression, Delinquency, and Substance Use", *Child Maltreatment*, vol.12 , no.4, 2007, pp.314–324; Wolak, J. Finkelhor, D. &Mitchell, K.J., "Internet-initiated Sex Crimes against Minors: Implications for Prevention Based on Findings from a National Study", *Journal of Adolecent Health,* vol.35, no.1, 2004, pp.11–20; Wolak, J., Finkelhor, D., Mitchell, KJ. et al., "Online 'Predators' and Their Victims", *American Psychologist,* vol.63, no.2, 2008, pp.111–128.

2. 情感孤独的青少年易于被网络诱拐

社会脆弱性也是青少年易于被网络诱拐的至关重要的因素。社会脆弱性的一个重要特征是情感上的孤独。诱拐者的目标往往是那些看起来孤立的孩子，或者是同龄人中的"局外人"。[①] 这进一步满足了网络诱拐者的需要，因为年轻人不太可能被他们的朋友警告或分心。那些在社交活动中挣扎、几乎没有朋友、感觉被疏远的年轻人更容易受到网上性诱拐。[②] 孤独或害羞的年轻人可能会利用在线聊天室与他人交流，帮助弥补他们线下的社交困难。[③] 聊天室的使用增加了青少年网络诱拐的风险性。[④] 认识到青少年这种孤独和需要关注的罪犯，可以利用这种孤独来进行网络诱拐。[⑤] 而且那些在情感上感到孤独的人很可能缺乏必要的社会支持，在面对消极事件时较少表现出弹性和恢复力。[⑥]

3. 喜欢冒险的青少年易于被网络诱拐

青少年天生缺乏经验，追求刺激，冲动和冒险。[⑦] 当这与他们在网络环境中探索性冲动的倾向相结合时，他们在网络上可能会特别脆弱。[⑧] 网上冒

---

① Webster, S., et al., European Online Grooming Project Final Report, European Union. Retrieved on 21 April 2012, via:http://www.european-online-grooming project.com/.

② Wells, M. & Mitchell, K. J., "How do High Risk Youth Use the Internet? Characteristics and Implications for Prevention", *Child Maltreatment*, vol.13, no.3, 2008, pp.227-234; Wolak, J., Finkelhor, D. &Mitchell, K.J., "Internet-initiated Sex Crimes against Minors: Implications for Prevention Based on Findings from a National Study," *Journal of Adolecent Health*, vol.35, no.1, 2004, pp.11-20.

③ Peter, J., Valkenburg, P.M. & Schouten, A.P., "Characteristics and Motives of Adolescents Talking with Strangers on the Internet", *Cyberpsychology & Behavior*, vol.9, no.2, 2006, pp.526-530.

④ Mitchell, K.J., Finkelhor, D. & Wolak, J., "Youth Internet Users at Risk for the Most Serious Online Sexual Solicitations", *American Journal of Preventive Medicine*, vol.32, no.3, 2007, pp.532-536.

⑤ Peter, J., Valkenburg, P. M. & Schouten, A. P., "Characteristics and Motives of Adolescents Talking with Strangers on the Internet", *Cyberpsychology & Behavior*, vol.9, no.5, 2006, pp.526-530.

⑥ Berson, I.R., "Grooming Cybervictims: The Psychosocial Effects of Online Exploitation for Youth", *Journal of School Violence*, vol.2, no.1, 2003, pp.5-18.

⑦ Atkinson, C. & Newton, D., "Online Behaviours of Adolescents: Victims, Perpetrators and Web 2.0", *Journal of Sexual Aggression*, vol.16, no.1, 2010, pp.107-120.

⑧ Wolak, J., Finkelhor, D.&Mitchell, K.J, et al., "Online 'Predators' and Their Victims", *American Psychologist,* vol.63, no.2, 2008, pp.111-128.

险行为是决定青少年是否可能被网络诱拐的重要风险因素。喜欢从事危险行为的青少年，尤其容易受到网络诱拐的伤害。[1]

（三）青少年的网络接触习惯

花在网络上的时间越多，或通过互联网或聊天室与陌生人接触，都有可能会增加青少年网络诱拐的风险。[2] 特别是未成年人在网上以任何方式提及性，在网上显示"有问题"或"顺从"的孩子，以及网名看起来很年轻[3]，容易引发诱拐者的兴趣。

（四）网络诱拐的家庭影响因素

1. 父母的受教育程度比收入更能影响青少年的网络诱拐

父母的受教育程度比收入更能影响青少年的网络诱拐。研究表明，父母受过良好教育的青少年较少成为网络诱拐的受害者。[4] 此外，单亲家庭或重组家庭的青少年也比原生家庭的青少年更易被网络诱拐。[5]

2. 积极的家庭教养方式可以降低网络诱拐的风险

父母对年轻人上网的参与和监控似乎是一个保护性因素，因为有父母监督他们上网的青少年，与其他青少年相比，网络上的负面事件较少。那些意识到自己的父母在监控他们的互联网使用的年轻人，在网上进行性对话和性活动比那些父母没有监控的人少。这一发现表明，父母的监督可能会让青少年注意到网上的潜在风险。积极的育儿方式可以降低网络诱拐的风险。

---

① Mitchell, K. J., Finkelhor, D. & Wolak, J., "Youth Internet Users at Risk for the Most Serious Online Sexual Solicitations", *American Journal of Preventive Medicine*, vol.32, no.6, 2007, pp.532－536.

② Wolak, J., Finkelhor, D., Mitchell, K. J. & Ybarra, M. L., "Online 'Predators' And Their Victims: Myths, Realities, and Implications for Prevention and Treatment", *Psychology of Violence*, vol.63, no.1, 2010, pp.13-35.

③ Santisteban, P. D. et al., "Progression, Maintenance, and Feedback of Online Child Sexual Grooming: A Qualitative Analysis of Online Predators", *Child Abuse & Neglect*, vol.80, no.1, 2018, pp.203-215.

④ Mitchell, K. J., Finkelhor, D. & Wolak, J., "Youth Internet Users at Risk for the Most Serious Online Sexual Solicitations", *American Journal of Preventive Medicine*, vol.32, no.6, 2007, pp.532-536.

⑤ Lauritsen, J., *How Families and Communities Influence Youth Victimization*, Washington DC:US, Office of Juvenile Justice and Delinquency Prevention, 2003, p.17.

3. 亲子关系差的孩子容易被网络诱拐

研究表明，与父母关系不好①、家庭功能失调②、缺乏家庭凝聚力③、对家庭满意度较低的青少年更容易被诱拐。因此，被父母疏远、与父母发生冲突或有家庭困难的青少年很容易受到网络诱拐。④因为这些年轻人可能想寻求成年人的同情、关注或反馈⑤，网络诱拐者恰好可以利用这一点。

4. 父母适度介入，可以降低网络诱拐的风险

父母对青少年网络使用的参与和监控似乎是一种保护因素，因为有父母监督他们使用网络的年轻人比其他年轻人经历更少的负面网络事件。⑥那些知道父母监视他们上网的青少年，比那些父母不监视他们上网的青少年更少参与网上的性对话和活动。⑦积极的父母介入方式，可以起到保护作用因素，降低网络诱拐的风险。

---

① Jack, S., Munn, C., Cheng, C. & MacMillan, H., *Child Maltreatment in Canada: Overview Paper*, Ottawa: Public Health Agency of Canada, 2006.

② Olson, L.N., Daggs, J. L., Ellevold, B. L. & Rogers, T. K. K., "Entrapping the Innocent: Toward a Theory of Child Sexual Predators' Luring Communication", *Communication Theory*, vol.17, no.3, 2007, pp.231–251.

③ Stith, S.M. et al., "Risk Factors in Child Maltreatment: A Meta-analytic Review of the Literature", *Aggression and Violent Behavior*, vol.14, no.1, 2009, pp.13–29.

④ Mitchell, K. J., Finkelhor, D. & Wolak, J., "Youth Internet Users at Risk for the Most Serious Online Sexual Solicitations", *American Journal of Preventive Medicine*, vol.32, no.3, 2007, pp.532–536; Wells, M. & Mitchell, K.J., "How do High Risk Youth Use the Internet? Characteristics and Implications for Prevention", *Child Maltreatment*, vol.13, no.3, 2008, pp.227–234; Wolak, J., Finkelhor, D. &Mitchell, K.J., "Internet-initiated Sex Crimes against Minors: Implications for Prevention Based on Findings from a National Study", *Journal of Adolecent Health,* vol.35, no.1, 2004, pp.11–20; Wolak, J., Finkelhor, D.& Mitchell, KJ., et al., "Online 'Predators' and Their Victims", *American Psychologist*, vol.63, no.2, 2008, pp.111–128.

⑤ Webster, S., Davidson, J., Bifulco, A., Gottschalk, P. &Caretti, V. et al., European Online Grooming Project Final Report, European Union, Retrieved on 21 April 2012, via:http://www.european-online-grooming project.com/.

⑥ Soo, D., "Specific Behavioural Patterns and Risks for Special Groups of Becoming a Victim?" In *Online Behaviour Related to Child Sexual Abuse: Literature Report,* M. Ainsaar, & L. Lööf (Eds.), European Union and Council of the Baltic Sea States: ROBERT Project (Risktaking Online Behaviour Empowerment Through Research and Training), 2012, p.1.

⑦ De Graaf, H. & Vanwesenbeeck, I., *Sex is a Game.* Wanted and Unwanted Sexual Experiences of Youth on the Internet (Project no. SGI014). Utrecht, NL: Rutgers Nisso Groep, 2006, p.25.

四、结论与讨论

网络为网络诱拐者提供了一个接触受害者的获取途径。在互联网上，诱拐者同时接触大量的潜在受害者，形成初步的说服策略。随后，对青少年所处的环境和脆弱性进行研究，了解了青少年的情感需求，制定出适应儿童需要的一种或多种说服策略，最大限度地增加他们与孩子接触成功的机会。说服策略是在网络诱拐过程中逐步形成的。说服的作用是积极地让孩子参与进来，从而避免暴露。

另外，网络诱拐者提供了一个复杂、孩子们能沉浸在其中的人际关系框架。在很多情况下，孩子们几乎没有能力意识到这种关系对他们的负面影响。研究个体因素（如青少年的抑郁症状）和情境因素的重要性（如缺乏父母的监督）及相互作用的方式，制定出相应的防范策略，可以使青少年降低网络诱拐的风险。

第四章　青少年面临的行为风险

第一节　网络霸凌：看不见的拳头

网络行为风险包括青少年作为网络活动的犯罪者或受害者所面临的风险，而网络霸凌是近年来呈快速普及的网络行为风险类型之一。

一、网络霸凌：青少年网民的新困境

最近一段时间，韩星崔雪莉自杀事件、《少年的你》的热播，都使"网络（校园）霸凌"一词不断地出现在公众视野里。特别是近年来随着社交媒体的日益普及，网络霸凌迅速成为全球普遍存在、严重的社会问题。研究显示，美国40%青少年遭遇过网络霸凌[1]；14%的加拿大学生在过去一个月内曾受到一次或多次网络霸凌[2]；欧盟国家的调查发现，18%的欧洲儿童曾遭遇网络霸凌或骚扰；在英国，20%的7—11岁儿童遭遇过网络霸凌；在澳大利亚，约有5%的小学生和8%的中学生遭受过网络霸凌；新加坡的一项对537名青少年的调查发现，51%者声称遭遇过网络霸凌；印度尼西亚高中生

---

① Hinduja, S. & Patchin, J.W., "Bullying, Cyberbullying, and Suicide", *Archives of Suicide Research*, vol.14, no.3, 2010, pp.206–221.

② Beran, T., Mishna, F., McInroy, L. B., et al., "Children's Experiences of Cyberbullying: A Canadian National Study", *Children & Schools*, vol.37, no.4, 2015, pp.207–214.

的研究发现，90% 左右的曾经受到或正在受到网络霸凌的危害①……网络霸凌带来了一系列严重的社会心理问题，如压力、抑郁、低自尊、糟糕的学业表现，甚至是自杀。②

在影响网络霸凌的众多因素中，家庭环境因素不容忽视，它在网络霸凌的发生和预防中起着至关重要的作用。因为九成以上未成年人经常上网的地点是家庭③，是其网络行为与网络态度养成的首要场景，也是反网络霸凌最能着力的情境，家长在青少年的反网络霸凌中正扮演着越来越积极的角色。可是长期以来，研究者主要从影响网络霸凌的个人特征着手，探讨其发生机制，而忽略了社会环境因素——家庭的重要作用。由于网络霸凌行为在现实中多发生在青春期，对处于青春期的青少年伤害最大。因此，本研究聚焦青春期群体，试图从家庭因素入手，探讨父母介入、家庭沟通模式对于青春期网络霸凌的影响。

（一）网络霸凌的界定及特征

传统的青少年霸凌主要发生在校园；近年来，随着互联网的普及发展，欺凌者开始利用网络进行霸凌，扩大了霸凌目标的可及性，并增强了伤害行为的效力。网络霸凌案件的持续上升，使其逐渐成为大众关注的焦点。④

---

① Safaria, T., "Prevalence and Impact of Cyberbullying in a Sample of Indonesian Junior High School Students", *Tojet*: *The Turkish Online Journal of Educational Technology*, vol.15, no.1, 2016,pp.82–90.

② Holloway, D., Green, L. & Livingstone, S. *Zero to Eight: Young Children and Their Internet Use*. *London: LSE, EU Kids Online*, EU Kids Online, https://doi.org/10.1186/1479–5868–10–137, 2013; Kowalski, R. M., Giumetti, G. W., Schroeder, A. N. & Lattanner, M. R., "Bullying in the Digital Age: A Critical Review and Meta–analysis of Cyberbullying Research among Youth", *Psychological Bulletin*, vol.140, no.4, 2014, pp.1073–1137; O' Moore, M. & Kirkham, C., "Self–esteem and Its Relationship to Bullying Behaviour", *Aggressive Behavior*, vol.27, no.4, 2001, pp.269–283.

③ 共青团中央、中国社会科学院及腾讯公司：《中国青少年互联网使用及网络安全情况调研报告》，2018 年 5 月 31 日，见 http://tech.cnr.cn/techgd/20180531/t20180531_524253869.shtml。

④ 祝玉红、陈群、周华珍：《国外网络欺凌研究的回顾与最新进展》，《中国青年研究》2014 年第 11 期。

1. 网络霸凌的定义

"网络霸凌（cyberbullying）"一词来源于英文单词"bully"。"bully"意指"行为人试图控制、恐吓或孤立受害人，而恶意、反复地进行具有污辱、威胁或骚扰等意味的行为"。[①]

较早关注青少年网络霸凌的研究者是加拿大学者比尔·贝尔塞（Bill Belsey），他从 1999 年开始关注欺凌，随后又创立了专门的关注儿童网络霸凌的网站（www.cyberbullying.ca）。贝尔塞将网络霸凌界定为："个人或群体凭借传播技术故意、重复地实施旨在伤害他人的敌对行为。"[②]

美国"全国预防犯罪委员会"将"网络霸凌"定义为：互联网、手机或其他设备被用于发送或张贴文字、图片或图像，有意伤害别人或使其尴尬，便构成了网络霸凌行为。美国政府于 2009 年出台的《梅根·梅尔网络欺凌预防法》将"网络霸凌"解释为：任何人在跨州或跨国交往中，出于威逼、恐吓、骚扰他人或对他人造成实质精神困扰目的而通过电子通信媒介传播的严重、反复、恶意的行为。[③]

英国政府根据本国的实际情况，指出，"网络霸凌"是由某个个人或群体利用电子媒介连续不断地针对无法保护自身的受害者所实施的攻击性、故意的行为。[④]

日本文部科学省对"网络霸凌"的界定是通过电脑或手机，在网站留言板上诽谤、中伤他人的留言，或利用电子邮件等方式对其进行霸凌的行为。[⑤]

---

① Olweus, D., *Bullying at School: What We Know and What We Can Do*, Oxford, UK; Cambridge, MA: Blackwell, 1993, p.5.

② Belsey, B., Cyberbullying, [2015-06-28], http://www.cyberbullying.org/2015-06-28.

③ Congress.Gov.H. R., 1966-Megan Meier Cyberbullying Prevention Act.[2016-04-18], https://www.govtrack.us/congress/bills/111/hr1966.

④ Gov.UK., What is cyber- bullying?[2017-07-04], http://www·dfes.gov.uk/bullying/cyberbullying_what is.shtml.

⑤ 日本文部科学省：《应对网络欺凌指南和事例集（面向学校和教师）》，2011年8月17日，见 http://www.mext.go.jp/b_menu/houdou/2011/08111701/OOl.pdf。

从上述定义可以看出，"网络霸凌"的概念还是从传统霸凌的定义中延伸出来，具有传统霸凌的特点：有意性、反复性、伤害性。但是新型的霸凌还具有以下特点：（1）通过电子媒介，而不是面对面的传统霸凌形式；（2）隐匿性。

2. 网络欺凌的特征

（1）途径更多，形式多样，实施更容易

与传统霸凌相比，网络霸凌的途径更多，短信、彩信、飞信、即时通信（QQ、微信）、聊天室、网站、微博、网络游戏等均可以成为网络霸凌的传播途径，形式更加多样，文字、图片、音频、视频等均能在网络上传播。

（2）持续时间更长，范围更广

在传统霸凌中，受害者可以通过逃离现场（回家、放学、逃学或转学）来防止自己受到进一步伤害。可是网络霸凌却是不受时空限制，无时不在，无处不在，可以用无休止地欺凌（non-stop bullying）来形容网络霸凌。

受到的网络欺凌的青少年常常难以藏身，来自世界各地的霸凌者每时每刻都可能在网上跟帖、发帖、发信息、写评论以霸凌受害者。

（3）强扩散性，危害更大

由于网络传播的速度更快，传播霸凌内容可以不受时空的限制而被网民浏览和下载，那些令受害者尴尬甚或厌恶的信息会在极短时间内一传十、十传百，引发网络上更多人的围观，甚至参与到网络霸凌当中，帮助转发与散播负面信息，使其进一步扩大。

（4）更具隐蔽性，监控更难

网络霸凌比传统欺凌具有更强的隐蔽性。先进的电子信息技术的支持，使得网络霸凌可以使用移动 IP 地址、匿名使用临时电子邮件账号，匿名在聊天室交流，运用即时通信软件和其他手段来掩盖自己的身份进行霸凌。要找到网络传播源头非常困难；而且因为发生在网络虚拟世界，家长和老师更难知晓；受害者不愿意向老师或家长反映，生怕父母因此禁止他们上网或使用手机。

综上，由于网络霸凌的多样性、隐匿性、超时空性和强扩散性的特征，其后果更严重，危害程度更深远。

（二）网络霸凌的形式与媒介

1. 网络霸凌的表现形式

网络霸凌的表现形式大致可以分为以下七类。[①]

（1）情绪失控（flaming）：向网上的群体或个体不断地发送粗鄙、低俗的信息。这是由于不同意或误解了别人所说观点，与之争辩而形成的正面对抗。例如美国少女凯西（Kathy）与伙伴们在网上发生争执，伙伴们不断地用粗鲁、下流的语言谩骂她是"荡妇、妓女、母狗"等。

（2）网络骚扰（online harassment）：通过个人通信手段，如电子邮件或短信方式反复不断地向他人发送侮辱性、性暗示、令人难堪、使人烦恼的信息。

（3）网络盯梢（cyberstalking）：通过网络一对一地发送伤害性、恐吓性的或过分暧昧的言语，使其为自身或家人的人身安全而担忧。如汤姆（Tom）发邮件威胁杰克，说要让杰克（Jack）去死。

（4）网络诋毁（denigration）：在网上散播针对某人贬损、不真实或侮辱性的信息或将这些资料上传到网上，从而贬低他人声誉。

（5）网络伪装（masquerade）：盗用他人的账号或密码，或冒用他人的身份在网上发布一些有损害该人形象或声誉的信息。

（6）披露隐私（outing）：未经他人同意，就在网上发布他人的敏感、私密或尴尬的资料、图片、音视频，俗称"起底"。如15岁的加拿大高中生吉斯林·拉扎（Ghyslain Raza）模仿"星球大战"自拍了一部舞棍短片，在学校的电视演播室里播放，却被两个同学上传到网上。这段短视频迅速成为互联网下载频率最高的短片，很多网友在网上嘲笑他身材肥胖、动作笨拙，给他带来极大的困扰。

（7）在线孤立（exclusion）：不管是在网络上或是在真实世界里，青少年

---

① Willard, N.E., *Cyberbullying and Cyberthreats: Responding to the Challenge of Online Social Aggression, Threats and Distress*, Champaign: Research Press, 2007, pp.101-108.

总是很清楚地知道自己有没有被纳入团体中。社会心理学家认为人们有基本的需求,需要加入其他人的团体。毫无疑问,无论是在真实世界或是在网络上被排斥,都会给青少年带来严重的情绪影响,在精神上彻底地毁掉他。而在线孤立是指故意在聊天室或虚拟社区中不理睬或冷言冷语孤立、排挤某人,使之孤立。如霸凌者在网络社区发起投票,票选"班上十大丑女""年级十大丑男""群里最不受欢迎的人"等,造成对方心理伤害。

2. 网络霸凌的媒介

按照维拉德(Willard)的分类方式,网络霸凌常用的媒介有以下9种。[①]

(1)即时通信(instant messaging)

即时通信霸凌是指利用即时通信手段(如微信、QQ、MSN等),通过文字、图片、视频等形式向受害者发送欺凌信息。

(2)电子邮件(electronic mail)

电子邮件(E-mail)是网络霸凌最常见的工具,只需一个电子邮件就能够发送或群发令人尴尬的图片资料,达到侮辱、恐吓、威胁的目的。因为申请免费电子邮件信箱并不需要填写真实的个人资料,所以很难追查网络霸凌者的身份;网络霸凌者还可以假冒受害者,用其邮箱注册色情或营销网站账号,使其收到海量的骚扰邮件。

(3)文字讯息(text messaging)

通过手机等通信设备发送威胁、恐吓、侮辱等人身攻击的短信息。

(4)社群网站(social network)

设立含有性暗示或蓄意丑化的受害者信息或照片的专题网站,并公开受害者联络信息。

(5)聊天室(chatrooms)

由于网络的匿名性特点,使得青少年可以毫无拘束地在聊天室畅所欲言,获得心灵的支持,甚至是自我想象空间的满足。然而聊天室也有缺点,

---

① Willard, N.E., *Cyberbullying and Cyberthreats: Responding to the Challenge of Online Social Aggression*, *Threats and Distress*, Champaign: Research Press, 2007, pp.101-108.

通常大家都会使用昵称来代表个人，虽然需输入一些个人资料才可以申请，但未必申请的人会填写真实的资料，故可能有些人会在聊天室中有意地诋毁、攻击特定的对象，或是在聊天室里排挤、孤立某个人，甚至是在聊天室里发生谩骂论战，产生不必要的困扰。

（6）博客（blog）、微博（microblog）或视频网络日志（Vblog）

博客、微博或视频网络日志是以网络日志的形式作为记录的方式，记录的题材与内容并不设限。常见的网络霸凌手法有：在自己的微博上嘲笑、攻击某个体或某群体；进入被害者的微博进行人身攻击和辱骂；被抛弃的男朋友或是女朋友在视频网络日志上张贴一系列前男友或是前女友不雅的内容、照片、视频；再加入其他朋友负面的评论或批评的言论。

（7）网站（websites）

建立网站并不会直接与搜寻引擎做联结，然而为了其他的用途（如从事拍卖网站或是班级网站等），为了方便搜寻到网站的首页，会在设立网站时留下个人的联系方式（如电子邮件或是联络电话等）。然而在别有用心人士利用下，很可能成为网络霸凌的参考资料，如在班网投票最胖的同学或是最丑的女孩。因为网站首页能在搜寻引擎里找得到，使得网络霸凌对受害者的影响较传统校园霸凌来得大。

（8）网络论坛（BBS）

与聊天室是很类似的，但是聊天室提供人们彼此之间可以直接聊天的即时性互动，网络论坛则没有这样的功能。网络论坛比较像是网络投票站，是静态的，网友想要浏览网络论坛的时候，才会登入账号或是进入网络论坛里寻找他想浏览的议题。事实上，人们在 BBS 上是可以张贴任何人或是任何议题的讯息。因此，网络霸凌者可以在论坛、网络社区等发布侮辱、诽谤受害者的帖子。

（9）线上游戏（internet gaming）

常见的网络游戏类型可以分为三类：在线游戏（online game）、撮合式游戏（match game）、回合式游戏（round game）。不论是小游戏或是较复杂的游戏，都能在网络上与其他玩家一起玩，然而许多角色扮演的网络游戏里，不时会有与匿名玩家互动的机会。在玩家互动之间可能隐藏着危机,例如玩家之间因为太过投入游戏里的角色,情绪表达极端化,对他的对手的言论更具语言侮辱性和攻击性,抑或在与其他玩家合作的过程中发生争执等;甚至封杀游戏玩家,抑或非法入侵受霸凌者的游戏账号。

在这九种形式中,电子邮件、文字讯息霸凌属于私密的网络霸凌,主要是通过私密的通信手段攻击受害者,一般不容易被周围人所察觉;聊天室、BBS和特定网址都属于公开的网络霸凌,即霸凌者将侵权信息发布在公共平台上,煽动网友对其进行辱骂、施压,因有大量的围观者和接力者,因此造成的危害更大;而即时通信欺凌既可以是私密行为,如霸凌者直接与受霸凌者进行一对一的聊天欺凌;也可以是公开行为,如在群里发布诽谤造谣、侮辱受霸凌者的信息。

(三)网络霸凌中的角色与成因

1.网络霸凌的角色特征

网络霸凌中的角色群体可以根据不同的行为类型分为四类:霸凌者、受害—霸凌者、受霸凌者和旁观者。

霸凌者:其行为特征表现为想要控制他人,让自己感觉强大;具有强烈的控制欲,从伤害他人过程中获得一种满足感和权力感;经常为自己的行为辩护,说自己是被受霸凌者激怒的。

受害—霸凌者:指那些在受到霸凌后成为霸凌者的青少年。他们通常具有抑郁症状,在学校往往表现不好,具有问题行为;他们通常被人孤立,朋友很少,与同学的关系也不融洽,是传统霸凌的受害者。

受霸凌者:其特征是低自尊和不安全感。他们往往也具有抑郁症状,社交上被孤立、被动消极、身体弱小。他们通常有过度保护的父母,由于父母的过度保护妨碍了他们掌握应有的应对技能。

旁观者:网络霸凌的旁观者角色要比传统霸凌要多得多,而且更加复杂多元,任何网民都有可能成为网络霸凌事件的旁观者,而在传统霸凌中,可能只有十来个人旁观霸凌行为。

2. 网络霸凌的成因

（1）网络去抑制效应（disinhibition effect）

网络去抑制效应是青少年网络霸凌发生的第一个主要影响因素。网络去抑制效应是指由于网络交往的匿名性与虚拟性，使网民在网络这个虚拟世界里很容易放松自我，不像真实世界中那样会约束自己的作为，暴露出更多的"本我"。这种普遍存在的现象被称为去抑制效应。这种去抑制效应导致了网络中的道德失范，青少年误把网络世界当作一个不受约束的虚拟世界，变得越来越缺乏责任感和富有攻击性。因为他们知道由于网络匿名性的特性，很难追究网络霸凌者，因此误认为不需要为自己的言行负责，这就助长了青少年的网络霸凌行为。

（2）青春期的压力释放和成就动机

青少年阶段是人生的特殊阶段，在这一阶段，他们的生理迅速成熟，但是心理发展却相对落后。因此，他们具有半成熟、半幼稚性的特点，容易产生独立意识和逆反心理。他们渴望表达、宣泄自己的情感，寻求刺激。这种身心发展的不平衡导致了他们容易发生矛盾和冲突，并把这些矛盾冲突通过霸凌行为释放出来。

很多研究发现，网络霸凌者参与霸凌的一个重要原因是觉得"有趣好玩"，因此网络霸凌通常被青少年描述为"同学之间的开玩笑""闹着玩"或"恶作剧"，他们无法预估自己的网络霸凌行为可能给受害者带来的负面影响。因此，网络霸凌者通过在网络上分享自己的霸凌行为（通过图片或视频直播网络霸凌），以炫耀自己的"辉煌战绩"，得到同伴的"赞许"，得到压力释放，并获得一种控制他人的成就感。

（3）父母交互作用的缺乏

父母交互作用的缺乏是青少年网络霸凌发生的重要因素，具体体现在以下几方面。

首先，父母缺乏对青少年网络使用的介入。本研究发现，父母对青少年的网络使用介入较少。

其次，青少年缺乏对父母的信赖。本研究发现，很多青少年不太愿意向父母讲述自己遭受网络霸凌的经历（只有 19.3% 告诉父母，9.7% 会告诉老师，2.4% 会告诉亲戚）。

再次，糟糕的亲子关系。已有研究发现，糟糕的亲子关系与在线霸凌存在显著的相关性。亲子之间情感纽带薄弱的青少年从事网络霸凌的可能性要高出强有力亲子情感关系青少年的 2 倍。[①]

二、文献回顾与研究假设

相比传统霸凌，网络霸凌具有以下特点：（1）从表现形式上看，传统霸凌主要是通过面对面进行霸凌，而网络霸凌则是通过网络进行，形式更加多样，包括公开隐私、网络诋毁、在线孤立、网络侵扰、网络盯梢等形式[②]。（2）在霸凌时空上，网络霸凌行为可以随时随地发生，超越了传统霸凌发生的时空局限。（3）在霸凌后果上，网络霸凌的后果具有不易消除特征，可能造成更严重的后果。（4）网络霸凌具有匿名性和隐蔽性。[③]

之所以会发生网络霸凌，是因为霸凌工具的便捷性、匿名性带来的低责任感、成人监控的缺失、霸凌者的压力释放和成就感、法律真空。[④] 影响网络霸凌的因素包括：（1）个人因素：道德推脱、自恋、抑郁正向预测网络霸凌。[⑤]

---

①　Ybarra, M. & Mitchell, K., "Youth Engaging in Online Harassment: Associations with Caregiver-child Relationships, Internet Use and Personal Characteristics", *Journal of Adolescence*, vol.27, no.3, 2004, pp.319–336.

②　Willard, N. E., *Cyberbullying and Cyberthreats: Responding to the Challenge of Online Social Aggression*, *Threats and Distress*, Champaign: Research Press, 2007, pp.101–108.

③　李醒东、李换：《网络欺负——悄然兴起的校园暴力》，《教育科学研究》2010 年第 7 期。

④　陈钢：《网络霸凌：青少年网民的新困境》，《青少年犯罪问题》2011 年第 4 期。

⑤　Almeida, A., Correia, I., Marinho, S. et al., "Virtual but not Less Real: a Study of Cyberbullying and its Relations to Moral Disengagement and Empathy", In *Cyberbullying in the Global Playground: Research from International Perspectives*, Li, Q., Cross, D. and Smith, PK.（eds）,Chichester:Wiley–Blackwell, 2012, pp.223–244; Braithwaite, V., Ahmed, E. & Braithwaite J., "Workplace Bullying and Victimization: the Influence of Organizational Context, Shame and Pride", *International Journal of Organizational Behaviour*, vol.13, no.2, 2009, pp.71–94; Low, S. & Espelage, D., "Differentiating Cyber Bullying Perpetration from Non–physical Bullying: Commonalities across Race, Individual, and Family Predictors", *Psychology of Violence*, vol.3, no.1, 2013, pp.39–52; 胡阳等：《青少年网络受欺负与抑郁：压力感与网络社会支持的作用》，《心理发展与教育》2014 年第 2 期。

自尊、情感管理、自我效能感与网络霸凌呈负相关关系。[①]（2）环境因素：社会模式（主观规范、描述性规范和强制性规范）与网络霸凌呈负相关关系。[②]（3）媒介因素：如风险信息技术使用。[③]

随着网络技术的发展，网络霸凌成为了一个普遍性的社会问题，造成了一系列负面影响：如身心健康，产生孤独自闭、抑郁、反社会行为、影响学业和自杀等后果。[④]面对网络霸凌，可以从社会、企业、学校、家庭四个

[①] Brewer, G. & Kerslake, J., "Cyberbullying, Self-esteem, Empathy and Loneliness", *Computers in Human Behavior,* vol.48, no.1, 2015, pp.255-260; Kellerman, I. Margolin, G. &Borofsky, LA. et al., "Electronic Aggression among Emerging Adults Motivations and Contextual Factors", *Emerging Adulthood*, vol.1, no.4, 2013, pp.293-304; 陈萌萌等：《移情对中学生网络霸凌的抑制：性别、年级的调节作用》，《中小学心理健康教育》2016 年第 1 期；Chang, FC., Chiu, CH., Miao, NF. et al., "Online Gaming and Risks Predict Cyberbullying Perpetration and Victimization in Adolescents", *International Journal of Public Health*, vol.60, no.2, 2015, pp.257-266; DePaolis, K. & Williford, A., "The Nature and Prevalence of Cyber Victimization among Elementary School Children", *Child & Youth Care Forum*, vol.44, no.3, 2015, pp.377-393.

[②] Bastiaensens, S., Pabian, S. &Vandebosch, H. et al., "From Normative Influence to Social Pressure: How Relevant Others Affect Whether Bystanders Join in Cyberbullying", *Social Development*, vol.25, no.1, 2015, pp.193-211; Heirman, W. & Walrave, M., "Assessing Concerns and Issues about the Mediation of Technology in Cyberbullying", *Journal of Psychosocial Research on Cyberspace*, vol.2, no.2, 2008, pp.1-12.

[③] Festl, R., Scharkow, M. & Quandt, T., "Peer Influence, Internet Use and Cyberbullying: A Comparison of Different Context Effects among German Adolescents", *Journal of Children and Media, vol.*7, no.4, 2013, pp.446-462.

[④] Kowalski, RM. et al., "Cyber Bullying among College Students: Evidence from Multiple Domains of College Life", In *Misbehavior Online in Higher Educatio,* Wankel, LA. and Wankel, C.（eds）, Bingley: Emerald Group Publishing Limited, 2012, pp. 293-321; Patchin, JW. and Hinduja, S., "Cyberbullying and Self-esteem", *Journal of School Health*, vol.80, no.12, 2010, pp.614-621; Low, S. & Espelage, D., "Differentiating Cyber Bullying Perpetration from Non-physical Bullying: Commonalities across Race, Individual, and Family Predictors", *Psychology of Violence*, vol.3, no.1, 2013, pp.39-52. 汪耿夫等：《安徽省中学生网络霸凌与自杀相关心理行为的关联研究》，《卫生研究》2015 年第 11 期。

层面①,从政府②、警察、网络技术开发人员③、学生④、家长⑤、教师⑥等入手解决网络霸凌问题。

综上,首先,已有网络霸凌研究更多的是偏重描述性和经验性的一般性推论,而非实证的、严格的因果推导的实证研究;其次,即使是少数实证研究,也主要是从心理学的理论视角,聚焦影响网络霸凌的个人因素⑦,而忽略了影响网络霸凌的社会环境因素,如家庭环境;再次,由于抽样样本的便利性,大多数样本选择的是大学生,而忽略了青春期群体。这些都为本研究留下广阔的空间。

因此,本文提出如下研究假设:

RQ1:青春期网络霸凌/受霸凌的现状及影响因素

国外一些研究发现,青少年的年龄、性别等生理特征是影响网络霸凌的风险因子⑧;但结果不尽相同。有研究以12—20岁的青少年为调查对象,

---

① 李静:《青少年网络霸凌问题与防范对策》,《中国青年研究》2009年第8期;孙时进、邓士昌:《青少年的网络霸凌:成因、危害及防治对策》,《现代传播》2016年第2期。

② Stewart, D.M., Fritsch, E. J., "School and Law Enforcement Efforts to Combat Cyberbullying", *Preventing School Failure: Alternative Education for Children and Youth*, vol.55, no.2, 2011, pp.79–87.

③ Bhat, C.S., "Cyber Bullying: Overview and Strategies for School Counsellors, Guidance Officers, and All School Personnel", *Australian Journal of Guidance and Counselling*, vol.18, no.1, 2008, pp.53–66.

④ Harrison, T., "Cultivating Cyber– phronesis: a New Educational Approach to Tackle Cyberbullying", *Pastoral Care in Education*, vol.34, no.4, 2016, pp.232–244.

⑤ Pelfrey, W. V. &Weber, N. L., "Student and School Staff Strategies to Combat Cyberbullying in an Urban Student Population", *Preventing School Failure: Alternative Education for Children and Youth*, vol.59, no.4, 2015, pp.227–236.

⑥ Morgan, H., "Malicious Use of Technology: What Schools, Parents, and Teachers Can Do to Prevent Cyberbullying", *Childhood Education*, vol.89, no.3, 2013, pp.146–151.

⑦ 李伟、李坤、张庆春:《自恋与网络霸凌:道德推脱的中介作用》,《心理技术与应用》2016年第4期。

⑧ Ho, SS., Chen, L.&Ng, A., "Comparing Cyberbullying Perpetration on Social Media between Primary and Secondary School Students", *Computers & Education*, vol.109, no.3, 2017, pp.74–84; Walrave, M. &Heirman, W., "Cyberbullying: Predicting Victimization and Perpetration", *Children &Society*, vol.25, no.1, 2011, pp.59–72.

发现随着年龄的增长，网络霸凌发生的频率越来越低。[①]但是也有研究发现，在 10—15 岁的青少年群体中，年龄越大，使用手机或者网络频率越高，网络霸凌频率越高。[②]

性别也是影响网络霸凌行为的重要因素之一。研究发现，男生由于攻击性较强，且比女生能更好地应用信息技术，因而实施网络霸凌比例显著高于女生。[③]但也有不少研究显示，网络霸凌他人行为不存在性别差异，因为不同于传统霸凌使用身体暴力，网络给女生提供了更多实施攻击的途径，如言语或关系霸凌，而不需要使用身体暴力。[④]因此，本研究做出如下假设：

H1a：与初中生相比，高中生更容易成为网络霸凌者 / 受害者。

H1b：网络霸凌 / 受霸凌具有性别差异。

根据日常行为理论（Routine Activity Theory），个人自身的一些偏差或高风险的行为或生活特性，会增加他侵害或被侵害行为的可能性。[⑤]李等人（Lee, et al.）实证研究发现，网络使用的持续时间对网络犯罪有显著的影响。[⑥]青少年在网络上玩对抗性、攻击性的游戏，在寻求刺激感和满足感的同时，也增加了发生冲突的机会；而从事网络聊天、追剧和查找资讯等休闲

---

① Tokunaga, RS., "Following You Home From School: A Critical Review and Synthesis of Research on Cyberbullying Victimization", *Computers in Human Behavior*, vol.26, no.3, 2010, pp.277–287.

② Ho, SS., Chen L. &Ng, A., "Comparing Cyberbullying Perpetration on Social Media Between Primary and Secondary School Students", *Computers & Education*, vol.109, no.3, 2017, pp.74–84.

③ 汪耿夫等：《安徽省中学生网络霸凌与自杀相关心理行为的关联研究》，《卫生研究》2015年第11期。

④ Mishna, F., Khoury-Kassabri, M., Gadalla, T., et al., "Risk Factors for Involvement in Cyber Bullying:Victims, Bullies and Bully-victims", *Children and Youth Services Review*, vol.34, no.1, 2012, pp.63–70.

⑤ Cohen, L.E. and Felson, M., "Social Change and Crime Rate Trends: A Routine Activity Approach", *American Sociological Review*, vol.44, no.4, 1979, pp.588–608.

⑥ Lee, S., "An Empirical Study on Causes of Youth Deviance on Cyber-space", *Korean Criminological Review*, vol.57, no.1, 2004, pp.121–154.

活动，较少遭遇人际冲突。[①] 因此，本研究假设：

H1c：上网时间越长的孩子，越容易成为网络霸凌者/受害者。

H1d：上网目的为信息搜索的孩子，较少成为网络霸凌者/受害者。

台湾实验研究表明，网络安全素养能使青少年为自己在网络上的行为负责。[②] 因此，本研究假设：

H1e：网络安全素养低的孩子，更容易成为网络霸凌者/受害者。

H1f：网络受霸凌越多的孩子，越有可能成为网络霸凌者。

RQ2：当代家庭沟通状况如何？与网络霸凌/受霸凌的关联性何在？

已有家庭沟通模式研究发现，青少年的行为问题与家庭沟通之间有着密切的关系。家庭沟通越差，青少年表现出的问题行为越多。[③] 伊巴拉等人（Ybarra, et al.）通过对 1501 名 10—17 岁英国青少年进行调查，发现亲子关系和青少年网络霸凌行为有关，亲子关系较差的青少年有较多的网络霸凌行为。[④] 因此，本研究假设：

H2a：越强调服从定向沟通模式家庭的孩子，越容易成为网络霸凌者/受害者。

RQ3：父母介入状况如何？父母介入是否能够减少网络霸凌？

---

① 张珊珊等：《辽宁省中学生自尊与移情在孤独感与网络欺凌间的中介作用》，《卫生研究》2019年第 3 期。

② 欧阳间等：《儿童网路安全教育学习成效之评鉴》，台湾国际网路研讨会，2008年10月，第1—10页。

③ 王争艳、雷雳、刘红云：《亲子沟通对青少年社会适应的影响：兼及普通学校和工读学校的比较》，《心理科学》2004 年第 5 期。

④ Ybarra, M. & Mitchell, K., "Youth Engaging in Online Harassment: Associations with Caregiver-child Relationships, Internet Use and Personal Characteristics", *Journal of Adolescence*, vol.27, no.3, 2004,pp.319–336.

到目前为止，关于哪种父母介入策略，能够有效降低孩子上网风险的实证结果并不一致。因此，本研究假设：

H3a：父母的一般限制策略，能够减少孩子网络霸凌/受霸凌。

H3b：父母技术限制策略，能够减少孩子网络霸凌/受霸凌。

H3c：父母共同使用策略，能够减少孩子网络霸凌/受霸凌。

H3d：父母积极介入策略，能够减少孩子网络霸凌/受霸凌。

H3e：父母监管策略，能够减少孩子网络霸凌/受霸凌。

三、研究方法及变量测量

（一）研究方法

青春期（adolescence）是人生发展的一个特殊阶段，指的是由童年逐步发育到成年的过渡时期。世卫组织（WHO）将 10—19 岁年龄范围定为青春期。根据我国青少年的发育情况，通常把 12—18 岁这个年龄段划为青春期，这个认定正好与我中学阶段教育相吻合。因此，本研究通过分层整群抽样的方法选取青春期群体样本。具体抽样方法见绪论。

（二）变量测量

1. 网络霸凌/受霸凌。本研究采用国内常用的、由切廷等人（Cetin, et al.）编制修订的网络霸凌量表（cyberbullying scale）/网络受霸凌量表（cyberbullying victim scale）。[①] 两种量表均由网络言语霸凌（cyber verbal bullying）、隐匿身份（hiding identity）和网络伪造欺诈（cyber forgery）三个维度构成，各 12 个题项；均采用 5 级记分（"从来没有" = 1，"总是" = 5）。所有题项得分相加，得分越高表示霸凌/受霸凌情况越严重。经过试测，网络霸凌量表的 Cronbach α 系数为 0.90，网络受霸凌量表的 Cronbach α 系数为 0.86，具有良好的信效度。

2. 人口统计学变量。包括年级（初中 = 1，高中 = 0）、性别（男 = 1，

---

①   Cetin B., Yaman, E. &Peker, A., "Cyber Victim and Bullying Scale: A Study of Validity and Reliability", *Computers & Education*, vol.57, no.4, 2011, pp.2261–2271.

女＝0）。

四、青春期网络霸凌／受霸凌的现状及影响因素

（一）青春期网络霸凌／受霸凌的现状：青春期的普遍现象

调查表明，网络霸凌已成为青春期的一个普遍现象。

76.9% 青春期孩子网络霸凌过他人：其中很少霸凌占71.7%，偶尔霸凌占4.4%，1% 经常霸凌。最常见的四种网络霸凌形式是：在网上，当别人与自己意见不合时，我会攻击他们（M＝1.99，SD＝0.95）；在网上，我会给别人取绰号，嘲讽过他人（M＝1.63，SD＝0.87）；在网上，我使用过侮辱或不雅的语言（M＝1.59，SD＝0.83）；在网上隐瞒自己的身份信息，误导他人（M＝1.50，SD＝0.88）。

> 我们有QQ班群、段群，班上男生如果看某人不爽，就会孤立他，在网上骂他嘴贱、傻逼。（CW，男，16岁，高一）

> 我们班上两个女生抢一个男生，就会互相骂丑八怪、脑残，在公告上发布说她"人太自信，自己长得丑，还说很多人喜欢她"，会持续2—3个月。（GY，女，16岁，高一）

> 有个男生很让人讨厌，我会在网上用温柔的词骂他，因为温柔的词伤害最大。（ZS，女，15岁，初二）

82.1% 青春期孩子都遭遇过网络霸凌：其中很少发生的占60.8%，偶尔发生占18.3%，3% 经常遭遇。遭受网络霸凌最常见的四种形式是：在网络上曾有人匿名进入我的个人主页（M＝2.02，SD＝1.16）；曾有人试图对我进行网络诈骗（M＝1.82，SD＝1.04）；在网络上曾有人说过一些话使我难堪（M＝1.7，SD＝0.9）；在网络上曾有人对我使用侮辱或不雅的言辞（M＝1.7，SD＝0.9）。

面对网络霸凌，大部分网络霸凌受害者不会向大人报告受霸凌的事实（只有19.3% 青春期孩子会把网络霸凌的经历告诉父母，9.7% 会告诉老师，2.4% 会告诉亲戚），一是怕父母和老师担心；二是担心父母和老师知道了，会禁止他们上网。但是由于同龄人偏好效应，32.1% 青春期孩子会把网络霸凌

的经历告诉同学，向同龄人求助；13.6% 会告诉兄弟姐妹，8.5% 谁都不会说。

（二）青春期网络霸凌／受霸凌的影响因素

1. 影响青春期网络霸凌／受霸凌的个人因素

我们采用 OLS 分层回归，第一层输入人口特征变量（性别、年级），第二层输入网络使用变量（上网时长、上网目的、网络安全素养），第三层输入家庭沟通模式变量，第四层输入父母介入变量，来依次检验这些自变量对网络霸凌／网络受霸凌的影响。经过共线性检测，显示没有共线性问题。

表4-1　分层回归：影响青春期网络霸凌的因素（N=507）

自变量	网络霸凌			
	模型 1（人口特征）	模型 2（网络使用）	模型 3（家庭沟通模式）	模型 4（父母介入）
性别	−.024	−.044	−.046	−.034
年级	−.160***	−.086*	−.090*	−.134**
上网时长		.093*	.098*	.116**
网络消费目的		.008	.011	.015
社交活动目的		−.043	−.041	−.049
信息搜索目的		−.176***	−.162**	−.166**
网络安全素养		−.216***	−.221***	−.218***
对话定向			−.040	−.054
服从定向			.096*	.045
技术限制				.011
一般限制				.129**
监控				.157**
共用				.137
积极介入				−.140*
调整 R^2	.022	.117	.124	.174
F	6.642**	10.612***	8.947***	8.611***

注：* 表示 $p < 0.05$，** 表示 $p < 0.01$，*** 表示 $p < 0.001$。

表4-2 分层回归：影响青春期网络受霸凌的因素（N＝507）

自变量	网络受霸凌			
	模型 1（人口特征）	模型 2（网络使用）	模型 3（家庭沟通模式）	模型 4（父母介入）
性别	.031	.026	.023	.033
年级	−.098*	−.051	−.055	−.097*
上网时长		.114*	.122**	.139**
网络消费目的		.054	.059	.058
社交活动目的		.036	.039	.028
信息搜索目的		−.085	−.069	−.071
网络安全素养		−.066	−.082	−.081
对话定向			−.033	−.020
服从定向			.138**	.079
技术限制				−.064
一般限制				.133**
监控				.183***
共用				.042
积极介入				−.073
调整 R^2	.007	.037	.052	.093
F	2.760*	3.753***	4.073***	4.176***

注：* 表示 $p < 0.05$，** 表示 $p < 0.01$，*** 表示 $p < 0.001$。

（1）高中生更容易成为网络霸凌者 / 受害者

回归分析结果显示（见表 4-1、表 4-2），与初中生相比，高中生更容易成为网络欺凌者（$\beta = -.160$，$P < .001$）和受害者（$\beta = -.098$，$P < .05$）。这是因为青少年的低龄群体倾向于用身体暴力实施霸凌；随着年龄的增长，

高中生能够更熟练地使用网络，与陌生人的网络交往活动增多，网络人际关系更加复杂多元；而且随着生理上的迅速成熟，他们希望通过一些过激行为来证明自己，因而在网络上开展网络霸凌行为显著增多，网络受霸凌的风险也随之增加。假设 H1a 得到支持。

（2）网络霸凌／受霸凌不具有性别差异

回归分析结果表明（见表 4-1、表 4-2），青春期网络霸凌／受霸凌与性别不相关，即男女生网络霸凌／受霸凌的差异不显著。[①] 这是因为网络霸凌凭借网络技术和其匿名性开展霸凌行为，男生和女生在生理特征上的差异性被大大降低。假设 H1b 未得到支持。

（3）上网时长越长的孩子更容易成为网络霸凌者／受害者

当控制了人口特征变量之后（见表 4-1、表 4-2），上网时长越长的青春期孩子更容易成为网络霸凌者（$\beta = .093$，$P < .05$）和受害者（$\beta = .114$，$P < .05$）。这是因为上网时长越长，产生网络冲突的可能性增加，进行网络霸凌和遭受网络霸凌的概率增多。假设 H1c 成立。

（4）上网首要目的为信息搜索的孩子最不容易成为网络霸凌者，但并不能防止网络被霸凌

我们把上网目的（分类变量）转化为哑变量，以娱乐游戏目的为参照，放进线性回归模型。在控制人口特征变量之后（见表 4-1、表 4-2）发现，上网首要目的为信息搜索的青春期孩子网络霸凌率显著低于以娱乐游戏为目的的孩子（$\beta = -.176$，$P < .001$），而以社交活动、网络消费为首要目的的孩子的网络霸凌率与以娱乐游戏为目的的孩子并无显著性差异。网络受霸凌与上网目的不相关。这表明，上网首要目的为信息搜索的孩子最不容易成为网络霸凌者，但并不能防止网络被霸凌。H1d 得到部分支持。

---

① Li, Q., "Cyberbullying in Schools: A Research of Gender Differences", *School Psychology International*, vol.27, no.2, 2006, pp.157-170; Lapidot-Lefler, N. & Dolev-Cohen, M., "Comparing Cyberbullying and School Bullying among School Students: Prevalence, Gender, and Grade Level Differences", *Social Psychology of Education*, vol.18, no.1, 2014, pp.1-16.

（5）网络安全素养低的孩子更容易成为网络霸凌者

青春期孩子网络安全素养的各项得分依次为："我不会泄露个人与家里的上网密码"（M = 4.28，SD = 1.10）；"我会警觉在网络聊天中特别想要认识孩童的陌生人"（M = 4.16，SD = 1.11）；"我在网络上不给别人自己的个人资料（如真实姓名、家庭地址、电话号码、学校名字等）"（M = 4.07，SD = 1.18）；"我会有计划地使用或停止使用网站的内容"（M = 3.99，SD = 1.12）；"我知道学校对网络使用的规定"（M = 3.97，SD = 1.10）；我会特别注意网络聊天内容（M = 3.85，SD = 1.11）；"爸妈会监督、引导我使用网络的行为"（M = 3.64，SD = 1.22）；"我不在网络上认识没有见过面的陌生人"（M = 3.45，SD = 1.27）；"网络聊天中没有见过面的陌生人，经常和他们描述的身份不一样"（M = 3.41，SD = 1.18）。

当控制人口特征变量之后，来考查青春期的网络安全素养对网络霸凌/受霸凌的影响。结果表明（见表4-1、表4-2），网络安全素养越低的青春期孩子，越容易成为网络霸凌者（β = −.216，P ＜ .001）。网络安全素养与网络受霸凌不相关，这说明网络安全素养能使青春期孩子为自己在网络上的行为负责，减少霸凌他人，而未能防范其受霸凌。H1e得到部分支持。

（6）网络受霸凌越多的孩子，越有可能成为网络霸凌者

表4-3 网络受霸凌与网络霸凌的回归分析

变量	回归系数		t	R^2	Sig
	非标准化	标准化			
网络受霸凌	.361	.538	14.343	.289	.000

我们将青春期的网络霸凌与网络受霸凌做线性回归分析得到（见表4-3），二者呈显著正相关（β = .538，P ＜ .001），即网络受霸凌越多，越有可能成为网络霸凌者。这是由于网络霸凌的隐蔽性，受霸凌者往往独自一人承受伤痛，而很少向他人提及，心理上的压抑需要宣泄；这时，如果这种负面情绪无法通过合理渠道进行释放，就会产生强烈的挫折感；再加上处

于青春期阶段，对情绪和行为的控制力较弱，因而一般会选择以暴制暴，对他人进行报复性的网络霸凌，以此来排解心中的愤怒和怨恨，由此引发了霸凌现象的循环发生。这说明，网络受霸凌者易向网络霸凌者转化。H1f得到部分支持。

2. 影响青春期网络霸凌的家庭因素

（1）服从定向沟通模式得分越高的家庭，其孩子网络霸凌 / 受霸凌越多

在控制人口特征变量、网络使用变量之后（见表4–1、表4–2），发现网络霸凌 / 受霸凌与对话定向的家庭沟通模式不相关，与服从定向的家庭沟通模式呈显著正相关（$\beta = .096$, $P < .05$；$\beta = .138$, $P < .01$），即服从定向沟通模式得分越高的家庭，其孩子网络霸凌 / 受霸凌越多。这是因为根据心理抗拒理论（Theory of Psychological Reactance），青春期孩子渴望独立自主的意识大大增强，父母越强调顺从，越使孩子产生压抑和抗拒的心理，他们越需要寻找压力释放的渠道，故而越有可能发生网络霸凌行为；而在强调顺从家庭成长的孩子，性格上比较柔弱，越容易受到网络霸凌。H2a得到支持。

（2）父母介入与网络霸凌

①父母一般限制、监控越多的孩子，反而越多地成为网络霸凌者 / 受霸凌者

当控制人口特征变量、网络使用和家庭沟通模式变量之后（见表4–1、表4–2），父母一般限制（$\beta = .129$, $P < .01$）、监控（$\beta = .157$, $P < .01$）越多的孩子，反而越多地成为网络霸凌者。

父母一般限制（$\beta = .133$, $P < .01$）、监控（$\beta = .183$, $P < .001$）与网络受霸凌呈显著的正相关关系。这是因为网络受霸凌孩子的父母可能意识到孩子状态不对，有什么事在困扰着孩子，就更多地对孩子进行一般限制、监控，寻找证据来证实他们的怀疑。H3a、H3e未得到支持。

②网络霸凌与父母的技术限制、共同使用策略不相关

当控制人口特征变量、网络使用和家庭沟通模式变量之后（见表4–1、表4–2），网络霸凌与父母的技术限制、共同使用策略不相关，也就是说父

母采取技术限制策略，并不能减少网络霸凌。H3b、H3c 未得到支持。

③父母积极介入越多的孩子，较少成为网络霸凌者

当控制人口特征变量、网络使用和家庭沟通模式变量之后（见表 4–1、表 4–2），父母的积极介入与网络霸凌呈显著的负相关，即父母积极介入越多的孩子，较少成为网络霸凌者（$\beta = -.140$，$P < .05$）。这说明，父母在孩子使用媒介前后或者使用过程中，经常通过解释和讨论等互动形式对媒介内容、使用方式等提供指导，与孩子进行网络交往规则的积极讨论，例如如何和网络上的陌生人交往，在网上要对个人信息保密等，能够帮助孩子树立正确的网络交往观念，减少对他人的网络霸凌。

父母的积极介入与网络受霸凌不相关，也就说父母的积极介入，并不能减少网络受霸凌，因为网络受霸凌为不可控事件。H2d 得到部分支持。

五、结论与讨论

（一）网络霸凌／受霸凌已成为青春期的一个普遍现象，与青春期孩子的个体特征（年龄、上网时长、上网目的、网络安全素养）显著相关，网络受霸凌者易向网络霸凌者转化

青春期是青少年在家庭外拓展社会关系的关键时期。与同伴的社会互动，为学习和提炼发展持久关系所需的社会情感技能提供了一个平台。通过与同龄人的互动，青少年学习如何合作，如何采取不同视角，以满足日益增长的亲密需求。与此同时，拓展与同伴社会关系也使孩子面临这一系列风险，如网络霸凌、网络骚扰、网络性诱惑等。其中网络霸凌是最影响青春期孩子身心健康的一种常见攻击形式。

本研究发现，高中生更容易成为网络霸凌者／受害者，网络霸凌／受霸凌不具有性别差异；上网时长越长的孩子更容易成为网络霸凌者／受害者；网络霸凌／受害者与上网目的显著相关，上网首要目的为网络消费的青少年最容易成为网络霸凌者，而以信息搜索为目的的青春期孩子最少对他人实施网络霸凌；网络安全素养低的孩子更容易成为网络霸凌者；网络受霸凌者易向网络霸凌者转化。

因此，开展高中生的网络安全素养教育势在必行，通过引导他们减少

网络使用时间，有目的地合理使用网络，懂得网络交往的礼仪规范，发展网络空间的鉴别能力、反思能力、意义建构、自我完善能力，能够有效地减少网络霸凌/受霸凌，进而使青少年的社会性发展与网络技术的发展处于和谐、良性的互动之中。

（二）改善家庭沟通模式，能够有效减少青春期网络霸凌/受霸凌

家庭沟通模式是儿童社会化过程中重要的影响力量，它造就了子女不同的媒介使用习惯。本研究发现，在家庭传播模式中，多元型虽然所占比例是最多的，也不到三成；其次保护型；而放任型和一致型所占的比例最少。这一情况应引起我们的高度重视。因为从对四种家庭沟通模式的定义及划分来看，一致型家庭沟通模式是四种类型中最好的模式。在这种类型中，子女能够开放自由地阐述自己的观点和看法，父母又能够在大的原则方向进行把控和引导。然而，本研究发现，一致型的家庭沟通模式占比很低；放任型占比第二，接近三成。这些结果表明，我国的家庭沟通模式存在比较严重的问题，亟须改进。

本研究进一步发现，家庭沟通模式与青春期网络霸凌/受霸凌呈显著相关关系：放任型家庭的孩子最容易对他人实施网络霸凌，而保护型家庭的孩子最容易遭受网络霸凌；面对网络霸凌，大部分受害者不会向大人报告受霸凌的事实（只有19.3%青春期孩子会把网络霸凌的经历告诉父母）。

因此，相关教育部门需要制订相应的亲子沟通培训方案，通过开设专题讲座或对父母进行培训的方式，帮助父母学习掌握与青春期孩子沟通的技巧和方法，改善家庭传播模式，进而有效减少青春期网络霸凌。

（三）提高父母的网络素养，通过积极介入策略来有效地减少青春期的网络霸凌

父母是孩子社会化过程中最重要的中介之一。[1] 为了帮助孩子更好地

---

[1] Carlson, L., Grossbart, S.& Stuenkel, J.K., "The Role of Parental Socialization Types of Differential Family Communication Patterns Regarding Consumption", *Journal of Consumer Psychology,* vol. 1, no.1, 1992, pp.31–52; Cram, F. & Ng, S.H., "Consumer Socialization", *Applied Psychology: An International Review,* vol. 48, no.3, 1999, pp.297–312.

社会化，父母会采取不同的育儿策略，其中父母介入便是父母采取不同的人际传播策略来调节或减轻媒介对孩子生活的负面影响。①

本研究发现，中国父母对于青春期孩子的网络使用往往是"堵"大于"疏"，倾向于采用简单的一般限制策略，即限制孩子上网的时间、时长和内容；其次为积极介入，再次为共用，很少父母采用监控和技术限制策略。但是父母采用的技术限制、共用策略并不能减少网络霸凌／受霸凌；父母一般限制、监控越多的孩子，反而越多地成为网络霸凌者／受害者。这说明，父母一味限制和阻止青少年接触网络媒介并不能起到明显的效果，在强烈逆反心理的作用下，反而会将青少年推向对他们更具有吸引力的网络媒介。

只有父母的积极介入，通过对话的方式，进行有目的的使用指导和互动，才能减少青春期的网络霸凌。这是因为根据苏联心理学家维果斯基的"最近发展区"（Zone of Proximal Development）理论，最近发展区是孩子今天无法独立完成，但在成人启发性的问题、范例和演示的协助下，明天能够独立完成的区域。成人如果能在孩子学习某一技能的最佳期限内，有针对性地根据其特性施加最佳影响，就能达到最佳效果。② 也就是说，如果父母在孩子学习使用网络媒体的初期，根据网络媒体的特点，提供卓有成效的介入，进行互动性的指导、帮助和支持，就可以为孩子的网络媒体使用提供"支架教学"作用，从而较少网络霸凌行为。

但是积极介入的有效性，要求父母具有较高的网络素养，熟悉网络媒介的使用方式和内容特征，具有较高的网络媒介使用水平，具备网络媒介识读教育的意识和能力，并且能够根据青少年的认知能力和心理需要，给予适当的指导和干预。如果父母不能在网络媒介使用中扮演"专家"的角色，对网络媒介知识的了解远远比不上自己的孩子，缺乏相关的媒介知识、技能，将极大限制父母进行积极介入的能力；孩子也会很难认同父母的言

---

① Clark, L.S., "Parental Mediation Theory for the Digital Age", *Communication Theory*, vol.21, no.4, 2011, pp.323–343.

② 宋宝萍：《维果斯基的儿童人格发展思想》，《西南民族大学学报》（人文社科版）2005年第8期。

论，从而使积极介入的有效性大打折扣。

因此，对父母进行培训，提高父母的网络素养，并为父母提供更加具体有效的积极介入策略指导，具有重要的理论和实践意义。它能帮助父母更好地指导子女的网络媒介使用，通过积极介入策略来有效地减少青春期的网络霸凌。

（四）研究意义及局限性

本研究在家庭传播学视域下，从家庭环境影响因素入手，探讨了父母介入、家庭沟通模式对青春期网络霸凌的影响，拓展和丰富了现有的青少年网络霸凌研究。在实践上，实证结果显示，青春期的网络霸凌/受霸凌现状令人担忧，应引起家长们的广泛关注和重视，父母的积极介入策略和改善家庭沟通模式，能够有效地减少青春期的网络霸凌行为。

但是本研究仍然存在一些不足：其一，虽然本文采取分层整群抽样的方法对全中学学生进行抽样，在一定程度上尽量降低抽样带来的误差，保证样本结构与总体的基本一致，但是只是从东、中、西部抽取了厦门、荆州和南宁三个城市，相对于全国城市总量，覆盖率并不高；其二，本研究是基于横断面的实证分析，而非追踪性的调查研究，因而在研究网络霸凌/受霸凌的复杂成因和多元影响所得出的结论方面，显得说服力不够；其三，仅探讨了影响网络霸凌/受霸凌的家庭因素，而未涉及同龄群体、教师等其他方面的影响因素。当然，这些不足无疑为今后研究提供了思路与启发，未来可以在此基础上进行深入的探索。

第二节 网络隐私侵犯："私人场域"入侵

新兴科技的发达，使网络世界更加迷人，世界各地的人通过网络，能即时享受新知、分享心情，随时随地都可以遨游网络。然而，除了正向的附加价值之外，确实也在网络上看到许多令人发指的行为，再加上手机普及、通信媒体资讯化，使得网络世界蒙上一层隐忧。从正向的角度来看，青少年在网络上认识其在日常生活中所不会认识的人，借由网络的便利性，确实扩大了生活层面。但最令人担忧的是，青少年不仅在网络上提供他们的个人资料，还与不认识的人聊天，甚至是接收信息，这些行为都让有心人士制造接触机会，同时也增加青少年在网络虚拟世界的危机。

一、青少年网络隐私权：独立人格权

（一）网络隐私权的界定

1. 隐私及隐私权的定义及分类

隐私是指在不损害公众利益的情况下，个体希望拥有的不被他人干涉的私人领域。[①] 美国学者阿尔特曼（Altman）认为隐私是人们允许接触某一个人或群体的选择性控制机制。[②]

隐私权是指公民依法享有的个人生活安宁、个人信息与个人兴趣受到保护，不被他人非法干扰、获悉、收集、使用和公开的一种人格权。私人活动、私人领域和私人信息是隐私权的三大构成要素。私人活动是指与公共利益无关的个人活动，如日常生活、人际交往、性生活等；私人领域是指个人的隐私范围，如身体隐私部位、个人日记、个人书信等；私人信息是指有关个人的一切相关资料，如姓名、性别、出生年月、身高、体重、家庭住址等。

从隐私分类来讲，如果从隐私所有者角度来分，可以分为两大类：个人隐私，与个人相关且不愿被披露的信息，如身份证号码、信用卡号码等；共同隐私（群体隐私），不仅包括个人隐私，还包含所有个人共同不愿披露的信息，如员工的薪资、薪资分布等。中国人非常看重群体隐私，因为在中国传统文化中，社会的基本单位都是群体，比如说家族。若从个人的角度出发，隐私可以分为个体隐私、位置隐私、交流隐私和信息隐私几个方面。

综上所述，隐私是一个动态而复杂的概念，随着时间的推移和技术

---

①　Tan, X., Qin, L., Kim, Y. &Hsu, J., "Impact of Privacy Concern in Social Networking Websites", *Internet Research*, vol.22, no.2, 2012, p.5.

②　Altman, I., "Privacy Regulation: Culturally Universal or Culturally Specific?", *Journal of Social Issue*, vol.33, no.3, 1977, pp.66–84.

的发展而不断演变,因政治、经济、文化、社会等宏观环境的不同而有所不同。

2. 网络隐私的界定

网络隐私是传统隐私拓展到网络世界的延伸。近年来,随着互联网的日益普及,互联网已深深嵌入人们生活,成为人们生活中不可缺少的组成部分,网络的便捷性和丰富性极大地丰富了人们的生活,然而用户也面临着个人隐私泄露的风险,如在社交网络上发布个人日志时,无形中泄露了自己的个人隐私信息(状态、照片、地理位置等)。这些个人信息在不完善的网络伦理环境里,很容易沦为信息产品,成为企业商家争相追求的稀缺资源,甚至可能被别有用心的人使用并且广为传播,进而对私人生活安宁产生干扰。

网络隐私权是指"在网络上生活不被骚扰,私人信息受到保护的人格权[①]"。不仅包括个人信息,如姓名、身高、体重、电话、身份证号码、日常生活、社会交往、通信等动态隐私等,还包括个人数据。

在上网过程中,有几类隐私问题最容易引发人们的担忧:访问网站时被追踪;个人信息在未经授权的情况下,被搜集并用于商业用途或其他目的;个人信息在未经许可的情况下被出售给第三方;利用个人信息盗取信用卡账户等更为私密敏感的信息。

(二)青少年网络隐私权的内容

青少年网络隐私权是指在互联网环境下,青少年拥有个人数据、个人资料和私人领域依法受到保护,不被他人知悉、使用、散播、骚扰、盗用和破坏的一种独立人格权。

美国《儿童在线隐私保护法案》(*Children's Online Privacy Protection Act*, COPPA)指出,在互联网环境下,青少年网络隐私权是指一切关于青少年的网络个人数据信息,包括个人姓名、家庭地址、就读学校、电话号码和其他与

---

① 殷丽娟:《专家谈履行网上合同及保护网络隐私权》,《检察日报》1999年5月26日。

个人身份相关的信息（例如兴趣、爱好、通过跟踪设备收集的信息等）。① 个人身份信息的透露分为三种情况：自愿、应对方要求和为完成某种特定的任务。和传统媒介相比，互联网更容易收集青少年的个人隐私信息。

认为青少年网络隐私权主要包括：（1）个人数据保密权。包括身份和通信内容保密权。做好这方面的防护，一些别有用心的人就不易知道青少年访问过哪些网站，发送过哪些电子邮件以及电子邮件的具体内容。因此，建议青少年在上网时采用虚拟身份。（2）个人数据安全权。包括通信内容安全和个人计算机存储资料的安全。青少年在上网时，应注意防止通信内容被偷窥，个人计算机存储资料即使在遭遇黑客入侵之后也不会泄露。（3）个人数据的控制和使用权。青少年有权按照自己的意愿对个人数据进行控制使用，包括公开隐私数据、获悉隐私数据、使用隐私数据、经个人同意允许他人使用自己的隐私数据等。（4）网络隐私维护权。青少年享有自己的隐私权神圣不可侵犯的权利，在遭受侵犯时，可以通过司法途径寻求保护。在未获得青少年个人同意的情况下，任何人都不能收集、了解、使用其个人隐私数据。②

再具体来说，青少年个人隐私包括以下内容。

1. 青少年个人基本情况的数据：如性别、年龄、身高、体重、出生时间、兴趣爱好、身份证号码、电话号码等。

2. 青少年生活与学习经历情况的数据：就读学校、家庭背景、家庭住址、社会关系等。

3. 与网络相关的青少年个人数据，这与上面两点有重合的地方。随着互联网的日益普及与作为个人网上行为活动而积累形成的一些资料。

（1）个人登录身份：青少年在申请网络个人账户、个人主页、免费邮箱以及要求服务商提供其他服务（购物、医疗、交友等）时，服务商往往要求青少年录入姓名、年龄、地址、就读学校、身份证号码、电话号码和健康情

---

① Shin, W., Huh, J. & Faber.J.R., "Parental Mediation of Tweens' Online Privacy Risks", *Journal of Broadcasting & Electronic Media,* vol.56, no.4, 2012, pp.632–649.
② 冉妮莉：《青少年网络隐私权及其法律保护》，《江汉大学学报》（社会科学版）2010年第1期。

况等信息，从而合法地获得用户的个人隐私，服务者有义务和职责为这些个人隐私保密，未经用户授权不得泄露。

（2）个人的信用和财产状况：包括个人在网络购物、网上交易时，登录和使用的个人信用卡及密码、个人电子消费卡、上网账号及密码、交易账号及密码等。都属于个人隐私，未经青少年用户许可，任何个人或组织都不能泄露。

（3）个人邮箱地址：电子邮箱地址同样是青少年隐私，未经青少年授权和许可，擅自掌握并收集青少年的电子邮箱地址，并将其公开或提供给他人，致使青少年日常生活受到骚扰，如收到大量的垃圾邮件、广告邮件，或遭受黑客攻击，明显也侵犯青少年的网络隐私权。

（4）网上活动轨迹：青少年用户在网上的活动轨迹，如网络 IP 地址、浏览轨迹记录、活动内容均属于青少年网络隐私权。非法收集、存储、处理、泄露、显示、追踪该信息，并将之公布于众或提供给他人，均构成对青少年网络隐私权的侵犯。

虽然青少年都享有网络隐私权，但对网络隐私权的解读，对于自我表露尺度的把握，不同人的心理底线是不同的，还会受到性别、年龄、居住地、受教育程度、对于技术的认可度等因素的影响。

（三）青少年网络隐私研究回顾

网络成为青少年个人隐私信息暴露的重灾区，由于青少年群体的特殊性，青少年网络隐私问题迅速成为各国关注的焦点。

学者们主要从传播学、心理学、社会学等学科视角展开：从立法视角探讨青少年网络隐私保护；从心理学及信息管理学视角，探讨网络使用中网络隐私保护行为意向的影响因素。

近年来，学界对社交网络中的自我表露和隐私保护展开大量研究，探讨青少年自我表露的动机及影响因素 [1]，分析自我表露、网络隐私关注和隐

---

① 　江淑琳：《再访新媒体时代的隐私意涵：一个社交媒体用户的隐私考虑与自我揭露之个案研究》，《中国网络传播研究（第 6 辑）》，浙江大学出版社 2013 年版，第 91—114 页。

私保护行为意向；① 父母介入与子女社交网站隐私表露研究。②

二、青少年网络隐私被侵犯的方式及后果

（一）青少年网络隐私被侵犯的原因、方式及途径

1.青少年网络隐私被侵犯的原因

青少年网络隐私容易被侵犯主要是由青少年的身心特点决定的。青少年的思维还不够成熟，维权意识比较淡漠。在自我表露时，往往并不了解自己的隐私信息暴露行为可能给今后带来的风险。已有研究发现，美国7—17岁青少年当中有 2/3 愿意在网络上互相交流各自家庭财务隐私，甚至愿意牺牲个人隐私信息以换取免费礼物，企业商家可以花很小的代价从孩子身上获取对他们有利的信息。

在青少年网络隐私信息被侵犯时，要么觉察不到，要么不知所措，只能听之任之，这就更加加剧了对青少年网络隐私的侵权行为。

2.网络隐私被侵犯的方式

在网络世界中常见的侵犯青少年个人隐私的方式主要有以下四种。

（1）非法获取：这是在互联网上通过诱骗、欺瞒、偷盗、黑客等方式非法收集青少年的个人隐私信息，较常见的手段就是通过"注册成为会

---

①　Stieger, S., Burger, C. & Bohn, M., "Who Commits Virtual Identity Suicide Differences In Privacy Concerns, InternetAddiction and Personality Between Facebook Users and Quitters", *Cyberpsychology Behavior And Social Networking*, vol.16, no.9, 2013, pp.629– 634; 陈瑞丽：《网络隐私顾虑、信任与自我表露行为——新加坡青少年社交网站（SNS）研究》，《中国网络传播研究（第 4 辑）》，浙江大学出版社 2011 年版，第 3—22 页；牛静、孟筱筱：《社交媒体信任对隐私风险感知和自我表露的影响：网络人际信任的中介效应》，《国际新闻界》2019 年第 7 期；申琦：《自我表露与社交网络隐私保护行为研究——以上海市大学生的微信移动社交应用（APP）为例》，《新闻与传播研究》2015 年第 4 期；申琦：《网络信息隐私关注与网络隐私保护行为研究：以上海市大学生为研究对象》，《国际新闻界》2013 年第 2 期；申琦：《网络素养与网络隐私保护行为研究：以上海市大学生为研究对象》，《新闻大学》2014 年第 5 期。

②　Feng, Y. & Xie, W.J., "Teens' Concern for Privacy When Using Social Networking Sites: An Analysis of Socialization Agents and Relationships with Privacy– Protecting Behaviors", *Computers in Human Behavior*, vol.33, no.3, 2014, pp.153–162; Liu, C. & Ang, R.P. & Lwin, M. O., "Cognitive, Personality, and Social Factors Associated with Adolescents' Online Personal Information Disclosure", *Journal of Adolescence*, vol.36, no.4, 2013, pp.629– 638; Shin, W. & Ismail, N., "Exploring the Role of Parents and Peers in Young Adolescents' Risk Taking on Social Networking Sites", *Cyberpsychology Behavior And Social Networking*, vol.179, no.9, 2014, pp.578–583.

员""参与网络调查";或是诱骗青少年泄露个人隐私乃至父母的隐私信息,作为玩网络游戏时获取积分的条件;还有一种就是未经青少年及其监护人许可,非法收集、下载其个人隐私信息并将其占为所有。

（2）非法使用：即将青少年的个人隐私数据搜集后,超越权限范围反复使用,并通过技术整合、分析、归纳等方式进行二次开发使用。

（3）非法传播：青少年个人隐私数据被非法转让给第三方或违反授权将其在网上公开传播。

（4）非法篡改：即未经青少年及其监护人的同意,擅自增加、删减或改动数据的内容等,破坏数据的完整性与真实性。

3. 青少年网络隐私泄露的渠道

青少年网络隐私泄露的渠道包括：登录个人资料的个人网站或学校（班级）网站、线上聊天室、线上购物时,无意中将个人的基本资料,如姓名、家中住址、就读学校、个人照片在网络中泄露;或是未成年子女在未弄清楚网站资讯且又受到别有用心人士的蛊惑时,被怂恿提供信用卡号、身份证号或个人资讯等,甚至父母资料等,不仅可能造成个人或家庭财务的损失,更有可能置个人或家人的人身安全于危险中。

根据美国联邦贸易委员会（Federal Trade Commission, FTC）研究显示,只有 14% 的美国商业网站提供收集个人隐私资讯的注意事项;其中,只有 2% 的网站提供完整的个人隐私权政策;该项研究同时发现,调查儿童资讯的网站中,有 89% 的网站是直接向儿童及青少年收集资讯,只有 10% 不到的网站会在收集资讯同时,提前征求父母的同意。换言之,学童很容易在无心或无知的情形下,向陌生人透漏个人的隐私或基本资料。

4. 网络隐私被侵犯的手段

（1）利用 Cookies 获取青少年个人隐私

Cookies 技术是目前侵犯青少年网络隐私权最常用的手段。Cookies 是网站服务器储存在网民浏览器中的一小段讯息。这使得浏览器能够记录下一些特定讯息,以便网站服务器将来能够使用这些信息。当网民浏览网站时,一些 Cookies 将内设于浏览器内。当网民关闭浏览器时,有些 Cookies

会自动消失，存储于电脑的 Cookies 档内。一些组织或个人使用具有跟踪功能的 Cookies 工具测量并追踪网民在网上所进行的操作，如在网络购物、网上登录、个人网站、网站跟踪、目标营销。当网民首次浏览某种信息时，通常来说是广告，信息上所携带的 Cookies 就会自动、牢牢地安装到你的硬盘上；以后当网民再次浏览任何带有广告的网页时，硬盘中的 Cookies 就会把浏览信息发送到需要收集此讯息的服务器上。这样网络公司就能够迅速收集到你所访问的详细资料。

通过运用 Cookies 技术，网络服务器对所掌握的青少年隐私数据进行二次分析，从而获悉青少年的网络使用习惯，建立他们的个人资料库，定期给他们寄发邮件，进一步侵犯青少年的隐私权。

（2）在网上传播青少年隐私

在网上传播青少年隐私主要表现为在聊天室中发表言论、在 BBS 上刊载文章、在新闻组中发送消息等。这种利用互联网侵犯他人隐私与传统的口头或书面侵犯他人隐私的手段并无本质的区别，都是侵犯青少年的隐私权，只是手法不同。这是侵犯青少年网络隐私的一种常见的形式。

（3）寄送大量垃圾邮件

对于青少年电子邮件构成威胁的是一种名叫"网络臭虫"的电子标识。这种隐藏在电子邮件之中的"网络臭虫"，一旦被毫无经验的青少年接受，就可能从此安装在硬件设备上，复制、记录网民邮件通讯目录。

上述几种网络侵权行为已经对青少年的隐私权造成了威胁。作为社会特殊群体的青少年，其网络隐私侵犯日渐成为社会的热点与难点问题。

（二）网络隐私被侵犯的后果

青少年网络隐私被侵犯影响很大，不仅会损害青少年的人身权利，并会威胁到其合法权益。此外，对青少年个人隐私信息的非法收集也为广告商、犯罪分子获取青少年的隐私信息提供了捷径，青少年会因此收到各种色情、暴力、恐吓、诈骗、广告等内容的"垃圾电子邮件"，严重干扰了青少年的正常生活，侵犯了他们的隐私权。为了处理这些垃圾邮件，不仅浪费了大量的时间、精力和金钱，而且对青少年的身心健康产生了严重的负面影响，还对他们的人身安全和财产安全构成潜在的威胁。

三、风险与成本：青少年网络隐私保护的二元悖论

由于青少年群体独特的心理特征，他们的网络隐私暴露问题成为学者们重点关注的议题之一。社会经验不足和自我保护意识淡漠，使青少年在社交媒体上愿意更多地自我表露以实现自我。然而这种"自我表露"的意愿，有时会被别有用心之人利用而造成个人隐私泄露的风险。

（一）网络隐私关注、网络素养与网络隐私保护

1. 网络隐私关注现状及影响因素

（1）网络隐私关注现状

"网络隐私关注"是指人们对于个人信息被收集、存储和盗用的担心。[①]它主要包括三个维度：收集、控制和隐私实践感知。

收集维度包括担心和安全感知两项指标，测量问题为："你在上网时，担心个人隐私信息泄露吗？""你对现在网络环境安全的评价。"（赋值1到5）

控制维度包括控制能力和保护能力，测量问题为："你觉得自己能处理网络上对你个人信息的搜集和利用吗？""你认为自己掌握了保护网络隐私的技巧吗？"（赋值1到5）

隐私实践感知维度中为信任指标，测量问题为：你最担心自己哪些方面的信息被网站泄露？选项为姓名、性别、年龄、银行卡号、电子邮箱、家庭地址、家庭成员信息等。选项得分相加总转换，得分越高，隐私关注程度越高。

已有研究发现，在网络信息隐私关注的三个维度中，首先青少年最为担心的是"上网时，个人隐私信息被泄露"；其次是"自己是否掌握了保护网络隐私的技巧"；再次是"自己是否能处理网络上对个人信息的搜集和利用"（见表4-4）。[②]

---

① Petronio, S., *Boundaries of Privacy:Dialectics of Disclosure*, Albany, NY: Stata, University of New York Press. 2002, p.46.

② 申琦：《网络信息隐私关注与网络隐私保护行为研究：以上海市大学生为研究对象》，《国际新闻界》2013年第2期。

表4-4　青少年网络信息隐私关注

维度	问题	均值
收集	你在上网时，担心个人隐私信息泄露吗？	3.75
	你对现在网络环境安全的评价？	3.11
控制	你觉得自己能处理网络上对你个人信息的搜集和利用吗？	3.47
	你认为自己掌握了保护网络隐私的技巧吗？	3.56
隐私实践感知	你最担心自己哪些方面的信息被网站泄露？	3.09

　　绝大多数青少年表示对"你上网时是否担心个人隐私被泄露"很无奈。因为在大数据时代来临之前，青少年还可以有充裕的时间去考虑何时（when）、何地（where）、以何种方式（in which channel）、向何人（whom）表露或隐藏自己的哪些（what）隐私。而在大数据时代，青少年的一言一行都以数据方式呈现：每天的心情、行踪、行为都暴露在社交网站上；在网上的购物记录；在手机、微信、QQ等社交媒体与朋友、家人的沟通通信聊天、个人信息、个人喜好、生活习惯等个人隐私全部被记录下来。对于这些隐私的暴露，青少年并没有选择的空间，因为只要你上网，就会在网络上留下痕迹，这些痕迹即个人隐私数据。这些隐私数据常常在毫不知情或者不情愿中就被使用了。

　　　　我会担心，但没办法阻挡的趋势，能防备一点是一点吧。（CJ1，男，18岁，职高）

　　　　网络隐私泄露，早已经泄露，无孔不入，防不胜防，（个人隐私）还是会被卖，只能自己提高防范意识。（LJ，女，21岁，大三）

　　通过访谈发现，青少年最为关注、最为担心泄露的个人信息依次为身份证号码、银行卡号、家庭住址和学校；社会信息依次为家庭成员信息、朋友情况和社交媒体上的交流记录。

　　（2）网络隐私关注的影响因素

　　①女生的网络隐私关注度高于男生

　　已有研究发现，女生比男生更关注网络隐私，虽然男生的网络隐私保护技能较女生高，但是男生的网络隐私保护意识较弱。[1]

②网络使用经验（频率、时长）越丰富的青少年，网络隐私关注度越高

已有研究发现，网络使用经验（频率、时长）越丰富的青少年，网络隐私关注度越高。[2]这是因为网络使用经验丰富的青少年，往往懂得如何保护自己的网络隐私，因此，网络隐私关注度越高。

③家长对孩子的网络隐私关注越多，青少年的网络隐私关注度就越高

研究发现，家长对孩子的网络隐私关注越多，就越能引起青少年对隐私的关注度，这说明家长对孩子的网络隐私采取更多的关注和引导措施，有助于提高青少年对于自己网络隐私的关注度。[3]

2. 网络隐私关注与网络隐私保护行为

网络隐私保护行为是指人们在面对网络隐私风险时所采取的处理措施，包括积极保护行为（例如设置密码、选择性表露等）与消极保护行为（例如伪造、抑制）。[4]

（1）网络隐私保护行为分类

在各种隐私保护行为中，首先青少年最常采用"伪造类"（fabricate）保护行为，即提供虚假身份或信息不全面等来保护自己隐私免受侵犯：

> 注册时不用真实名字，不用真实头像，不填真实地区，就填外省。（LC，男，17岁，职高）

> 不可能用自己头像，会有一堆人骚扰，通常会用男人或小孩子的

① Weinberger, M., Zhitomirsky-Geffet, M.& Bouhnik, D., "Sex Differences in Attitudes towards Online Privacy and Anonymity among Israeli Students with Different Technical Backgrounds", *Information Research An International Electronic Journal*, vol.22, no.4, 2017, p.777.

② Park, Y. J., "Digital Literacy and Privacy Behavior Online Communication Research", *Communication Research*, vol.40, no.2, 2013, pp. 215–236.

③ 徐百灵：《青少年社交媒体使用与个人隐私管理——基于美国皮尤数据中心的相关调查分析》，《今传媒》2017年第5期。

④ Buchanan, T., Paine, C. Joinson, A. N., & Reips, U. D., "Development of Measures of Online Privacy Concern and Protection for Use on the Internet", *Journal of the American Society for Information Science and Technology*, vol. 58, no. 2, 2007, pp. 157–165.

头像。（ZS，女，15 岁，初二）

年龄随便写。（ZC，男，14 岁，初二）

其次为"保护类"（protect）保护行为，即通过技术手段（设置复杂密码）或确认网站是否安全（如提前阅读网络隐私协议、删除上网浏览记录）、选择性表露等来保护个人隐私信息：

我每隔 2—3 星期会删浏览记录，清 QQ 空间。（ZS，女，15 岁，初二）

B 站设置自己浏览，别人不能看。（SX，女，21 岁，大二）

再次为"抑制类"（withhold）保护行为，即拒绝提供个人隐私信息、退出使用及终止上网行为等来保护自己隐私信息免受侵犯。

我在网络上不会给别人自己的个人资料（如真实姓名、家庭地址、电话号码、学校名字等）。（CC，男，16 岁，高一）

（2）网络隐私关注对网络隐私保护行为的影响

已有研究发现，网络信息隐私关注只与网络隐私保护行为中"伪造"类行为显著相关，即越担心自己网络隐私泄露的青少年，越倾向于采取"伪造"类网络隐私保护行为，而对于"保护"和"抑制"类网络隐私保护行为影响不显著。[①]

曾经经历过负面社交网络经历的青少年，通常会采取更多的网络隐私保护策略[②]；社交动机成为青少年网络隐私保护行为的重要影响因素之一[③]；

[①]　申琦：《网络信息隐私关注与网络隐私保护行为研究：以上海市大学生为研究对象》，《国际新闻界》2013 年第 2 期。

[②]　Mosteller, J., &Poddar A., "To Share and Protect: Using Regulatory Focus Theory to Examine the Privacy Paradox of Consumers' Social Media Engagement and Online Privacy Protection Behaviors", *Journal of Interactive Marketing*, vol.39, no.5, 2017, pp.27–38.

[③]　Vishwanath, A., Xu, W. & Ngoh, Z., "How People Protect Their Privacy on Facebook: A Cost-benefit View", *Journal of the Association for Information Science & Technology*, vol.69, no.5, 2018, pp.700–709.

此外，戈伯（Gerber）等发现，性格外向且有攻击性的青少年通常会使用更多的隐私保护行为。[①]

面对"账号或密码被盗"等网络隐私被侵犯问题，许多青少年显得手足无措，不知如何处理，这说明提高青少年网络隐私的自我保护技能势在必行。因为网络安全素养越高，网络使用经验越丰富的青少年，越会采取网络隐私保护行为。[②]

3. 网络素养与网络隐私保护

青少年的网络技能和网络媒介知识对网络隐私保护行为会产生影响。

首先，网络技能对青少年"伪造"类消极网络隐私保护行为产生显著影响，即网络使用经验越丰富（使用网络渠道、场景越多，网龄越长、网络使用频次越高）的青少年，越倾向于采取"伪造"个人信息的办法来保护自己的网络隐私。但是网络技能对于"保护"和"抑制"类网络隐私保护行为却没有产生显著影响。

其次，网络媒介知识促使青少年采取更为积极的"保护"类网络隐私保护行为产生显著影响，即生产网络内容频次越高的大学生，越倾向于采取"设密码保护""每次删除自己的浏览记录"等"保护"类网络隐私保护行为。

最后，网络技能和网络媒介知识却对"抑制"类消极的网络隐私保护行为均不产生影响。[③]

（二）网络隐私悖论：自我表露与网络隐私保护

1. 自我表露（self-disclosure）

自我表露这一概念最早是由美国心理学家朱拉德（Jourard）提出，它是

---

① Gerber, N., Gerber, P.& Hernando, M., "Sharing the ' Real Me ' ---How Usage Motivation and Personality Relate to Privacy Protection Behavior on Facebook", *Human Aspects of Information Security, Privacy and Trust,* vol.44, no.7, 2017, pp.640–655.

② 申琦：《网络素养与网络隐私保护行为研究：以上海市大学生为研究对象》，《新闻大学》2014年第5期。

③ 申琦：《网络素养与网络隐私保护行为研究：以上海市大学生为研究对象》，《新闻大学》2014年第5期。

指个人自愿将自己的相关信息展示或透露给与其进行交流的人。[①] 现在公认最为权威的定义：个体将自己的包括思想、感受和经历等信息透露给他人，在发展和维持亲密关系上起重要作用。[②]

自我表露具有以下三个特征：内容上的选择性，即表露的信息是经过选择的；行为上的自愿性，即完全是出于自愿，而不是因为迫于外界压力或他人诱导；目的上的明确性，即表露时应说明什么问题、达到什么目标，在表露前就较为明确，并非随心所欲。

根据社会心理学家的研究成果，自我表露是人际传播的一种重要的形式，它在人际关系发展中扮演着重要的角色，有助于人际关系的发展，是衡量亲密关系的重要指标。适当的自我表露是使人际关系更加亲密的重要途径，关系中亲密程度的发展来自自我表露的累积。[③] 由于信任与亲密关系密切相关，因此，它隐含在自主性和坦诚之间维持平衡，此种平衡对于维持亲密关系之间的交换是必不可少的。[④]

已有研究发现，人们相互之间在网络上的自我表露，比面对面的自我表露速度更快、层次更高，[⑤] 也就是说，人们在网络上会更愿意表达自己真实的思想情感，让网友最大限度地了解自己，促进彼此之间的了解，增进感情，以期与他人建立融洽的互动关系。

自我表露的内容包括基本信息和敏感信息两部分。基本信息主要是指个人基本情况信息，如姓名、性别、年龄、兴趣爱好、学校等；敏感信息则是指较为深层次、隐秘的私人信息，如身体情况、照片、家庭地址、手机号

[①]　Jourard, SM. &Lasakow P., "Some Factors in Self-disclosure", *Journal of Abnormal and Social Psychology*, vol.6, no.1, 1958, pp.91-98.

[②]　Derlega, V.J., Metts, S.& Petronio, S. et al, *Self-disclosure*. London: Stage Publications, Inc,1993, p.5.

[③]　[美]戴维·迈尔斯：《社会心理学（第11版）》，侯玉波、乐国安、张智勇译，人民邮电出版社2016年版，第387页。

[④]　[英]安东尼·吉登斯：《现代性与自我认同》，赵旭东、方文译，生活·读书·新知三联书店1998年版，第109页。

[⑤]　Joinson, A.N., "Self-disclosure in Computer-mediated Communication: The Role of Self-awareness and Visual Anonymity", *European Journal of Social Psychology*, vol.31, no.2, 2001, p.177-192.

码、银行卡号、身份证号码、家庭背景、通讯记录等。

研究发现，青少年在社交媒体上一般表露的是基本信息（1.78），较少表露敏感信息（1.23）；更多的是表露给亲密朋友（8.56），其次是一般朋友（6.40），最后是只知道昵称的朋友（2.85）。[①]

2. 自我表露与网络隐私保护

在社交媒体上过于随性的自我表露，为了在社交媒体中"刷存在感"，青少年晒自己所见、听闻、所感，今天和谁在一起去哪里游玩，做了什么，心情如何，不受拘束地表达自己富有个性的观点，以博取众人关注，获得各种点赞、评论，其背后就是青少年个人隐私的无形泄露。

任何人都可以轻松查看到这些私人信息。如果搜集整理、综合分析这些私人信息，便可以清楚地知道发布此人平时常去地方、社交网络、兴趣爱好等个人隐私信息。一旦这些隐私信息被别有用心的人利用，所带来的危害是不可预料的。因为青少年并没有意识到互联网是有"记忆"的，那些暴露的个人隐私信息可能会永久地储存于网络上；即使你删除文件、图片、邮件和搜索历史，也只是从你自己的视线里删除而已。还有很多青少年误以为能够将信息暴露的风险控制在朋友圈内，殊不知自己的一些信息也会被一些不熟悉的用户所获取。因此，青少年有意或无意透露的个人隐私信息，常常被不法分子用来冒用身份、追踪骚扰或网络霸凌。

自我表露一般信息与网络隐私保护行为不相关，自我表露敏感信息与网络隐私保护行为呈显著负相关，也就是说自我表露敏感信息越多的青少年，越少地采取网络隐私保护行为。[②]

3. 风险感知 VS 利益感知

从理论上讲，网络隐私关注心理应与自我表露行为密切相关。因为关心或担心其隐私泄露的青少年用户会在网络上较少表露甚至不表露其私人

---

① 申琦：《自我表露与社交网络隐私保护行为研究——以上海市大学生的微信移动社交应用（APP）为例》，《新闻与传播研究》2015年第4期。

② 申琦：《自我表露与社交网络隐私保护行为研究——以上海市大学生的微信移动社交应用（APP）为例》，《新闻与传播研究》2015年第4期。

信息。然而，国外许多研究却发现，尽管青少年用户确实担心其隐私问题，但在他们使用社交网络时，却不会因为这种担心而影响到其私人信息的表露，还是会大方地分享个人隐私信息，苏珊·巴恩斯（Susan B. Barnes）把这一矛盾现象定义为"网络隐私悖论"。[①]

其他学者也证实了这一悖论现象。如格如斯和艾奎斯蒂（Goss&Acquisti）发现，39.3%学生在脸书上公布了电话号码、约会喜好和政治主张[②]；泽伊内普·突凡科西（Tufekci）的研究发现，绝大多数脸谱书和聚友网用户的隐私关注，与其在社交网站上的自我表露没有相关关系[③]；德国学者塔迪肯（Taddicken）通过对互联网用户进行调查，发现这些用户的网络隐私关注几乎不影响其社交媒体的自我表露行为。[④]

分析"网络隐私悖论"成因，可以从风险感知和利益感知层面进行考察[⑤]，因为人们面对风险时，会权衡得失，产生自我保护动机，进而采取自我保护行为。[⑥] 相比风险感知，利益感知对青少年愿意提供个人信息的影响更大。如果青少年感知可以从中获利或有回报时，且在自己可以承受的网络风险范围内，如获得免费礼品、增值服务、获取友谊等，利益评估高于风险，就会愿意牺牲或让渡一些自己的隐私信息。[⑦] 像美国大学生愿意在脸书

---

① Barnes.S., "A Privacy Paradox:Social Networking in the United States", *Peer-Reviewed Journal on the Internet*, vol.11, no.2, 2006, pp.1–6.

② Goss, R.&Acquisti, A., *Information Revelation and Privacy in Online Social Networks*, the ACM Workshop on Privacy in the Electronic Society, Alexandria, VA.

③ Tufekci, Z., "Can You See me now? Audience and Disclosure Regulation in Online Social Network Sites", *Bulletin of Science, Technology&Society*, vol.28, no.6, 2008, pp.20–36.

④ Taddicken, M., "The ' Privacy Paradox' in the Social Web: the Impact of Privacy Concern, Individual Characteristics, and the Perceived Social Relevance on Different Forms of Self–disclosure", *Journal of Computer-Mediated Communication*, vol.19, no.2, 2014, pp.248–273.

⑤ Baruh, L., Secinti, E. & Cemalcilar, Z., "Online Privacy Concerns and Privacy Management: A Meta–Analytical Review", *Journal of Communication*, vol.67, no.1, 2017, pp.26–53.

⑥ Floyd, D.L.,Prentice–Dunn, S. and Rogers, R.W., "A Meta–Analysis of Research on Protection Motivation Theory", *Journal of Applied Social Psychology*, vol.30, no.2, 2000, pp. 407–429.

⑦ Doohwang, L., LaRose, R. and Rifon, N., "Keeping Our Network Safe: A Model of Online Protection Behavior", *Behaviour & Information Technology*, vol. 27, no.5, 2008, pp. 445–454.

（facebook）主动暴露自己的隐私信息，是因为能因此结交更多的好友。[1] 中国的研究亦证明了，与网络风险感知相比，网络利益感知对青少年网络隐私认知或者说信息让渡意愿的影响更大。[2]

中国学者申琦、徐敬宏的研究也发现，虽然青少年的隐私关注度较高（M = 3.91），但是其网络隐私保护行为（M = 3.13）却不容乐观。网络风险评估越高的青少年，就会越担心自己的网络隐私安全，网络隐私关注度就越高；网络利益感知越高时，越少地将个人信息看作网络隐私信息，网络隐私关注度就越低。只有当网络隐私保护行为的付出成本越低时，网络隐私关注才越有可能激发青少年的网络隐私保护行为。[3]

（三）家庭沟通模式、父母介入与青少年的网络隐私保护行为

研究发现，高服从定向家庭，父母倾向于采取限制、监控等策略，但是这种限制或监控策略并不能增加孩子的网络隐私关注；与此相反，高对话定向沟通模式家庭的孩子，父母经常采取积极介入策略，即家长和孩子展开对网络风险的积极讨论，培养孩子对于隐私问题的批判性观点；一个开放、自由的亲子讨论方式，可以营造讨论隐私权重要性的良好氛围，有助于孩子们评估放弃网络隐私可能导致的后果，并在网上权衡信息表露的风险与利益，促使孩子对隐私的高度关注，从而采取网络隐私保护行为。[4]

四、青少年网络隐私保护：基于沟通隐私管理理论

美国学者佩特罗尼奥（Petronio）2002 年在其著作《隐私的边界》（*Boundaries of Privacy*）中提出了"沟通隐私管理理论"，为青少年的自我表露和网络

① Debatin, B. et al., "Facebook and Online Privacy: Attitudes, Behaviors and Unintended Consequences", *Journal of Computer-Mediated Communication*, vol.15, no.1, 2009, pp.83–108.

② 申琦：《利益、风险与网络信息隐私认知：以上海市大学生为研究对象》，《国际新闻界》2015 年第 7 期。

③ 申琦：《风险与成本的权衡：社交网络中的"隐私悖论"——以上海市大学生的微信移动社交应用（APP）为例》，《新闻与传播研究》2017 年第 8 期；申琦：《利益、风险与网络信息隐私认知：以上海市大学生为研究对象》，《国际新闻界》2015 年第 7 期；徐敬宏：《微信使用中的隐私关注、认知、担忧与保护：基于全国六所高校大学生的实证研究》，《国际新闻界》2018 年第 5 期。

④ Youn, S., "Parental Influence and Teens' Attitude toward Online Privacy Protection", *The Journal of Consumer Affairs*, vol. 42, no. 3, 2008, pp.362–388.

隐私管理问题的解决提供了参考借鉴。

（一）沟通隐私管理理论（Communication Privacy Management，CPM）

"沟通隐私管理理论"指出在人际交往中，人们选择自我表露的同时，个体往往还存在着一套隐私管理行为准则，具体来说包括五个方面：隐私信息（privacy information）、边界（boundaries）、控制与所有权（control & ownership）、以规则为基础的管理系统（rule-based management system）和辩证管理（management dialectics）。

个体拥有隐私信息的控制与所有权。个体在进行自我表露时，有权决定哪些信息是他不愿意表露的；哪些信息应该向哪些人表露，而不应该向哪些人表露的。

"边界"用来隐喻个人是否愿意将隐私信息与对方分享的界限。在边界的一边，人们不表露个人隐私信息；而在边界的另一边，人们在与他人的互动中，表露某些个人隐私信息。

当个体把自己的隐私信息告诉他人时，他们就围绕这个隐私信息形成了一个共同的边界，需要与他人共同协调管理边界。这种边界的协调规则包括边界连接（boundary linkages）、边界渗透（boundary permeability）和边界所有权（boundary ownership）。[1]

边界连接让我们在自我表露时，要考虑表露对象（rules about confidants）、表露时间（rules about timing）和表露话题（rules about topic）；这个边界是不断渗透变化的，从相对容易渗透（自我表露隐私信息）到相对不容易渗透（对隐私信息严格保密），个体通过边界所有权来定义边界界限的管理和使用权限。"人们要么学习原有的隐私规则（preexisting rules），要么和边界共同所有者商议建立新的隐私规则"。[2]

---

[1]　Petronio, S., *Boundaries of Privacy: Dialectics of Disclosure*, New York: State University of New York Press, 2002, p.88.

[2]　Petronio, S., *Boundaries of Privacy: Dialectics of Disclosure*, New York: State University of New York Press, 2002, p.71.

（二）基于沟通隐私管理理论的青少年网络隐私保护

1. 风险与表露：青少年的社交网络隐私保护

根据沟通隐私管理理论，当青少年登录注册社交网站、购物网站时，要仔细阅读隐私声明条款，仔细权衡，如果不能接受条款，就不要使用该媒介。

在表露话题和对象方面，青少年在进行自我表露时，有权决定哪些信息是他可以表露，哪些是不可以表露；哪些信息应该向哪些人表露，而不应该向哪些人表露的。

在表露时间方面，青少年虽然并不能知道隐私泄露的具体时间，但是可以通过限制隐私信息的获取时间来防止隐私被侵犯，如现在网络数据收集一般是通过 cookies 记录，所以在浏览和登录完社交媒体后，可以选择如果清理此次 cookies。

青少年可以通过隐私管理规则来控制他们隐私边界的可渗透性，建立起以规则为基础的网络隐私信息管理系统。

（1）尽量不添加陌生人为好友。定期检查手机通讯录，删掉自己不信任的陌生人。

（2）设置"隐私"权限。在微信"设置 – 隐私"中，关闭"允许陌生人查看十条朋友圈"等功能。

（3）禁用"附近的人"。停用"附近的人"功能，"清除并退出"，不让陌生人获悉你的踪迹。

（4）设置查看权限。设置"分组"，仅亲朋好友可见，减少隐私泄露的风险，并告知亲友好友不要随便转发自己的个人信息。

（5）少泄露个人真实信息。即使想要晒个人照片，也要少晒出自己的正脸。

（6）尽量少参加投票和拉票活动。因为参与网上投票，不可避免地会泄露个人隐私信息；特别是转发式拉票，也不要拜托亲戚朋友到处转发。

（7）经常变换网名。很多网友在注册社交网站、社区论坛时喜欢用同样的网名，而且为了避免与他人重复，网名设置得很特别，这样就给他人提供了一个收集自己身份证的机会。今后登录不同的网站，可以使用不同电子邮箱，注册时尽量选用一些常用网名。

2.信任与表露：亲子之间的网络隐私保护

青少年阶段是青少年重新斟酌父母与自己权限的时期，许多过去被看作是父母管辖范畴的问题，在这个时期会被青少年认为是个人问题，他们希望在这些问题上能有更多的自主权。因此，青少年开始有了网络隐私管理的意识，坚信自己拥有对隐私信息的控制权利，通过设立隐私边界来小心管理着自己的个人网络隐私。

（1）分裂式图景：家长意愿与孩子网络隐私

①有的父母会查看孩子的微信、QQ空间、微博

偶尔对孩子，尤其是中学生的微信、QQ空间、微博进行抽查是相当一部分家长的常态。有时孩子使用父母的手机或者家里的电子设备登录账号，而没有退出登录状态，这就给了父母偷窥他们网络隐私的机会，与父母隔离的"私人空间"就会被窥视到。

其实，父母无非是为了获悉孩子的交往空间和心理状态。父母惊讶地发现，孩子在新媒体平台上呈现的自我与平常家庭中呈现的自我并不完全相同：在他们面前沉默寡言的孩子，在网络上却侃侃而谈；在他们面前甚少谈及自己的事情，却在网络上经常发表有关自己遭遇的文字等。但是只要孩子的所作所为在父母的容忍限度内或者是正常的范围之内，父母便不会主动透露曾经看到过什么，也不会过多发表意见看法。如此一来，也不会有激烈的亲子冲突。

对于家长侵入自己网络"私人空间"的行为，大多数孩子采取了妥协的方式，一般来说，只要父母看到的内容不涉及自己最隐私的部分，那么孩子最多口头抗议一下。

女儿（CZ,女,17岁,高三）（有点责怪的语气）说："你老上我的QQ'说说'看。"

母亲（PZS,母亲,44岁,大专,公务员）："本来'说说'就是给大家

看的。你又没什么，还怕被人看。"

女儿摇摇头，很无奈，不再说话了。

或是采取设置密码、屏蔽、拉黑，或另外开一个小号等不与父母发生直接"冲撞"的方式，在规范和条件限制的罅隙中坚守着自己的"私人空间"。

有时候，青少年会在微信或QQ上记录自己的心情或者发泄一些情绪，同龄人一般会在他们的状态下留言，通常在朋友们的安慰和插科打诨的对话中，这种状态就过去了。

如："霍！我受到两亿点暴击，不开心。"（CB，女，20岁，大二）

梯子不见：抱抱。

但是父母则不同，出于对子女的上心，他们经常会对子女发布的内容较真。一旦看到孩子在微信或QQ上流露出负面情绪或发表不当的言论，父母便会立即打手机给孩子，试图扮演一个开导者和教育者的角色。本来只是鸡毛蒜皮的小事可到了父母那里却变成了惊天大事。父母的关心虽然是出于善意，但是这种小题大做往往会让青少年不堪重负。

为了减少不必要的麻烦，青少年往往会适当作出一些自我调适：如在父母要求添加QQ、微信好友时，进行选择性的忽视和拒绝，从根本上将父母剔除在自己的受众范围之外；即使父母成为QQ、微信好友，也采取朋友圈的权限设置和好友分组管理等隐私保护策略。权限设置可以将父母拉入黑名单，好友分组功能则可以实现将某些信息仅向特定的受传者（如同龄人）公开。他们往往开放一部分可以让父母看到的内容，但是对另一部分内容却有所保留。正如梅罗维茨所说的，一方面前台的行为具有后台的偏向，另一方面后台的最主要的内容会退避得更深。

我的微信会分批发，发给父母和朋友的不一样，主要是怕妈妈想太多了。（CC，女，20岁，大二）

应只玩微信的家长需要知道我生活的要求，我要刷朋友圈了。（CZ，女，18岁，大一）

虽然青少年在 QQ、微信和微博上所发的内容很少涉及自己真正的隐私，但是因为感受到父母对自己一举一动的窥探，产生了不自在的感觉。原本在新媒体上感受到的独立和自由，随着父母密切的关注和试探性的询问而烟消云散，他们觉得自己还是并没有完全脱离于父母的掌控。

　　　他们（父母）要看去看，无所谓，就是感觉不好，心里不舒服。（CL，女，17 岁，职高）

特别是成年大学生，生理和心理的成熟，使他们希望独立，渴望摆脱来自家庭的控制，有更多自由的空间；再加上一年中的大半时间是待在家庭之外的。因此，他们基本上在家庭之外拥有自己的社交圈和活动范围。在这一社交圈内，他们有着自己为人处世的方式和原则。从某种意义上讲，这也是他们独立自主的象征。

可是在很多父母的心目中，虽然子女已成年，但是他们还是没有完全长大的孩子，始终是父母教育和保护的对象。这种强烈的落差之间，让青少年内心萌发出一种脱离父母掌控的渴望。他们希望拥有自己的私人空间，不想让自己的个人生活完全暴露在父母面前，想将自己的交际圈和日常活动有所保留，包括在聊天的对象和内容等。要保留自己的这种独立，只有想方设法让父母无法接触或者远离他们的社交区。因为他们知道，即使是父母从微信、QQ、微博上看到的只是关于自己的一些零星内容，也可能让父母产生管教孩子的想法和冲动。

②有的父母会通过家族亲戚的 QQ、微博或微信，间接地了解孩子的信息

虽然多数青少年会排斥将父母设为自己的 QQ、微信或微博好友，但是对于家族亲戚一般不会拒绝。这种开放的态度，使得若干家族亲戚（通常是比父母年轻的亲戚）在家庭代际传播中起到了"二级传播"之中介传播者的角色。这些亲戚长辈往往成为青少年在社交媒体上的潜在受众，他们一方面充当父母亲职监督的代理人角色，另一方面扮演着信息中介者的角色，有时会有意或无意地将青少年 QQ 或微博上的讯息通过面对面或其他传播方式转达给父母。在传统家庭情境中很少介入亲子沟通的家族亲戚，却在

社交媒体所构建的数字家庭中扮演了中介传播者的角色。

> 如龚女士（PZS,44岁,大专,公务员）很少使用手机QQ和微博,但她却可以通过自己的妹妹代替自己对女儿在手机社交媒体行为进行观察,间接地获取女儿最新的动态讯息。

总的来说,这种亲子之间控制与反控制的张力在中学阶段尤为明显,到了大学阶段,由于无升学考试的压力,父母对子女学习的关注度大大降低,再加上空间上的距离,因此父母对于孩子的手机监管大为减弱,孩子们的自由度得到大大增强。

（2）亲子之间"公共空间"与"私人空间"的协商与管理

亲子双方的隐私信息与公共领域信息的边界是独立、相交、包含等多重关系的存在。为了协调隐私信息的管理,亲子双方在管理边界连接的要素时,需要考虑亲子双方的利益,边界渗透的规则制定应考量亲子双方不同的呼声,边界所有权更是要界定清楚亲子双方的隐私边界从而有效保护隐私信息。

在"隐私边界协调管理"理论中,"边界连接的要素包括隐私表露的对象选择（rules about confidants）、表露时间（rules about timing）以及选择表露的话题（rules about topic）"[1]。基于此理论基础,亲子双方必须认真考量亲子双方个人隐私的处理。在隐私表露的对象选择方面,无疑是亲子之间的互相表露;在表露时间方面,亲子双方可以根据实际情形选择合适的表露时间;不仅如此,亲子双方还应掌握话题表露的主动权。

边界渗透主要考量的是规则问题（access and protection rules）[2],因此,父母与孩子之间的代际传播必须要有一个清晰的界限,这个界限就是规定亲子双方参与该传播系统的规则,这个规则也意味着个体知觉到双方"公

---

[1] Petronio. S., *Boundaries of Privacy: Dialectics of Disclosure*. New York: State University of New York Press, 2002, p. 92.

[2] [美]丹尼尔·沙勒夫:《隐私不保的年代》,林铮颀译,江苏人民出版社2011年版,第79页。

共空间"与"私人空间"的界限。具体来讲,主要包括了五个方面的边界问题,即"何时""何地""怎样""何事"和"向谁"。

(1)何时:亲子之间何时可以分享某些思想感情之间的边界。

(2)何地:亲子之间在哪里可以分享某些思想感情之间的边界。

(3)怎样:亲子之间可以通过哪些方式分享之间的边界。

(4)何事:亲子之间哪些事情可以分享的边界。这是边界问题的主体部分,承载了代际传播的实质内容,决定了亲子之间隐私信息的开放程度。

(5)向谁:可以向谁分享的边界。这是一个关键性的边界问题,也是边界中的可信部分,直接影响了代际传播的范围,限定了代际传播的效果。

边界所有权的核心是在隐私信息的所有权(ownership of privacy information)。所以明晰隐私信息的所有者及其权利和义务是首要任务。有的家长认为,青少年发布在手机平台上的信息已经处在了公共领域,属于公共信息;但是事实上,青少年还是隐私信息的所有者,即使是家长也无权查看未经子女授权的个人隐私信息。

如果父母能把握好与孩子之间"公共空间"与"私人空间"的边界,尊重孩子的"私人空间",较少侵入孩子的"私人空间",相信其使用手机的行为与能力,但是在必要时进行规劝、提醒和监督,会让孩子感到是被平等对待的,其感受到的自主能力越多,信任程度越多,其亲子关系就越和睦融洽。

在访谈中,许多父母已意识到这一点,例如:

> 我绝对不会查她的微信和QQ,这属于她的私人空间。(PCZ,父亲,41岁,博士,大学教师)

> 孩子长大了,有自己的网络空间,太关注他不好。大方向把握就可以了。(PCW,父亲,48岁,高中,村支书)

> 我不会查,小孩都有自己的网络隐私。要尊重她的隐私。(PCY,母

亲,46岁,高中,公司职员)

反之,如果两者之间的界限模糊不清,公共领域与私人空间的重叠穿插,就会引发一系列的问题。可能会使孩子成长过程中与父母的目的发生冲突,因为双方的目的是交叉的。儿童在成长为成年人,他们正在迈出坚实的步伐走向完全信息自足的阶段,或者叫不必向父母作交代的阶段。如果管束太多,就妨碍青少年成长为独立的成年人。[①]

由此可见,亲子之间在"公共空间"和"私人空间"之间的平衡是至关重要的。

第三节　网络成瘾:病理性网络使用

网络成瘾是互联网时代阻碍青少年健康成长的焦点问题。相对于其他群体,青少年更容易沉湎于网络中的虚拟成就感,成为"网络成瘾症"的高发人群。网络成瘾不仅会损害青少年的身心健康,而且可能引发旷课逃学、孤独抑郁甚至自杀等一系列严重的生理或心理问题,此问题已成为全世界关注的焦点议题。

一、青少年网络成瘾:失控的自我

(一)何谓网络成瘾

"网络成瘾"的概念最早由美国精神病学家戈得堡(Goldberg)在1990年提出,之后美国心理学会在1997年正式认可"网络成瘾"这一概念。虽然学者对这一现象的命名存在差异,如网络成瘾(internet addiction, IA)、网络成瘾障碍症(internet addiction disorder, IAD)、问题性网络使用(problematic internet use, PIU)、病理性网络使用(pathological internet use, PIU)等,

---

① [美]保罗·莱文森:《手机:挡不住的呼唤》,何道宽译,中国人民大学出版社2004年版,第90页。

但是都是指由于过度使用网络或使用网络不当而影响个体学习、工作、社会适应等功能性行为的心理障碍。[①]

根据阿姆斯特朗（Armstrong）的划分标准，网络成瘾一般包括以下几种类型[②]：

1. 网络色情成瘾（cyber-sexual-addiction）：沉迷于浏览、下载和互换网络色情文字、图片、音视频等内容，或进行网络色情交易，或进入成人话题的聊天室。

2. 网络交往成瘾（cyber-relational-addiction）：热衷于运用各种社交聊天软件和聊天室进行沟通交流，甚至进行网恋，将大量时间和精力倾注于在线虚拟关系或是虚拟感情中，用网络朋友代替现实中的亲戚朋友。

3. 网络游戏成瘾（game addiction）：指青少年长时间地过分沉溺于网络游戏而不能自拔。

4. 信息超载成瘾（information overload）：指花费大量时间强迫性地浏览各种网页以查找和收集信息，包括强迫性地从网上收集无用的、无关的或者不迫切需要的信息。

5. 网络强迫行为（net compulsions）：有一种难以抑制的冲动去进行强迫性的网络活动，如网络赌博（net gaming）、网络拍卖、网络购物或在线进行股票交易等。

（二）青少年网络成瘾的特征

1. 强烈的依赖性。上网成为青少年网络成瘾者的唯一心理需求，情感和活动都受这一行为的控制和影响，对现实生活中的其他事物或活动均失去兴趣。在无法上网时，会焦躁不安，产生强烈的渴望；必须不断增加上网的时间和精力，才能产生满足感。

2. 自控能力薄弱。网络成瘾与其他物质成瘾一样具有反复性。虽然青

---

① Ko, C. H., Yen, J. Y., Liu S. C., Huang, C. F. & Yen, C. F., "The Associations Between Aggressive Behaviors and Internet Addiction and Online Activities in Adolescents", *Journal of Adolescent Health*, vol.44 , no.6, 2009, pp.598–605.

② Armstrong, L., How to Beat Addiction to Cyberspace, http://www.netaddiction .com/2001.

少年网络成瘾者能够意识到其危害，试图控制上网时长和频率，但是无法控制自己，每次均以失败告终。

3.感情淡漠。青少年网络成瘾者对于父母和亲戚朋友情感十分淡漠，极易因为上网与父母发生冲突；不愿与父母和家人交流，而是向网友倾诉。

> 在访谈中，一位网络成瘾的中学生妈妈（苦恼）地告诉笔者："我儿子说，父母也会骗我，只有网络上的朋友不会骗我。我们每天叫他出去，他都不去，就窝在房间里打游戏；每天他（儿子）和我们（父母）说的话只有两句：'记得叫我起床''我要吃饭了'；可是跟网友却有说不完的话，一边说还一边笑。"（PXF,母亲,46岁,大专,护士）

4.现实人际交往障碍。青少年网络成瘾者往往在网络上进行人际交往，寻求网友认同而回避现实的人际交往，产生严重的现实社交障碍。

（三）青少年网络成瘾的诊断标准

目前，判断青少年网络成瘾的测量工具主要有以下几类。

1.国外测量量表

（1）美国心理学会标准

1996和1997年美国心理学年会上，美国学者们列出了情绪改变（mood modification）、突显性（salience）、冲突（conflict）、耐受性（tolerance）、戒断反应（withdrawal symptoms）等网络成瘾特征。如果网络使用者在一年中有发生多于三种及以上症状者为网络成瘾者。[1]

（2）Young DQ 测试量表（Young's DQ Assess）

Young DQ 测试量表是目前测量网络成瘾最常用的问卷之一，由美国学者（Young）编制。该问卷共8个选项，答案为"是"和"否"，只要符合五个以上标准即为网络成瘾（见表4-5）。[2]

---

① 陈侠、黄希庭、白纲:《关于网络成瘾的心理学研究》,《心理科学进展》2003年第11期。

② Young, K., "Internet Addiction :Symptoms , Evaluation and Treatment" , In *Innovations in Clinical Practice :A Source Book* , Sarasota.FL:Professional Resource, VandeCreek, L .& Jackson, T.（Eds.）, vo.1, no.17, 1999 , pp.19 –30.

表4-5 Young DQ测试量表

	是	否
1. 全部精力投入网络活动，下线后仍然想着上网的情形	1	0
2. 需要花更多的时间和精力上网才能获得满足感	1	0
3. 多次试图想减少或停止上网，但总是以失败而告终	1	0
4. 试图减少或停止上网时，会觉得心情沮丧、情绪低落、容易发脾气	1	0
5. 在线的时间要比预估长	1	0
6. 为了使用网络，宁愿冒破坏重要人际关系、失去工作或教育机会的风险	1	0
7. 曾向父母、家人、朋友说谎，以隐瞒自己卷入网络的程度	1	0
8. 上网是为了逃避问题或释放无助感、罪恶感、焦虑感或排除沮丧	1	0

（3）Beard 量表

Beard 在 Young DQ 量表的基础上进行了修订，提出"5+1"的网络成瘾诊断标准。5 个标准为：①是否沉迷于上网；②是否为了满足自身需求而增加网络使用时间；③是否不能克制、减少和停止上网；④当减少和停止上网时，是否会感到焦虑、抑郁、痛苦；⑤上网时长是否比预计的时间要长。这是网络成瘾的基本条件。

除此之外，还必须至少满足以下 3 个标准之一：①影响重要人际关系、学习和生活；②对家庭成员和其他人隐瞒真实的上网时间；③上网是为了逃避现实生活困扰或减轻精神压力，即为网络成瘾。

（4）Goldberg 评估标准量表

Goldberg 评估标准量表共 9 个选项，只要符合 5 个选项以上，即诊断为网络成瘾（见表 4-6）。

表4-6　Goldberg评估标准

1. 每天上网超过 4 小时以上
2. 头脑中一直闪现与上网有关的事
3. 无法克制上网的冲动
4. 不敢和父母说明自己的上网时长
5. 可能因上网影响学业及人际关系
6. 上网时间比自己预想的长
7. 花费很多金钱在更新上网设备或用于上网
8. 要花更多时间和精力上网才能满足
9. 上网是为逃避现实、排解焦虑

（5）《戴维斯在线认知量表》（Davis Online Cognition Scale，DOCS）

学者戴维斯（Davis）编制的在线认知量表包含五个维度，即安全感、社会化、冲动性、压力面对和孤独—现实，共 36 个题目，采用七级记分法，总分超出 100 分或任一维度上的得分为 24 分及以上，则认为是网络成瘾。[①]

2. 国内测量量表

（1）中文网络成瘾自评量表（Chinese Internet Addiction Scale，CIAS）

由台湾心理系教授陈淑惠编订的中文网络成瘾自评量表，共 26 个选项，包含五个维度，即网络强迫行为、戒断反应、耐受性、时间管理问题、人际及身体健康，采用四级记分（4 ＝ "非常符合"，1 ＝ "很不符合"），总分越高，网络成瘾越严重。[②]

（2）病理性互联网使用量表（Adolescent Pathological Internet Use Scale，APIUS）

[①]　Davis RA., Internet Addicts Think Differently :An Inventory of Online Cognitions, http :// www.internet addiction.ca/ scale.hm, 2001.

[②]　陈侠、黄希庭、白纲：《关于网络成瘾的心理学研究》，《心理科学进展》2003 年第 11 期。

中国人民大学雷雳教授编制的青少年病理性互联网使用量表，共 38 个项目，分为六个维度，即突显性、耐受性、戒断症状、情绪改变、社交安慰、消极后果。量表采用五级量表，均值大于 3.15 为网络成瘾。[①]

（3）马宁、王辉的"主观测试"量表

学者马宁、王辉用 16 个题项来测量青少年是否网络成瘾和网络成瘾的程度。（见表 4–7）用 0—5 分进行打分，0 = "没有"，5 = "总是"，最后把各题项的分数相加。若总分＞ 40 分，说明已具备网络成瘾症状；若总分＞60 分，则可判定为网络成瘾。

表4–7　马宁、王辉的"主观测试"量表

	没有	少见	偶尔	较常	经常	总是
1. 你发现你上网的时间超过预计时间	0	1	2	3	4	5
2. 你会与网上的人建立某种联系	0	1	2	3	4	5
3. 你的朋友埋怨你花太多的时间在网络上	0	1	2	3	4	5
4. 由于你花太多的时间在网络上，以至于影响了学业	0	1	2	3	4	5
5. 你尽量隐瞒你在网上的行为	0	1	2	3	4	5
6. 你会想起上网的快乐和生活的苦恼	0	1	2	3	4	5
7. 没有了网络，你的生活变得枯燥乏味、空虚无聊	0	1	2	3	4	5
8. 熬夜上网不睡觉	0	1	2	3	4	5
9. 睡觉、上课时，你仍然想着上网或幻想着上网	0	1	2	3	4	5
10. 你上网时，总是想着"就再多玩一会儿"	0	1	2	3	4	5
11. 你试图减少上网时间，但却以失败告终	0	1	2	3	4	5
12. 你试图掩盖自己上网的时长	0	1	2	3	4	5
13. 你宁愿花更多的时间上网，而不是和同学出去玩	0	1	2	3	4	5
14. 当你不能上网时，你会感到沮丧和焦虑；一旦上网，这些感觉顿时就消失了	0	1	2	3	4	5

[①] 雷雳：《青少年"网络成瘾"探析》，《心理发展与教育》2010 年第 9 期。

	没有	少见	偶尔	较常	经常	总是
15. 你会用自己省吃俭用的生活费去上网，而不是想到明天是否有饭吃	0	1	2	3	4	5
16. 别人阻止你上网时，你会很愤怒并且大吵大闹	0	1	2	3	4	5

（4）崔丽娟、赵鑫的"安戈夫（Angoff）"网络成瘾量表

崔丽娟、赵鑫编制的网络成瘾量表，共 12 个题目，只要有 7 个题目符合，即为网络成瘾。此外，该量表还添加了网络使用者信息（如性别、年龄、年级、上网时间、上网动机等）。[①]

（四）青少年网络成瘾的心理动因

1. 宣泄和倾诉情感的需要

当代青少年处于情感不稳定的时期，生活中经常会遇到理想与现实冲突的情况，再加上大多是独生子女，父母不愿告诉，无兄弟姐妹可以倾诉；学习压力大，他们迫切需要宣泄和释放的渠道，而网络成为他们宣泄压力和倾诉情感的重要渠道。

2. 社交和尊重的需要

青少年时期是由儿童向成人过渡的阶段，他们自认为已经成熟，希望被当作成人看待，渴望被理解和尊重。因此，这一时期在青少年身上，社交和尊重的需要尤其明显。而网络的匿名性、平等性、开放性和丰富性，恰好满足了青少年的这一需求。[②]

3. 获得成就感和归属感

青少年正处于求知欲旺盛的阶段，他们对于外部世界充满了好奇，互联网的开放和互动，大大激发了青少年的尝试和猎奇心理。在网络世界里，

---

① 崔丽娟、赵鑫:《用安戈夫（Angoff）方法对网络成瘾的标准设定》,《心理科学》2004年第5期。
② 龙晓东、廖湘蓉等:《大学生网瘾成因分析与预防对策》,《长沙理工大学学报》（社会科学版）2014 年第 3 期。

他们可以毫无顾忌，不受任何约束地畅所欲言，展现自我，他们在网络世界里获得的快乐和自我成就感比现实世界来得容易。[①]

4. 自控能力差，认知能力有限

青少年阶段容易网络成瘾，是因为这一时期的青少年，身心发育还未成熟，认知能力有限，自控能力较弱，很难抵挡住网络上形形色色信息刺激与诱惑。[②]

（五）网络成瘾对青少年的危害

1. 影响健康人格的形成

长期沉迷于网络世界的青少年，会迷失自我，习惯于假面具包装自我，混淆了现实角色与虚拟角色的区别，造成心理错位，行为失调，产生双重人格，并伴有焦虑、抑郁等强烈情绪波动，影响健康人格的形成。[③]

2. 生活幸福感降低

已有研究发现，网络成瘾青少年生活满意度要显著低于没有网络成瘾者。[④]青少年沉迷网络，忽视了现实生活的亲情与友谊，对家人及周围朋友的劝告深感厌烦，导致双方矛盾日益加深，生活幸福感降低。

3. 造成社会疏离感

研究发现，有网络成瘾的青少年的社会疏离感要高于没有网络成瘾的。网络成瘾的青少年宁愿沉浸在网络的虚拟世界里，也不愿意花时间与父母、亲戚朋友交流，导致现实生活中的亲情和友情逐渐淡漠，与社会疏离感进

---

①　陈霞、肖之进：《网络成瘾与非成瘾大学生现实社会支持和网络社会支持比较》，《通化师范学院学报》（人文社会科学版）2014 年第 3 期。

②　康亚通：《青少年网络沉迷研究综述》，《中国青年社会科学》2019 年第 6 期。

③　Ostovar, S., Allahyar, N.&Aminpoor, H. et al., "Internet Addiction and Its Psychosocial Risks (Depression, Anxiety, Stress and Loneliness) Among Iranian Adolescents and Young Adults: A Structural Equation Model in a Cross-Sectional Study", *International Journal of Mental Health & Addiction*, vol.14, no.3, 2016, pp.257-267.

④　Behera, S.S., "Internet Addiction & Social Values", *Internet Journal of Advance Research, Ideas and Innovations in Technology*, vol.3 , no.1, 2017, pp.855-857.

一步增强。[1]

4.影响学业

网络成瘾的青少年会因为迷恋网络,上网时间失控,在网上浪费了大量的时间,甚至旷课、逃学,造成学业成绩的急剧下滑。[2]

> 我儿子高一时还是年段第 4 名,自从迷上上网,高二就掉到了 200多名。他一天到晚抱着手机刷抖音,没有了生活目标和学习目标。上课也没办法集中精力听课,说听不进去。(PZY,母亲,50 岁,大专,大学行政人员)

(六)青少年网络成瘾的研究综述

已有研究主要聚焦青少年网络成瘾的危害,如引发青少年的焦虑、抑郁等消极情绪,甚至导致青少年的认知能力下降、违纪行为增多。[3] 网络成瘾的原因分析,既有个体因素,如性别、年级、自尊、孤独等[4];也有家庭因素,如亲子关系、家庭教养方式、家庭功能等[5];还有同伴因素,如同伴关系紧张、疏离水平高的青少年往往会在网络上寻求情感支持,更有可能网络成瘾。[6] 青少年网络成瘾的预防与矫治研究,如"家庭沙盘治疗""在线专家

---

[1]　Pontes, HM., Kuss, D.& Griffiths, M., "Clinical Psychology of Internet Addiction: A Review of Its Conceptualization, Prevalence, Neuronal Processes, and Implications for Treatment", *Neuroscience & Neuroeconomics*, 2015, vol.3, no.4, pp.11–23.

[2]　Park, S., Kang, M.& Kim, E., "Social Relationship on Problematic Internet Use(PIU)among Adolescents in South Korea: A Moderated Mediation Model of Self-Esteem and Self-Control", *Computers in Human Behavior*, vol.38, no.3, 2014, pp.349–357.

[3]　Jorgenson, A.G., Hsiao, C.J.& Yen, C.F., "Internet Addiction and Other Behavioral Addictions", *Child & Adolescent Psychiatric Clinics of North America*, vol.25, no.3, 2016, pp.509–520.

[4]　侯娟、樊宁、秦欢、方晓义:《青少年五大人格对网络成瘾的影响:家庭功能的中介作用》,《心理学探新》2018 年第 3 期。

[5]　赵宝宝、金灿灿、邹泓:《青少年亲子关系、消极社会适应和网络成瘾的关系:一个有中介的调节作用》,《心理发展与教育》2018 年第 3 期。

[6]　陈云祥、李若璇、张鹏、刘翔平:《同伴依恋对青少年网络成瘾的影响:有调节的中介效应》,《中国临床心理学杂志》2018 年第 6 期。

系统干预""运动处方"等方案都对网络成瘾起到了有效的治疗作用。[①]

二、青少年网络成瘾的现状及影响因素

(一)青少年网络成瘾的现状

据中国青少年网络协会开展的网络成瘾调查发现,青少年网络成瘾者有 1650 万人,占青少年网民的 13.2%[②],显示出网络成瘾问题的严重性。

(二)青少年网络成瘾的影响因素

1. 人口特征变量

(1)男生网络成瘾比例高于女生

大部分研究发现,男生网络成瘾的比例高于女生。[③]这是因为男生比女生更喜欢上网这种科技活动,网络的使用程度高于女生;男生自尊心强,爱面子,一般不轻易向父母或朋友倾诉情感,宣泄渠道有限,所以往往倾向于通过网络来宣泄情绪,从而导致网络成瘾[④];男生上网的积极性高于女生[⑤];女孩的意志控制能力比男孩强,而意志控制能有效抑制其不恰当行为的发生。[⑥]此外,有些男生出于生理需要,会到色情网站寻求宣泄,从而造成网络色情成瘾。但是值得注意的是,近年来女生网络成瘾的比例呈上升趋势。

(2)年龄小的青少年容易网络成瘾

欧居湖等学者的研究发现,网络成瘾症呈缓慢上升的趋势,17—18 岁

---

① 徐凯:《大学生网瘾防治方法体系构建研究》,《教育教学论坛》2016年第17期;张利滨等:《家庭沙盘游戏治疗对青少年网络成瘾的干预研究》,《广东医科大学学报》2018 年第 3 期。

② 罗湘明、李超民:《传播学视阈下青少年网络成瘾现状及防治研究》,《中国青年研究》2012年第 2 期。

③ 陈云祥、李若璇、刘翔平:《消极退缩、积极应对对青少年网络成瘾的影响:孤独感的中介作用》,《中国临床心理学杂志》2019 年第 1 期。

④ Adiele, I. &Olatokun, W., "Prevalence and Determinants of Internet Addiction Among Adolescents", *Computers in Human Behavior*, vol.31, no.1, 2014, pp.100–110.

⑤ Sharma, A., Sahu, R., Kasar, P. &Sharma, R., "Internet Addiction Among Professional Courses Students: A Study from Central India", *International Journal of Medical Science & Public Health*, vol.3, no.8, 2014, pp.1069–1073.

⑥ Valiente, C., Lemery–Chalfant, K., Swanson, JI. et al., "Prediction of Children's Academic Competence from Their Effortful Control, Relationships, and Classroom Participation", *Journal of Educational Psychology*, vol.100, no.1, 2008, p.67.

急剧下降，18—20岁达到新高度，22岁以后又飞速下降。[①]

（3）家庭社会经济地位低的青少年容易网络成瘾

青少年的网络成瘾与父母的受教育程度显著相关，父母受过高等教育，孩子的网络成瘾率明显较低。这说明受教育程度制约了家长对网络的认知和对孩子上网习惯的指导。

家庭收入差的青少年更易网络成瘾。因为低社会经济地位家庭的孩子自我价值较低，因而会增加其将网络社交活动对同伴的认可和接纳作为自我价值感的依赖。[②]

（4）相比城市和农村，城乡接合部的青少年更容易网络成瘾

已有研究发现，城乡接合部，网吧众多，管理较为疏漏，青少年更容易网络成瘾。[③]

2. 社会心理因素

（1）低自尊和抑郁的青少年容易网络成瘾

研究发现，具有低自尊与抑郁人格特征的青少年容易网络沉迷。美国精神病学家发现网络成瘾的病人当中，大多数患有抑郁症、狂躁症和社交恐惧症。[④]

（2）现实人际交往障碍的青少年容易网络成瘾

现实生活中存在人际交往障碍的青少年更容易网络成瘾。[⑤]由于人际交往能力较弱，在现实生活中经常得不到认可和支持的青少年，很容易产生社交焦虑感，转而投向更便捷的网络世界寻求社会支持，从而获得归属感和替代性满足感。

---

① 张大均、欧居湖：《青少年学生网络成瘾研究》，中国社会心理学会2006年学术研讨会论文集。

② 金盛华等：《青少年网络社交使用频率对网络成瘾的影响：家庭经济地位的调节作用》，《心理科学》2017年第4期。

③ 孙宏艳：《家庭应成为预防青少年网络沉迷的第一道防线》，《教育科学研究》2012年第1期。

④ 张琴、王耘、苑春永等：《网络成瘾与青少年不良情绪行为关系的性别效应研究》，《中国临床心理学杂志》2014年第6期。

⑤ Lo, SK., Wang CC., &Fang, W., "Physical Interpersonal Relationships and Social Anxiety among Online Game Players", *Cyberpsychol Behavior*, vol.8, no.1, 2005, pp.15-20.

（3）悲观厌世或有自杀倾向的青少年容易网络成瘾

韩国学者通过调查发现，网络成瘾得分与悲观和自杀意识得分显著相关，即悲观厌世或有自杀倾向的青少年容易在网络上放纵自我，造成网络成瘾。[①]

（4）学业成绩差的青少年容易网络成瘾

在现实生活中无法获得好的学业成绩的青少年，会转而投向网络虚拟世界，去获得成就感和认同感。[②]

3. 网络使用习惯：使用动机为游戏娱乐的青少年容易网络成瘾

网络成瘾青少年的网络使用动机大多是以游戏娱乐为主，如打游戏、社交聊天、影视音乐下载等。由此可见，过多的网上娱乐性活动与青少年的网络成瘾有显著相关性。浏览网络色情内容为导致网瘾的风险因素，而使用网络学习或搜索知识则可以防止网络成瘾。[③]

4. 家庭情境氛围

（1）紧张亲子关系家庭的青少年容易网络成瘾

亲子关系是青少年网络成瘾的影响因素。[④] 亲子之间冲突可能会加剧青少年过度上网的程度[⑤]，因为亲子关系融洽家庭的青少年，虽然对于其家长控制上网的态度、行为和方式略有不满，但是为了获得好的学业成绩，也会理解父母的苦衷，并与父母协商，达成共识，所以网络成瘾的可能性较小。

[①]　Lin, IH. et al., "The Association Between Suicidality and Internet Addiction and Activities in Taiwanese Adolescents", *Comprehensive Psychiatry*, vol.55, no.3, 2014, pp.504–510.

[②]　赵春梅、杨伯溆：《父母教养方式对初中生电子游戏成瘾的影响——基于北京市10个家庭的深度访谈》，《少年儿童研究》2009年第4期。

[③]　谭三勤、李增庆、曾腊初：《长沙高校使用因特网学生中病理性使用的检出率及其影响因素》，《中国心理卫生杂志》2004年第18期。

[④]　Yang, X., Zhu, L., Chen, Q., Song, P. & Wang, Z., "Parent Marital Conflict and Internet Addiction among Chinese College Students: The Mediating Role of Father–child, Mother–child, and Peer Attachment", *Computers in Human Behavior*, vol.59, no.3, 2016, pp.221–229.

[⑤]　张馨月、邓林园：《青少年感知的父母冲突、自我同一性对其网络成瘾的影响》，《中国临床心理学杂志》2015年第5期。

与此相反，亲子关系紧张家庭中的青少年，往往不服家长管教，对父母表现出强烈的逆反心理，而父母往往不理解孩子想法，对孩子抱有美好，甚至不切实际的期望，成为孩子沉重压力和枷锁，使孩子产生激烈的抵触情绪甚至失去学习的兴趣。而沉浸在网络世界，可以使青少年暂时忘记现实中家长的训斥、责骂，获得一种认同感和满足感。

（2）家长网络素养较低，孩子容易网络成瘾

已有研究发现，几乎所有"网络成瘾青少年"的家长很少使用网络，网络技能较差，网络素养较低，对网络认知持负面、消极，甚至仇视态度。当他们发现孩子上网时（即使孩子没有过度上网），会极力反对阻止，而没有意识到网络对于孩子的重要性，从而导致亲子之间的冲突，并使已有的紧张亲子关系进一步恶化。在发现孩子沉湎网络之后，这些父母会进而责怪网络游戏公司、网吧、孩子朋友或电脑本身，试图采取各种方法来阻止孩子上网，甚至使用某些极端手段。

如果父母具有较高网络素养，对网络认知持积极态度，会正确看待孩子上网行为，增加父母和孩子共同的上网话题，孩子的上网行为就能得到更好的引导，从而增进彼此之间的信任。父母的这种努力最终可以避免不当使用网络的行为。①

（3）父母教养方式是青少年网络成瘾的强预测因子

已有研究发现，父母教养方式为冷漠型、专制型和骄纵型，在人格特征和人际关系方面都会出现问题，容易产生社会适应障碍，网络便成了他们逃避生活的一种方式，进而增加青少年网络成瘾的可能性；而民主型、教养型家庭，父母能尊重孩子的意见和兴趣，孩子对现实生活满意度较高，孩子的网络成瘾比例较低；而且母亲教养方式比父亲教养方式对青少年网络成

---

① 金盛华、吴嵩：《家长的网络关联度与青少年网络成瘾程度的关系：家长网络监管的调节作用》，《心理与行为研究》2015年第4期。

瘾有更大的影响作用。[①]

（4）健康的家庭环境对青少年的网络成瘾有预防和治疗作用

良好的家庭环境，是青少年健康成长的保障。家庭结构不稳定，家庭功能不全，孩子不能得到完整的父母之爱，会影响到其人格和情感的正常发展，在一定程度上容易导致青少年网络成瘾。[②]健全的家庭功能、情感表达通畅、和谐的家庭情境对青少年网络成瘾则具有重要的预防作用。[③]另一项神经科学实验也发现，家庭凝聚力能够治疗青少年网络成瘾行为。这是因为家庭凝聚力可以有效刺激青少年大脑中管理情感的尾状核，唤醒青少年对父母的情感回应，以减少网络使用时间。[④]

（5）父母积极介入，能够减少青少年的网络成瘾

已有研究发现，父母积极介入，能够减少青少年的网络成瘾，包括：（1）父母具备网络素养，可以跟与子女一起上网，了解子女上网习惯；（2）认可孩子的网络行为，告诉孩子网络潜在的风险及应对方法；（3）一起讨论谨防网络社交风险。[⑤]

---

① Zhang, H.Y., Li, D. P. & Li, X., "Temperament and Problematic Internet Use in Adolescents: A Moderated Mediation Model of Maladaptive Cognition and Parenting Styles", *Journal of Child and Family Studies*, vol.24, no.7, 2015, pp.1886–1897; 刘丹霓、李董平：《父母教养方式与青少年网络成瘾：自我弹性的中介和调节作用检验》，《心理科学》2017年第6期。

② Han, D. H., Kim, S. M., Lee, Y. S.& Renshaw, P. F., "The Effect of Family Therapy on the Changes in the Severity of On-Line Game Play and Brain Activity in Adolescents with On-Line Game Addiction", *Psychiatry Research*, vol.202, no.2, 2012, pp.126–131.

③ 颜剑雄、程建伟、李路荣：《高中生网络成瘾倾向与家庭功能的关系》，《中国健康心理学杂志》2015年第1期。

④ Liu, Q., Fang, X., Yan, N., Zhou, Z., Yuan, X., Lan, J., & Liu, C., "Multi-Family Group Therapy for Adolescent Internet Addiction: Exploring the Underlying Mechanisms", *Addictive Behaviors*, vol. 42, no.2, 2015, pp.1–8.

⑤ Nielsen, P., Favez, N., Liddle, H.& Rigter. H., "Linking Parental Mediation Practices to Adolescents' Problematic Online Screen Use: A Systematic Literature Review", *Journal of Behavioral Addictions*, vol.8, no.4, 2019, pp. 649–663.

第五章 青少年家庭的网络安全素养教育

第一节 青少年网络安全素养：
媒介素养的新内涵

一、资讯素养、网络素养及网络安全素养的内涵

（一）资讯素养

数字时代来临，资讯的储存、流通与使用因为传播科技的发展便捷快速，资讯充斥在现代人的日常生活中，过去单纯的读写能力，已不足以应付目前资讯爆炸的时代，资讯素养成为现代公民必备的知识之一。

美国国家图书馆与资讯科学委员会（US National Commission on Libraries and Information Science）早在 1970 年在政策规划草案中提出资讯素养概念，该草案建议政府应该广为教育民众与其工作相关的资讯素养。"资讯素养"的定义为：一个人具有能力知道何时需要资讯，且能有效地寻得、评估与使用所需要的资讯。换句话说，在日常生活中可察觉自己的资讯需求，并且有能力去处理。[①]

美国图书馆协会（American Library Association，ALA）与教育传播科技委员会（Association of Educational Communication and Technology，AECT）针

---

① American Library Association Presidential Committee on Information Literacy. *Final Report*. Chicago: Author, 1989, p.46.

对学生资讯素养的学习状况提出以下的评量标准[①]：

1. 能有效率、有效地接近使用资讯。

2. 能完整而严格地评估资讯。

3. 可以有创意且精确地使用资讯。

4. 有能力追求个人本身有兴趣的资讯。

5. 会欣赏文献本身或是有创意的资讯表达方式。

6. 会努力寻找资讯及创造知识。

7. 认知资讯对民主的重要性。

8. 可以实践对资讯及资讯科技应有的伦理。

9. 参与讨论，并追求和创造资讯。

从理论的发展来看，资讯素养的定义会因为研究偏重的层面不同而有所差异，一则强调它是一组个人的特质，再则强调它是一种资讯运作的技能知识，又或强调它是一种学习的过程。[②]

资讯时代必须具备资讯素养方能有效地使用资讯科技，资讯素养区分为一般性资讯素养（general information literacy）与资讯技术素养（information technology literacy）二种不同的层次，亦即除了运用资讯的能力与知识外，更应探讨个人对于资讯技术方面的应用能力与知识，例如资讯硬体设备的操作及功能运作的理解程度，资讯软体工具之应用和熟悉程度等资讯技能等。

资讯素养乃是指个人能找出、处理资讯并加以有效利用资讯的能力，不论资讯所得来源为何种形式，也就是说，传统印刷媒体、电子媒体或新兴的网媒体所得的资讯，都是在此一概念范围；资讯素养是一个人类素养之最大且最为复杂的系统，资讯素养的内涵，必须加入传统素养、电脑素养、网络素养及媒体素养的概念，才能称之为资讯素养，资讯素养应包含四个

① American Association of School Librarians and Association for Educational Communications and Technology. *Information Literacy Standards for Student Learning: Standards 21 and Index*, Chicago:Ill.:American Library Association, 1998, pp.1–2.

② Webber, S. & Johnston, B., "Conceptions of Information Literacy: New Perspectives and Implications", *Journal of Information Science*, vol.26, no.6, 2000, pp.381–397.

不同的层面 [①]：

1. 传统素养（traditional literacy），亦即个人的听说读写等语文能力以及数理计算的能力。

2. 媒介素养（media literacy），意指运用、解读、评估、分析甚或是制作不同形式的传播媒体及内容素材的能力。

3. 电脑素养（computer literacy），意指电脑及各项资讯科技设备的使用能力。

4. 网络素养（network literacy），意指运用网络搜寻资讯的能力、对于网络的资源价值及运作规范的理解等。

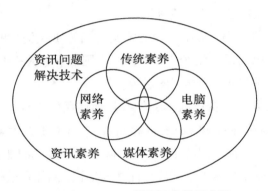

图5-1　McClure的资讯素养概念图

有西方学者提出资讯素养核心六能力的养成，有资讯能力、媒体识读素养、电脑识读素养、视觉识读素养，终身学习及资源本位学习等六项 [②]：

1. 资讯能力（information competence）：寻找、评估及使用以各种形态呈现的资讯之能力，或整合电脑知能、科技知能、媒体识读、批判思维及沟通的综合能力。

①　McClure, C.R., "Network Literacy: A Role for Libraries?" *Information Technology and Libraries*, vol.13, no.2, 1994, p.115.

②　Plotnick, E., "Definitions/ Perspectives", *Teacher Librarian*, vol.28, no.1, 2000, p.1.

2. 媒体识读素养（media literacy）：即以多元形态进行与沟通相关过程及内容的解读、分析、评估、形成沟通的能力。

3. 电脑识读素养（computer literacy）：即使用电脑及软体完成用性任务的能力。

4. 视觉识读素养（visual literacy）：指的是一种对视觉要素的知识，能理解图像意义及构成要素的能力。

5. 终身学习（lifelong learning）：由学习者自发、有企图的计划、基于自我内在动机驱动、对自我能力的评估以及对学习机会资源的评估，透过自我管理程序所进行的自主性学习能力展现的活动历程。

6. 资源本位的学习（resource-based learning）：自置于分化式资源中，而能透过资讯辨识，以整合形成特定主题学习的能力。

美国学者提出的资讯素养概念包括：确认主要资讯资源、架构可研究问题、寻找评估管理使用知识、挖掘资讯、解析资讯、资讯的批判与评估；资讯素养则可包括的面向有：资讯技术经验、资讯来源经验、资讯处理经验、资讯控制经验、知识建构经验、知识扩展经验、智慧经验。从终身学习的角度看，资讯素养可视为个人的终身学习过程，而非只是单纯地去利用图书馆内的所提供的资源。[①]

美国学院与研究图书馆（Association of College & Research Libraries）更提出有关《高等教育资讯素养能力标准》的修正草案，在内容中提到个人在大环境中所受到的影响，会改变每个人资讯素养的程度与看法；资讯素养是超越任何一种素养的意涵，是一种多元化的素养概念。同时，具备资讯素养的人，将能获取对资讯的批判能力，进而提升对于资讯的鉴别能力，使其能自觉地发现问题，确立其问题主旨，来寻求所需之资讯、组织及综合资讯、评估判断资讯。[②]

---

① Bruce, B.C., *Literacy in the Information Age : Inquiries into Meaning Making with New Technologies*. Newark, Del : International Reading Association, 2003, p.325.
② 曾淑芬、吴齐殷、黄冠颖、李孟壕：《台湾地区数位落差问题之研究》，台湾行政管理机构研究发展考核委员会委托之专题成果报告，2002 年 5 月，第 6 页。

（二）网络素养

有关网络素养的概念发展至今，学者仍有不同的界定，认为网络素养是一个仍在发展、尚在形成中的概念。

有学者指出，网络素养是指个人的网络使用知识与网络资源的检索、应用能力。[①]

也有学者将网络素养的概念归类为：1. 网络使用能力；2. 资讯评估能力；3. 网络安全能力；4. 网络法律能力；5. 网络礼仪能力等五个面向。[②]

（三）网络安全素养

当网络成为素养的新地景，素养不仅是一种能力，还是一场数位文化品位的行动。

网络虚拟世界，已成为现代人生活的一环。随着网络的发展与普及，儿童少年在上网学习或休闲时，也十分容易接触到违法或是与其年龄不相当的资讯，而且一些对儿童少年有特别企图之人，如恋童癖者，也利用网际网络寻找受害儿童，诱拐出来加以性侵害，或是大量散布、制造、复制、贩卖儿童色情图影（指利用未满 18 岁之人拍摄猥亵、性交图像）。近几年来，英国、德国、意大利、澳洲、美国等国纷纷破获大型儿童色情网站集团，逮捕数万人，显示出这个问题的严重性，也代表各国政府已采取必要行动来守护青少年上网安全。

英国家庭部根据青少年上网安全的关怀重点，将"网络安全素养"界定为有计划地使用网络（网络使用能力），遵守电脑网络相关使用规范（网络礼仪能力、网络法律能力），能留意、辨别网络内容与其他网友与真实世界有别（资讯评估能力），且不泄露个人资料与上网密码（网络安全

---

① McClure, C. R. "Network Literacy: A Role for Libraries?" *Information Technology and Libraries,* vol.13, no.2, 1994, pp.115–125; 庄道明：《从台湾学术网站使用者调查解析网络虚拟社群价值观》，《资讯传播与图书馆学》1998 年第 5 期。

② Teicher, J. "Integrating Technology into the Curriculum: an Action Plan for Smart Internet Use", *Association for Supervision and Curriculum Development Educational Leadership Magazine,* vol.56, no.5, 1999, pp.76–89.

能力)。①

二、青少年网络安全素养的现状

(一)中学生网络安全素养亟待提高

人人皆知 "防胜于治疗" 的道理, "水可载舟亦可覆舟"。虽然大部分的网络资讯均有助于拓展青少年的视野, 但是与此相对, 却有很多不当的网络资讯暴露于他们面前。更糟糕的是, 部分别有用心的人士会利用网络接触青少年, 进行危险或不法勾当。孩子在使用网络资源的同时, 对于网络安全认知有多少? 他们的网络安全素养状况如何呢? 值得我们进一步去探索和了解。

本研究发现, 中学生网络安全素养均值为 3.87, 各个选项得分情况依次为:

"我不会泄露个人与家里的上网密码", 以 "非常同意" 所占比例最高, 有 58.6%; 其次为 "同意", 占 24.9%; 表示 "不确定" 的有 7.7%; "非常不同意" 占 5.3%; "不同意" 占 3.6%; 均值为 4.28(介于 "非常同意" = 5, "同意" = 4 之间)。

"我会警觉在聊天室中特别想要认识孩童的陌生人", 以 "非常同意" 所占的比例最高, 有 51.3%; 其次为 "同意", 占 27.2%; 表示 "不确定" 的有 13%; "非常不同意" 占 5.3%; "不同意" 则占 3.2%; 均值为 4.16。

对于 "我在网络上不给别人自己的个人资料(如真实姓名、家庭地址、电话号码、学校名字等)", 此项叙述, 以 "非常同意" 所占比例最高, 占 49.3%; 其次为 "同意", 占 25.8%; 再者为 "不确定", 占 13.4%; "非常不同意" 占 6.3%; "不同意" 占 5.1%; 均值为 4.07。

"我会有计划地使用或停止使用网站的内容", 表示 "非常同意" 的占 41.2%; 其次为 "同意", 占 32.1%; "不确定" 的占 17.4%; "非常不同意" 的占 5.9%; "不同意" 的占 3.4%; 均值为 3.99。

---

① Home Office. *Campaign Eveluation Report of Child Protection on the Internet*, UK: Task Force on Child Protection, 2003, p.23.

"我知道学校对网络使用的规定"，接近四成（38.1%）受访学生表示"非常同意"；表示"同意"有36.5%；"不确定"占15%；"非常不同意"有5.3%；"不同意"占5.1%；均值为3.97。

"我会特别注意在聊天室中的聊天内容"，表示"非常同意"占34.1%；"同意"的有33.5%；"不确定"的占21.1%；"不同意"的占6.1%；"非常不同意"的占5.1%；均值为3.85。

"爸妈会监督我使用网络的行为"，有32.5%的受访中学生认为"同意"；其次为"非常同意"的，占28.6%；表示"不确定"的占21.5%；"不同意"的占9.1%；"非常不同意"的有8.3%；均值为3.64。

对"我不在网络上认识没有见过面的陌生人"此叙述，以"非常同意"最多，也仅占27.8%，其次为"不确定"，占26.2%；再者为"同意"，占21.7%；"不同意"的占16%；"非常不同意"的所占比例最低，占8.3%；均值为3.45（介于"同意"= 4，"不确定"= 3 之间）。

针对"网络聊天室中没有见过面的陌生人，经常和他们描述的身份不一样"叙述，表示"不确定"占比最高，占36.3%；其次为"同意"，占24.7%；再者为"非常同意"，占21.3%；表示"非常不同意"和"不同意"者均占11.7%；均值为3.41。

以上得分情况说明，青少年对于个人资料保护的观念较强，对网络上不会给别人自己的个人资料和家里上网密码，皆抱有非常同意或同意立场，大致认知正确；但是，青少年对于网友身份辨识能力亟待加强，他们并不排斥在网络上认识没有见过面的陌生人，说明警觉心不够，仍待加强。

（二）大学生网络安全素养现况不容乐观

研究结果显示，大学生网络安全素养均值为3.86（介于"同意"= 4，"不确定"= 3 之间），略低于中学生的网络安全素养（3.87），这说明，相比过去，现代学校和家庭对孩子的网络安全素养十分重视。网络安全素养各项得分如下表所示（见表5-1）：

表5-1　大学生网络安全素养量表统计表（%、分）

	非常同意	同意	不确定	不同意	非常不同意	均值
我不会泄露个人与家里的上网密码	55.2	33.7	7.3	2.9	0.8	4.4
我会警觉在网络聊天中特别想要认识孩童的陌生人	43.1	40.7	11.2	3.4	1.7	4.2
我在网络上不给别人自己的个人资料（如真实姓名、家庭地址、电话号码、学校名字等）	35.4	38.5	18.5	6.6	1.1	4
我会特别注意网络聊天内容	29.9	46.9	16.4	5.7	1.1	3.99
我会有计划地使用或停止使用网站的内容	30.3	45	19.3	3.1	2.2	3.98
我知道学校对网络使用的规定	23.4	42.8	24.9	6.2	2.8	3.78
网络聊天中没有见过面的陌生人，经常和他们描述的身份不一样	18.3	29.7	41	9	2.1	3.53
我不在网络上认识没有见过面的陌生人	23.2	28.3	23.6	18.6	6.3	3.43
爸妈会监督、引导我使用网络的行为	16.8	35.1	26.7	16.8	4.6	3.43

三、影响青少年网络安全素养的因素

随着网络层出不穷的现象，影响当代青少年网络安全素养的因素有哪些？青少年的人口特征、网络媒体使用、家庭沟通模式是否影响其素养的形成？这些都是本研究要探讨的问题。

台北青少年网络使用研究显示，随着就读年级、年龄或居住地区的不同，青少年网络安全素养有显著差异。[①] 因此，本研究假设：

---

① 黄葳威、林纪慧、梁丹青：《台湾青少儿网路使用调查报告》，发表于《系上白丝带，关怀e世代》记者会，台北市文化大学国际会议厅，见政大数位文化行动研究室与白丝带工作站"媒体探险家"教学网站，2006年4月7日，http://elnweb.creativity.edu.tw/mediaguide/。

H1a：中学生的网络安全素养具有性别差异。

H1b：大学生的网络安全素养具有性别差异。

H2a：中学生的网络安全素养具有年龄差异。

H3a：城市中学生的网络安全素养较高。

H3b：城市大学生的网络安全素养较高。

研究证实，父母之教育程度不同、职业不同，子女网络安全素养亦有差异。[①] 因此，本研究提出如下假设：

H4a：父母受教育程度越高，中学生的网络安全素养越高。

H4b：父母受教育程度越高，大学生的网络安全素养越高。

H5a：中学生的网络安全素养与父母的职业显著相关。

H5b：大学生的网络安全素养与父母的职业显著相关。

已有研究发现，青少年使用网络时间与网络安全素养有显著关联。[②] 因此，本研究假设：

H6a：上网时长越长的中学生，网络安全素养越低。

H6b：社交媒体依赖越深的大学生，网络安全素养越低。

H7a：上网目的为信息搜索的中学生，网络安全素养较高。

H7b：上网目的为信息搜索的大学生，网络安全素养较高。

由于家庭传播规范了青少年在家中学习，使得他们会对线上的论述有所批评、评价，并且会指出他们所批评的面向。相反的，服从定向家庭的青

---

① 戴丽美：《数位媒体与小学童价值观之相关性研究：以大台北地区小学三年级学童为例》，硕士学位论文，台湾政治大学行政管理在职研究所，2005年，第35页。

② 黄葳威、林纪慧、梁丹青：《台湾青少儿网路使用调查报告》，发表于《系上白丝带，关怀e世代》记者会，台湾文化大学国际会议厅，见政大数位文化行动研究室与白丝带工作站"媒体探险家"教学网站，2006年4月7日，见 http://elnweb.creativity.edu.tw/mediaguide/。

少年对于网络是较少批评甚至多半是接受的情况。① 因此,本研究假设:

H8a:家庭对话沟通模式得分越高的中学生,其网络安全素养越高。

H8b:家庭对话沟通模式得分越高的大学生,其网络安全素养越高。

(一)中学生网络安全素养的影响因素

我们采用分层回归分析的方法,首先输入人口特征变量(性别、年龄、居住地、父母受教育程度),其次输入网络使用变量(上网时长、上网目的),之后输入家庭沟通模式,来依次检验这些自变量对中学生网络安全素养的影响。经过共线性检测,显示没有共线性问题。结果显示(见表5-2):

表5-2 中学生网络安全素养影响因素的分层回归分析

预测因素	模型1(人口特征)	模型2(网络使用)	模型3(家庭沟通模式)
性别	−.105*	−.105*	−.101*
年龄	−.141**	−.109*	−.103*
居住地	.060	.061	.041
父亲受教育程度	.072	.066	.064
母亲受教育程度	−.016	−.019	−.043
上网时长		−.075	−.042
网络消费		.060	.071
网络社交		.108	.101
信息搜索		.172**	.113*
对话定向			.338***
服从定向			.150
调整 R^2	.043	.072	.210
F	5.561***	5.361***	13.251***

注: * 表示 $p < 0.05$, ** 表示 $p < 0.01$, *** 表示 $p < 0.001$。

① 高于乔:《家庭传播型态与E世代阅听人网路素养之关联性研究》,数位创世纪网路科技与青少儿e化趋势国际研讨会议论文,2018年9月,第1—20页。

1. 人口特征变量与中学生网络安全素养

（1）女生的网络安全素养明显高于男生

研究发现（见表5–2），网络安全素养与性别呈显著的负相关（$\beta = -.105$，$P < .05$），即女生的网络安全素养得分明显高于男生。H1a 成立。这说明，男生对于网络风险的防范意识较弱。访谈结果也证明了这一点。

女孩子才需防范网络风险。（CX, 男, 16 岁, 高一）

（2）随着年龄增长，中学生网络安全素养反而降低

研究结果显示（见表5–2），年龄与网络安全素养显著负相关，即年龄愈小的中学生，网络安全素养程度愈高（$\beta = -.141$, $P < .05$）。这不得不引起我们的警惕，因为随着年龄增长，中学生自以为自己已经长大，可以自己处理网络问题，因而对网络风险的防范意识反而减弱了。H2a 得到支持。

（3）中学生网络安全素养不具有城乡差异

研究发现（见表5–2），中学生的网络安全素养不具有城乡差异。H3a 不成立。

（4）孩子的网络安全素养与父母受教育程度不相关

研究发现（见表5–2），孩子网络安全素养与父母的受教育程度不相关。H4a 未得到支持。

（5）父亲职业为教师、医生、军人，其孩子的网络安全素养最高

我们根据学者师保国、申继亮的职业分类法[1]，将父亲和母亲的职业分别依次赋值为1—4：无业、失业、待业人员、农民 = 1；工人和个体经营人员 = 2；公司职员 = 3；教师、医生、军人 = 4，计算各种职业类别家庭孩子的网络安全素养的得分。

研究发现（见表5–3），父亲不同职业类别家庭孩子的网络安全素养的得分依次为：35.89（父亲职业 = 4）＞ 35.88（父亲职业 = 3）＞ 35.07（父亲

---

[1] 师保国、申继亮：《家庭社会经济地位、智力和内部动机与创造性的关系》，《心理发展与教育》2007 年第 1 期。

职业＝2）＞ 33.26（父亲职业＝1）。ANOVA 方差进一步分析（见表5-3）发现，这种差异达到显著的程度，即孩子的网络安全素养与父亲职业显著相关（P ＜ .05），但是孩子的网络安全素养与母亲职业类别不相关。H5a 部分成立。

表5-3　孩子的网络安全素养与父亲职业的方差分析

	平方和	df	均方	F	显著性
组间	504.954	3	168.318	2.949	.032
组内	28704.987	503	57.068		
总数	29209.941	506			

2. 中学生网络使用与网络安全素养

（1）网络安全素养与上网时长不相关

当控制了人口特征变量之后（见表5-2），孩子的网络安全素养与上网时长不相关。H6a 不成立。

（2）上网主要目的是"信息搜索"孩子，其网络安全素养得分最高

我们把上网目的（分类变量）转化为哑变量，以娱乐游戏目的为参照，放进线性回归模型。在控制人口特征变量之后（见表5-2）发现，上网首要目的为信息搜索的青春期孩子网络素养最高（β ＝ .172, P ＜ .01），而以社交活动、网络消费为首要目的孩子的网络安全素养与以娱乐游戏为目的孩子并无显著性差异。这表明，上网首要目的为信息搜索的孩子网络安全素养最高。H1d 得到支持。

3. 家庭对话沟通模式得分越高的中学生，其网络安全素养越高

在控制了人口特征、网络使用变量之后，我们发现（见表5-2），家庭对话沟通模式得分越高的中学生，其网络安全素养越高（β ＝ .338, P ＜ .001）。H8a 得到支持。

（二）大学生网络安全素养的影响因素

我们采用分层回归分析，首先输入人口特征变量（性别、年龄、居住

地、父母受教育程度），其次输入网络使用变量（上网时长、上网目的），之后输入家庭沟通模式，来依次检验这些自变量对大学生网络安全素养的影响。经过共线性检测，显示没有共线性问题。结果显示（见表5-4）：

表5-4　大学生网络安全素养影响因素的分层回归分析

预测因素	模型1（人口特征）	模型2（社交媒体依赖）	模型3（家庭沟通模式）
性别	.017	.021	.018
年龄	−.064	−.071	−.066
居住地	.045	.021	.026
父亲受教育程度	.007	.013	.011
母亲受教育程度	−.039	−.031	−.041
社交媒体依赖		−.184***	−.142***
网络消费		−.022	−.012
网络社交		−.007	−.016
信息搜索		−.003	−.009
对话定向			.130***
服从定向			.125
调整 R^2	.007	.028	.058
F	0.958	3.299**	4.986***

注：* 表示 $p < 0.05$，** 表示 $p < 0.01$，*** 表示 $p < 0.001$。

1. 人口特征变量与大学生网络安全素养

（1）大学生网络安全素养不具有性别、年龄、居住地的差异

研究发现（见表5-4），大学生网络安全素养与性别、年龄、生源地不相关（$P > .05$；$P > .05$；$P > .05$）。H1b、H2b、H3b 不成立。

（2）大学生网络安全素养与父母受教育程度不相关

研究发现（见表5-4），大学生网络安全素养与父母受教育程度不相关

（P ＞ .05）。H4b 不成立。

（3）大学生网络安全素养与父母职业不相关

研究发现（见表 5-4），大学生网络安全素养与父母职业不相关（P ＞ .05）。H5b 未得到支持。

2. 大学生网络媒体使用与网络安全素养

（1）社交媒体依赖越深的大学生，网络安全素养越低

当控制了人口特征变量之后（见表 5-4），发现社交媒体依赖越深的大学生，网络安全素养越低（$\beta = -.184$，P ＜ .001）。H6b 得到支持。

（2）大学生的网络安全素养与上网目的不相关

当控制了人口特征变量之后（见表 5-4），发现大学生的网络安全素养与上网目的不相关。H7b 未得到支持。

3. 对话定向家庭沟通模式得分越高的大学生，其网络安全素养越高

在控制了人口特征、网络使用变量之后，我们发现（见表 5-4），对话定向家庭沟通模式得分越高的大学生，其网络安全素养越高（$\beta = .338$，P ＜ .001）。H8b 得到支持。

四、青少年网络安全素养与网络风险的关联性

（一）网络安全素养越低的中学生，越容易遭遇网络风险

本研究发现（见第二、三、四章），网络安全素养越低的中学生，越多地接触网络色情内容（$\beta = -.028$，P ＜ .05）；更多地遭遇网络性诱惑（$\beta = -.079$，P ＜ .01）、对他人进行网络霸凌（$\beta = -.216$，P ＜ .001）。这充分表明，网络安全素养越低的中学生，越容易遭遇网络风险。

（二）大学生网络风险与其网络安全素养不相关，而是与其社交媒体依赖有关

本研究发现（见第二、三、四章），除了网络风险性行为之外，大学生接触网络色情内容（P ＞ .05）、网络暴力内容（P ＞ .05）等网络风险与其网络安全素养不相关，与其社交媒体依赖有关（$\beta = .074$，P ＜ .05；$\beta = .096$，P ＜ .05；$\beta = .133$，P ＜ .001）。

五、结论与讨论

（一）高等教育程度能弥合青少年网络安全素养的"数字鸿沟"

虽然中学生的网络安全素养具有性别、年龄、父母职业的差异，但是到了大学阶段，这种人口特征变量带来的差异逐渐不显著，这说明高等教育程度能弥合青少年网络安全素养的"数字鸿沟"。

（二）上网主要目的是"信息搜索"中学生，其网络安全素养得分最高；而大学生社交媒体依赖越深，网络安全素养越低

中学生的网络安全素养与网络使用习惯显著相关，上网主要目的是"信息搜索"中学生，其网络安全素养得分最高；而大学生社交媒体依赖越深，网络安全素养越低。

（三）家庭对话沟通模式得分越高的青少年，其网络安全素养越高

家庭对话沟通模式得分越高的青少年，其网络安全素养越高。这是因为对话定向的家庭沟通模式，可以帮助指引青少年脑中认知地图的位置，当遇上外界的公共事务、媒体使用等议题时可立刻判断自己应采取行为。

（四）青春期网络安全素养教育的重要性及迫切性

虽然大部分的网络资讯有助于拓展青少年的视野，但是相对的，却有很多关于成人导向或不正当的网站资讯暴露于他们的面前。更糟的是，部分有心人士会利用网络接触青少年，从事危险或不法勾当的行为。

根据本研究发现，网络安全素养越低的中学生，越容易遭遇网络色情内容、网络暴力内容、网络性诱惑、网络霸凌等网络风险，显示出青春期阶段加强网络安全教育的重要性，教育相关部门应提供一连串网络安全教育之相关课程，针对孩童网络不当资讯的接触、个人上网隐私权的保护及网络交友等相关问题提供指导帮助，配合学校教育及宣导来保护青春期孩子的网络安全是有其必要性及迫切性的。

第二节　身为示范：父母的网络安全素养

一、父母网络安全素养的重要性

家庭是社会系统的中心环节，家长是孩子的首任老师，是孩子社会化的主要影响者，承担着对孩子网络安全行为进行监管和引导的重任。网络在青少年家长的重要性，远远超过青少年。但是青少年家长却未必能够正确认识到这一点。因为孩子多数在家上网，家里成为儿童最常上网的地点，然而放任涉世未深的孩子，特别是青春期孩子在未被过滤、潜藏着不可预知的陷阱与危机之网络环境中，孩子的网络使用安全堪忧。

然而，不少家长却放任孩子上网，不清楚青少年的上网行为。对于孩子可能误触的不宜网络资讯，也毫无警觉；也不怎么关心青少年的上网行为。其实，家长应该以身作则，提醒孩子去辨认有害或不适当的网络内容，并且在接触这些内容的时候要进行通报，正确引导青少年的网络使用；家长还应多倾听孩子的心声，鼓励孩子分享其数字生活，尊重引导他们，让孩子得以自在地分享表达。

因此，我国著名学者卜卫提出了"家长与子女共同提高网络素养"的观点，指出家长是孩子的最佳守护者，因为家长最了解孩子。家长密切关注、有效地指导孩子合理、健康地使用网络，是保证孩子网络安全的最有效办法。家长只有具有较高的网络安全素养，才能与子女就网络安全问题进行沟通和交流，并有针对性地对子女进行指导。

二、父母网络安全素养的现状

（一）父母网络安全素养的现况

随着层出不穷的网络现象，父母的网络安全素养如何，鲜有研究关注。我们通过研究发现：父母网络安全素养均值为 3.82，各项得分如下表所示（见表 5-5）：

表5-5　父母网络安全素养量表统计表（%、分）

	非常同意	同意	不确定	不同意	非常不同意	均值
在网络上散布不实谣言是不对的	55.2	28.6	8.5	3.7	3.9	4.27
我在网络上不要给别人自己的个人资料	46.4	34.3	13.4	3.6	2.4	4.19
网络聊天室中，我对没有见过面的陌生网友通常不会老实地说明自己身份	42.2	38.9	13.8	2.4	2.8	4.15
我会警觉在聊天室中特别想要认识孩童的陌生网友	40.6	33.3	18.3	4.1	3.6	4.03
我不会在聊天室认识没有见过面的陌生网友	38.1	36.5	18.3	3.7	3.4	4.02
我会有计划地使用或停止使用网站的内容	31.2	42.0	20.5	3.6	2.8	3.95
我知道工作场所对网络使用的规定	41.4	41.4	21.5	3.4	3.2	3.93
我可以正确引导孩子网络使用行为	22.7	43	27.6	3.7	3	3.79
当我学会使用数字科技产品（如上网、智能手机等），就可增进自信心	16.4	45.8	24.9	10.5	2.6	3.63
网络上的任何资料可以任意复制使用，而且无须注明出处是不对的	21.5	34.5	26	13	4.9	3.55
网络对自己的生活非常重要	15	39.3	31.6	10.7	3.6	3.51
当我学会使用数字科技产品（如上网、智能手机等），就可增进亲子互动	13.8	39.6	30.2	12	4.3	3.47
网络对孩子的生活非常重要	11.6	27.8	36.7	17.6	6.3	3.21

从网络使用能力、资讯评估能力、网络安全能力、网络法律能力、网络礼仪能力检视青少年家长的网络素养（见表5-6）：以散布不实谣言的错误行为（4.27分）认识得分最高，其次为个人资料保护习惯（4.19分），这代表家长最看重网络法律方面的素养；而对于网络会促进亲子互动（3.47分）和网络对孩子的重要性（3.21分）的认识明显不足，得分最低。

（二）父母网络安全素养的类型

根据因子分析，我们将父母网络安全素养分为以下四大类。

1. 谨慎取向：包括"我知道工作场所对网络使用的规定""网络聊天室中，我对没有见过面的陌生网友通常不会老实地说明自己身份""我不会在聊天室认识没有见过面的陌生网友""我会有计划地使用或停止使用网站的内容""我会警觉在聊天室中特别想要认识孩童的陌生网友"。

2. 规范取向："我在网络上不要给别人自己的个人资料""网络上的任何资料不可以任意复制使用，而且无须注明出处是不对的""在网络上散布不实谣言是不对的"。

3. 科技取向：包括"我可以正确引导孩子网络使用行为""当我学会使用数字科技产品（如上网、智能手机等），就可增进亲子互动""当我学会使用数字科技产品（如上网、智能手机等），就可增进自信心"。

4. 生活取向："网络对自己生活非常重要""网络对孩子生活非常重要"。

统计这四个因子的均值，我们发现：

中国青少年家长的网络安全素养主要是规范取向（4.02），其次是谨慎取向（4.00），科技取向较低（3.63），生活取向得分最低（3.36）；这说明中国青少年家长主要是网络守规族和网络谨慎族，而非网络主动族和网络生活族。这意味着许多家长没有将拥抱科技视为提升自我、关注亲子关系的方式，因此，对网络安全采取具体维护行动也较少。

三、家长网络安全素养的影响因素

不同背景的青少年家长，其网络安全素养是否有差异？本研究着重探讨：

问题一：青少年家长的个人背景不同，网络安全素养是否有显著差异？

邱建志研究台南市一中学家长的网络使用发现，父亲关注网络的正面影响，母亲关注网络的负面影响；家长的年龄在三十五岁以下或职业为家管的家长，更关注网络安全。[①] 因此，本研究假设：

H1a：家长的网络安全素养具有性别差异。

H1b：家长的网络安全素养具有年龄差异。

蔡宗佑分析家长对网络分级过滤系统采用意向发现，居住地区不同（都会与城乡），家长采用网络分级过滤系统意愿有差异；都会地区、北部地区家长采用意愿较高。[②] 因此，本研究提出如下假设：

H1c：城市家长的网络安全素养较高。

台湾研究证实，父母受教育程度越高，职业不同，其网络安全素养有显著性差异。[③] 因此，本研究假设：

H1d：家长受教育程度越高，其网络安全素养越高。

H1e：家长的网络安全素养与其职业显著相关。

问题二：不同网络使用行为的家长，其网络安全素养是否有显著差异？

H2a：上网时长越长的家长，网络安全素养越低。

H2b：上网目的为信息搜索的家长，网络安全素养较高。

（一）人口特征变量与家长网络安全素养

我们采用多元线性回归来考察家长性别、年龄、居住地、受教育程度对家长网络安全素养的影响，结果显示（见表5-6）：

---

① 邱建志：《以多元尺度法探讨中学生之家长对电脑网路的态度：以台南县某中学为例》，硕士学位论文，台南大学数位学习科技所，2010年，第13页。

② 蔡宗佑：《家长对孩童网路分级过滤系统使用意向之研究》，硕士学位论文，台湾成功大学电信管理研究所，2009年，第3页。

③ 黄葳威：《数位时代资讯素养》，台湾威仕曼文化出版社2012年版，第58页。

表5-6　家长性别、年龄、居住地、受教育程度与其网络安全素养的
多元回归分析

模型	非标准化系数		标准系数	t	显著性
	B	标准误差	贝塔		
家长性别	-1.032	.740	-.062	-1.393	.164
家长年龄	.007	.076	.004	.093	.926
家长受教育程度	1.442	.376	.168	3.839	.000
家长居住地	.126	.060	.093	2.109	.035
家长上网时长	.000	.032	.001	.016	.988

1. 家长网络安全素养不具有性别、年龄的差异

多元回归结果显示（见表5-6），家长网络安全素养不具有性别、年龄的差异（P > .05；P > .05）。H1a、H1b 未得到支持。

2. 城市家长网络安全素养高于农村家长

研究发现（见表5-6），家长网络安全素养与居住地呈显著正相关（$\beta = .093$，P < .05），即城市家长网络安全素养高于农村家长。H1c 得到支持。

3. 受教育程度越高的家长，其网络安全素养较高

回归分析结果显示（见表5-6），受教育程度越高的家长，其网络安全素养较高（$\beta = .168$，P < .001）。H1d 成立。

4. 家长网络安全素养与其职业显著相关

根据学者师保国、申继亮的职业分类法[①]，家长职业为"教师、医生、军人"的网络安全素养最高，职业为"无业、失业、待业人员、农民"网络安全素养最低；通过 ANOVA 方差分析（见表5-7），发现这种差异达到显著程度（P < .05；P < .05）。H1e 得到支持。

————————

① 师保国、申继亮：《家庭社会经济地位、智力和内部动机与创造性的关系》，《心理发展与教育》2007 年第 1 期。

表5-7　家长网络安全素养与其职业方差分析

	1	2	3	4	F
父亲职业	48.83	50.13	49.30	51.89	2.717 *
母亲职业	48.44	50.40	49.80	51.82	3.136 *

注：无业、失业、待业人员、农民＝1；工人和个体经营人员＝2；公司职员＝3；教师、医生、军人＝4；＊表示 P ＜ .05。

（二）网络使用与家长网络安全素养

1. 家长网络安全素养与上网时长不相关

回归结果显示（见表5-8），家长网络安全素养与上网时长不相关（P ＞ .05）。H2a 未得到支持。

2. 上网首要目的为"信息获取、搜索"家长的网络安全素养最高

研究发现（见表5-8），上网首要目的为"信息获取、搜索"家长的网络安全素养最高，其次为"社交活动"家长，再次为"娱乐游戏"，以"网络消费"为目的的家长网络安全素养最低；通过 ANOVA 方差分析（见表5-8），发现这种差异达到显著程度，即家长网络安全素养与上网目的显著相关（P ＜ .05）。H2b 得到支持。

表5-8　家长网络安全素养与其上网目的方差分析

	网络消费	娱乐游戏	社交活动	信息获取、搜索	F
上网目的	47.78	47.87	50.01	50.66	3.136 *

注：＊表示 P ＜ 0.05。

四、结论与讨论

（一）家长网络安全素养普遍不高

本研究发现，家长网络安全素养普遍不高（3.82），网络安全素养中规范取向得分最高（知道网络使用的规定）（4.02分），生活取向（即网络对自己生活非常重要、网络对孩子生活非常重要）得分最低（3.36）；这说明家长

主要是网络守规族和谨慎族，而非网络主动族和网络生活族。他们没有将拥抱网络作为提升自我、关注亲子关系的方式，这将影响到其对孩子网络安全所采取的维护行动。

（二）加强弱势群体（受教育程度较低、农村、初级职业层级）家长的网络安全素养教育迫在眉睫

本研究发现，受教育程度较低、农村、初级职业层级家长的网络安全素养较低，因此，加强他们的网络安全素养教育迫在眉睫。

第三节　路在何方：
青少年家庭网络安全素养教育的具体实施路径

一、他山之石：青少年家庭的网络安全素养教育

网络安全已经对青少年的成长构成了严峻的挑战，引起了世界各国的密切关注。美国、英国、德国、芬兰、澳大利亚、日本等国家，甚至中国台湾地区，纷纷制定了相应的网络安全素养教育，来应对日益严重的青少年网络安全问题，其经验值得我们借鉴学习。

（一）台湾青少年的网络安全素养教育

台湾在网络安全权责单位有"台湾行政管理机构新闻局、教育管理机构、内政管理机构警政署刑事警察局、儿童局、经济管理机构、交通管理机构、通讯传播委员会（NCC）"。除了在资讯高速公路上设置交通标志，提醒使用者自行选择是普级或限级区域外，治本之道在于网络安全素养的宣导。如何教导儿童正确了解及分辨网页内容，避免不当及危险的使用行为，减少网络对青少年的负面价值观影响，并结合"政府及 NGO 第三部门"，以及

社区民间力量一起共同努力来推动网络安全教育。①

　　台湾教育部门推进青少年网络安全的学校教育与社会教育相结合；教育部门还推出"国民计算机应用计划"，支持贫困家庭的青少年上网，并推进青少年的网络安全素养教育；2008年，台湾教育部门"数位机会中心"开设"网络使用安全与资讯素养"课程，以加强青少年上网安全意识。

　　台湾还在小学中年级学生当中，开展以网络安全为主题，针对设计网络安全教育之学习内容与活动，进而透过实验教学的方法，以协助学生认识网络使用安全的重要性、了解网络安全的相关重要议题，透过教学培养网络安全的观念、觉察到使用网络时可能遭逢的危险、判断个人行为的可能影响或是非对错，从而反省自我，进而产生观念上或行为上的改变，以使学生具备相关的知能可以运用在日常生活中。网络安全教育之课程内容，以网络安全素养之内容架构为依据，进一步针对不当资讯、个人隐私权及网络交友等三部分安排适当之活动与学习内容（见表5-9）。②

表5-9　青少年网络安全素养教育的学习内容

单元主题	教学重点	教学目标
一、不当资讯	探讨不当资讯的可能接触渠道、影响及正确处理方式	1-1 能知道什么是不当资讯 1-2 能知道不当资讯的来源或可能接触到的渠道 1-3 能知道不当资讯的影响 1-4 能知道如何正确处理不当资讯
二、个人隐私权	探讨个人资料安全与个人隐私权的重要性	2-1 能知道什么是个人隐私权 2-2 能知道哪些是隐私资料不可公布在网络上 2-3 能保护个人上网的资讯安全与隐私 2-4 能在上网时尊重他人隐私权

① O' Briain, M. Borne, A. and Noten, T., *Joint East West Research on Trafficking in Children for Sexual Purposes in Europe: the Sending Countries*, UK: ECPAT Europe Law Enforcement Group, 2004.
② 朱南旭等：《儿童网路安全教育学习成效之评鉴》，"TANET台湾国际网路"研讨会论文集，2008年10月，第4页。

续表

单元主题	教学重点	教学目标
三、网络交友	探讨网友的特性、建立个人安全的网上互动观念与自我保护意识	3-1 能了解结交网友与真实世界面对面交友的差异及优缺点 3-2 能了解结交网友的潜在危机 3-3 能知道保护自身上网安全的重要性 3-4 能知道如何以安全方式与网友互动

（二）海外青少年的网络安全素养教育

1. 英国：规定全国的青少年必须要接受网络安全素养教育，以便在虚拟的网络世界中更好地保护自己。

2. 美国：在网络素养课程规划上，则针对幼儿园到 8 年级学生开发了 Cyber-Smart 课程，帮助青少年安全、负责、有效率地使用网络。

（三）海外家长的网络安全素养教育

1. 欧盟：欧盟耗资 3800 万欧元设立了"举报热线"，以指导父母发现不良资讯如何进行投诉。

2. 美国：美国联邦调查局的网站上还专门提供了"网上安全家长指南"，指导父母如何教导孩子防范网络风险。2009 年，美国出台了《学校及家庭网络教育法》，要求学校和家庭必须对青少年进行网络安全教育。

3. 英国：英国教育技能培训部还建立了专门网站，及时向家长提供最新的网络安全讯息。

4. 日本：重视家庭监管环节。由政府出资给民间公益组织培训"网络指导员"，由他们去指导家长，提高家长保护青少年安全上网的能力。

二、加强家庭网络安全素养教育，减少青少年网络风险

家庭是青少年成长关系最为密切的环境，也是青少年网络安全的微系统环境。在青少年网络安全预警与引导机制的构建上，我们关注的重点应从对网络服务商和内容生产商的监督和规制，转向对网络内容消费者——青少年的网络安全素养教育，这才是网络保护的长远之计。

（一）我国家长网络安全素养教育的实施路径

1. 公益组织的推动

政府虽然重视青少年网络安全，但并不是包办一切的控制者角色，而是宏观主导的协调者角色，也就是说，政府应集纳社会各界力量，尤其要重视志愿者团体、社会慈善机构等公益组织的作用：如由政府出资给民间公益组织培训"网络指导员"，由他们去指导家长，提高家长保护青少年安全上网的能力；公益组织与政府一起借助电视、网络、海报、演讲、研讨会、宣传小册子等各种传播渠道，使健康上网的理念为更多青少年所认知和践行；公益组织还可以为家长，开展网络安全素养教育的课程培训，由他们指导青少年如何安全上网；在此基础上成立"父母网络顾问团"的志愿者组织，义务为父母提供青少年上网安全的咨询；除了师资培训之外，公益组织与大学、科研机构一起，共同进行关于青少年网络安全的调查研究和网络安全素养教育的实践项目，提出各种应对和辅导协助，从而推动网络安全素养教育在全国的兴起和发展。

2. 家庭与学校合作

美国学者爱泼斯坦（Epstein）在 20 世纪 80 年代关于家庭与学校的互动研究发现，家长与教师的共同参与和双向沟通，可形成家庭和学校的教育合力，共同促进儿童的健康发展。[1]

因此，成立由教师和家长共同参与，将学校教育与家庭教育有效结合的交流协作体——互联网家校协会，组织家长与教师之间的交流活动，从家庭和学校不同的角度，共同监督孩子上网情况，注意留意孩子的异常表现，及时发现孩子面临的网络风险，并进行积极的干预；组织家长参加网络安全的讲座，指导家长如何对孩子进行网络安全素养教育；每个家长轮流主持网络安全的各种活动，增进家长对网络安全的认识和了解；一旦发现网络不良信息，立即向相关部门提出整改要求，使之在促进青少年健康成

---

[1] 李胜男、岑国桢：《生态环境说、人生历程说——儿童心理发展的两种新理论》，《宁波大学学报》（教育科学版）2001 年第 6 期。

长方面发挥积极作用。

3. 家庭与社区

在青少年的网络安全素养教育中，社区的作用不可或缺。社区可举办丰富多样的社区活动和设置社区网络安全服务热线，加强社区与家庭之间的交流和互动，使家长认识到在青少年网络安全素养教育中的职责，从而与社区一起携手，帮助在网络中迷失的青少年。

（二）我国青少年网络安全素养教育的实施路径

1. 提升家长网络安全素养

家长在青少年网络安全素养教育中扮演着双重角色：一是作为教育孩子的传播主体，一是作为受教育的传播客体。只有家长具有较高的网络安全素养：掌握上网知识和技巧；能够辨认网络信息的真伪；学会使用在线交流方式；学会如何安装绿色过滤软件、匿名支付系统等防范隐私侵犯的网络工具；熟悉青少年的网络语言，了解其意义及适用情境；认识不同类型网络风险的表现、特点和后果，掌握一些有用的网络风险干预策略等，才能更好地监督和指导子女安全地使用网络，有效实施青少年网络安全素养教育。

2. 由父母对孩子进行网络安全素养教育

由父母对孩子进行网络安全素养教育具有得天独厚的优势，一是父母可以根据孩子的特点"有的放矢"、因材施教；二是家庭网络安全教育寓于日常生活的方方面面。如果家长能敏感而"随机应变"地抓住教育时机予以正确教育，就会产生良好的教育效果。

（1）网络内容风险教育

要让孩子能知道什么是不当资讯（色情、暴力；煽惑种族仇恨及歧视；教人制造炸弹、生产违禁毒品、恐怖活动等）；知道不当资讯的来源或可能接触的渠道；了解不当资讯的负面影响；学会如何正确处理不当资讯。避免因为接触不当资讯而成为网络使用的受害者。

（2）网络交往风险教育

要让孩子能够了解结交网友与真实世界面对面交友的差异及优缺点；能够了解结交网友的潜在危机；能够知道保护自身上网安全的重要性；能

够知道如何以安全方式与网友互动。

（3）网络行为风险教育

让孩子知道什么是个人隐私权；能知道哪些是隐私资料不可公布在网络上；能保护个人上网的资讯安全与隐私；能在上网时尊重他人隐私权。知道网络霸凌的应对和处理方法。

（4）网络伦理道德教育

让孩子了解有关网络知识产权和软件保护的知识；不使用有害于他人的网络信息产品；不随意改动与网络信息相关的参数设置，不在网络上传播有损他人的有害信息；除了防范被人骚扰或伤害外，也要遵守网络礼节，注意自身的言行，为自己在网络上的行为负责，不可有网络霸凌他人的举动。

第六章 润物细无声：良好家庭传播情境的营造

第一节 行为示范：父母的榜样作用

著名心理学家班杜拉的社会学习理论指出，在青少年时期，青少年获取社会技能的主要方式是观察、学习和模仿；特别是榜样的作用，观察者对榜样及其行为的认可度越高，学习榜样行为的概率就越大。[①]父母作为孩子最为亲近的人，对于网络安全的认知、态度和行为无时无刻不在潜移默化地影响着孩子，其网络使用习惯更是孩子效仿的对象。

一、父母网络使用习惯对青少年网络风险的影响

（一）父母上网时长越长，青少年接触网络色情、暴力内容的频率越高，越容易网络成瘾

当控制了父母年龄、性别、居住地、受教育程度等人口特征变量之后，我们发现（见表6–1、表6–2），父母上网时间越长，其孩子越多地接触网络色情（$\beta = .131$，$P < .01$）和暴力内容（$\beta = .077$，$P < .05$）。

[①] ［美］A·班杜拉《社会学习理论》，陈欣银、李伯黍译，辽宁人民出版社1989年版，第38页。

表6-1　父母上网时长对青少年网络色情内容接触的影响

	变量	模型 1	模型 2
控制变量	家长性别	.107*	.103*
	家长年龄	.032	.038
控制变量	居住地	−.121*	−.129**
	父亲受教育程度	−.045	−.046.
	母亲受教育程度	.097	082
自变量	上网时长		.131**
	调整后的 R^2	.024	.035
	F	3.529**	2.833**

注：* 表示 $p < 0.05$，** 表示 $p < 0.01$，*** 表示 $p < 0.001$。

表6-2　父母上网时长对青少年网络暴力内容接触的影响

	变量	模型 1	模型 2
	家长性别	.063	.065
	家长年龄	.098*	.100*
控制变量	居住地	−.120*	−.128**
	父亲受教育程度	.005	.001
	母亲受教育程度	.087	.077
	上网时长		.077*
自变量	调整后的 R^2	.034	.042
	F	3.559**	2.149*

注：* 表示 $p < 0.05$，** 表示 $p < 0.01$，*** 表示 $p < 0.001$。

　　这是因为根据社会学习理论，父母长期浸泡在网络世界，其孩子受其影响模仿其行为，也对上网表现出强烈的动机，上网时长增加，从而增加接触网络色情内容、网络暴力内容和网络成瘾等不良行为。

（二）家长网络安全素养越高，青少年网络霸凌行为越少

当控制了家长年龄、性别、居住地、受教育程度等人口特征变量之后，我们发现（见表6–3），家长网络安全素养越高，青少年网络霸凌行为越少（$\beta = -.117$，$P < .01$）。这是因为，父母网络安全素养越高，懂得教育孩子遵守网络礼节，因而孩子霸凌他人的行为就越少。

表6–3　父母网络安全素养对青少年网络霸凌的影响

	变量	模型1	模型2
控制变量	家长性别	.115*	.104*
	家长年龄	.064	.072
	居住地	−.044	−.039
	父亲受教育程度	−.053	−.044
	母亲受教育程度	.102	.097
自变量	网络安全素养		−.117**
	调整后的 R^2	.028	.054
	F	2.848*	2.812**

注：* 表示 $p < 0.05$，** 表示 $p < 0.01$，*** 表示 $p < 0.001$。

二、父母以身作则，减少青少年网络风险

法国社会学家布尔迪厄（Bourdieu）指出：人们经由习惯（habitus）来认识社会世界；习惯形成于社会结构，任何人的习惯都是与他自身生活阅历紧密相关的。家庭影响着青少年习惯的养成。[1] 因此，青少年的媒介接触习惯，同样也受到了其父母媒介使用习惯的影响。正如库丹斯（Kundanis）等人指出的，父母会对青少年的媒介使用产生全面影响，他们的媒介接触

_____

① [美]乔治·瑞泽尔：《当代社会学理论及其古典根源》，杨淑娇译，北京大学出版社2005年版，第191—192页。

方式会导致青少年相似的媒介行为。这说明青少年的媒介使用行为，一方面是其"使用与满足"的结果，即通过媒介使用获得了解社会信息、娱乐消遣、社交活动等个体需求的满足；另一方面，也是"社会学习"的结果，即青少年通过对身边人物（尤其是父母）的媒介接触行为的学习，形成自己的行为习惯。[①]

因此，父母作为孩子最为亲近的人，其对于网络安全的认知、态度和行为无时无刻不在潜移默化地影响着孩子，其网络使用习惯更是孩子效仿的榜样。"其身正，不令则行；其身不正，虽令不从"。父母在网络使用上要最好遵循"渗入性原则"，以身作则、率先垂范，要求孩子能健康地使用网络，家长必须从点滴做起，在孩子面前做到上网严于律己、以身作则，坚决不做有违网络伦理道德的网上活动，要求孩子遵守的，自己也不能违反。父母的言传身教以一种隐性的方式对青少年产生着举足轻重的影响。因为这种示范与学校里单独设立课程的形式不同，更多是一种隐性教育，需要渗入到平时生活之中。示范的最佳方式和结果就是能让成长中的青少年在不知不觉中，形成独立健康的手机使用习惯，最终成为一种生活方式，习惯成自然。这是对孩子最好的"言传身教"。

第二节　平等对话：家庭沟通模式的改善

亲子关系是社会关系中最为重要、最亲密的一种关系，其融洽与否是影响家庭网络安全教育效果的重要因素。调查显示，亲子关系差或者有缺陷的家庭环境中的孩子更容易遭遇网络风险。

因此，要进行有效的家庭网络安全教育，家长一定要处理好亲子关系，

---

① 　Kundanis, R. M., *Children, Teens, Families, and Mass Media: the Millennial Generation*, N. J., Lawrence Erlbaum Associates, Inc. 2003, pp.105–108.

营造一种平等、民主、和谐、愉快的家庭氛围，积极地与孩子进行平等的交流和沟通，掌握他们的思想和心理需求，培养融洽的亲子关系。否则，家长与孩子之间有隔阂，有代沟，孩子就不愿意和父母亲近，不愿意信赖父母，更不要说接受父母的网络安全的教诲，父母对孩子的影响力也会越来越低。

一、家庭沟通模式对青少年网络风险的影响

本研究发现（见本书第二、三、四章），家庭沟通模式与青少年的网络风险显著相关，即越强调服从定向家庭的青少年，反而越多地接触网络色情内容（$\beta = .114$, $P < .01$；$\beta = .123$, $P < .01$）、网络暴力内容（$\beta = .114$, $P < .01$）；更多地遭遇网络性诱惑（$\beta = .114$, $P < .01$）、网络霸凌（$\beta = .138$, $P < .01$）；更多地从事网络风险性行为（$\beta = .081$, $P < .05$）；更多地对他人进行网络霸凌（$\beta = .096$, $P < .05$）。这说明，如果父母一味强调孩子顺从，缺乏对话沟通，很容易引起孩子的叛逆心理，反而会越多地从事网络风险活动。

青少年阶段是儿童向成人转变的过渡时期——青春期，也是个体生理和心理逐渐走向成熟的阶段，是由儿童期依恋父母向成年期独立于父母的转变。在这一时期，生理的迅速发育和自我意识的高度膨胀，使青少年的成人感与独立感不断增强，其思维方式也发生转变，经常用审视和质疑的眼光看待父母，甚至反驳父母。与此同时，由于他们的认知能力、思维方式和社会经验带有很大的片面性，容易把父母的爱和教诲看作是对自己的束缚，再加上情绪的不稳定性，造成了这一时期容易产生亲子冲突。有的学者称之为"亲子关系的危机期""第二反抗期"或"急风暴雨时期"，具体表现为依赖与独立、和谐与冲突并存的矛盾状态。

尽管在青春期的青少年与父母的冲突在增加，但是他们仍然需要与父母之间的亲近感，即亲子之间充满爱意的、稳定的、关注的联系，希望得到

父母的关怀和帮助、倾听和理解[①]、爱和积极情感[②]、接受和赞许[③]，还有信任[④]。因此，通过亲子之间平等的对话沟通模式，而不是一味强调孩子的顺从，便能在协同性发展中促进亲子关系的和谐构建。

二、改善家庭沟通模式，减少青少年网络风险

（一）信任的构建：尊重青少年的网络使用习惯

本研究发现，家长认为"网络对我孩子很重要"得分最低，这说明家长对于孩子的网络使用缺乏正确的认知，觉得网络的负面影响（如网络成瘾、网络不当信息等）多于正面影响。

因此，在青少年使用网络的过程中，父母凡事多往正面想一想，网络是青少年很好的学习及联络沟通的工具，如同在真实世界中；尊重他们不同的使用习惯，尊重他们使用手机的隐私权，给予他们充分的信任空间，满足他们获得更大自主性的需求。同时，父母要清楚地认识到，青少年的自主性不是一下子就实现的，它与青少年对父母的依赖需求是同时存在的，[⑤]因此在必要时候家长应给予孩子一定的监督和教诲。"信任必须适应双方可能遵循的不同发展轨道。总是允许给信任以某种自由。信任某人意味着放弃某人的密切监视，或迫使他们依据某种特定模式活动。而给予别人自治性则大可不必用于满足对方的各种需要"[⑥]。

吴女士（PCC，43 岁，本科，中学老师）说，有一次她在手机上看了

---

① Drevets, R. K., Benton, S. L. & Bradley, F. O., "Students' Perceptions of Parents' and Teachers' Qualities of Interpersonal Relations", *Journal of Youth and Adolescence*, vol.25, No.6, 1996, pp.787–802.

② Young, M. H., Miller, B. C., Norton, M. C. & Hill, E. J., "The Effect of Parental Supportive Behaviors on Life Satisfaction of Adolescent Offspring", *Journal of Marriage and the Family*, vol.57, No.3, 1995, pp.813–822.

③ Bomar, J. & Sabatelli, R.M., "Family System Dynamics, Gender and Ppsychosocial Maturity in Late Adolescence", *Journal of Adolescent Research*, vol.11, No.4, 1996, pp.421–439.

④ Kerr, M., Stattin, H. & Trost, K., "To Know You is to Trust You: Parents' Trust is Rooted in Child Disclosure of Information", *Journal of Adolescence*, vol.22, No.6, 1999, pp.737–752.

⑤ 张文新：《青少年发展心理学》，山东人民出版社 2002 年版，第 129 页。

⑥ [英]安东尼·吉登斯：《亲密关系的变革——现代社会中的性、爱和爱欲》，陈永国等译，社会科学文献出版社 2001 年版，第 181 页。

台湾作家张文亮的作品《牵一只蜗牛去散步》，特别有感触，就和几位同事交流，反省他们自己作为父母，对于孩子有时是不是太急于求成，其实教育孩子就像牵一只蜗牛去散步。

正像米德所说的："没有父母的照料，孩子永远学不会说话。没有相信他人的经历，孩子将无法成为一个值得信赖的社会成员，他既不会爱别人，也不会照顾别人。"[①] "一个没有机会进行自我掌控的孩子，不可能学会自我控制。一个不被信任，总是被当小偷一样提防的孩子，很难发展出诚信、自尊的品质。""家长只需把信任还给孩子，让孩子获得自我管理的权力。而这种权力的下放，必然会唤起孩子内心的自尊感和责任感，培养出孩子的自我管理能力。"[②] 因此，信任机制的调整和完善，对于改善家庭沟通模式的质量至关重要。

（二）民主与权威：家庭沟通模式的调适

青少年阶段是青少年身心发育的阶段，也是青少年社会化的关键阶段。在这个阶段，青少年面临着角色认同的危机。他们开始渴望摆脱父母的束缚，希望自己以成年人的姿态获得个人的解放，拥有自己独立的天空。一方面，他们开始拥有自己的想法，对父母的教诲产生怀疑；另一方面，在网络时代，父母的网络知识和技能远远不如孩子，亲子之间的"数字鸿沟"进一步加深，父母的权威性因新媒体改变的场景而被解构。

青少年不再一味地听从父母的言语，而是要求在尊重他们的意见和想法的基础上，平等地进行交流。在这种情形下，父母应该改变传统的家庭沟通模式，改变高高在上的训诫式沟通，主动放下父母的架子，学会做孩子的知心朋友，站在孩子的立场来思考问题，以民主、平等的方式与孩子沟通。这样，当孩子遭遇网络风险时，愿意向父母倾诉、求助。

---

① ［美］玛格丽特·米德：《文化与承诺——一项有关代沟问题的研究》，周晓虹、周怡译，河北人民出版社1987年版，第94—95页。

② 尹建莉：《让孩子成为自由的人》，2015年6月15日，见 http://edu.qq.com/a/20150615/041706. htm。

第三节　适度介入：父母介入策略

自从电子媒体的出现，特别是互联网，已成为青少年生活中必不可少的一部分。电子媒体为青少年提供获取信息和与他人交流的机会，从而促进他们的社会拓展和情绪发展的同时，也可能会让青少年比过去更容易受到相关风险的攻击。在孩子社会化过程中，父母扮演着重要的角色。他们负责监督孩子使用媒体，以平衡媒体带来的机会和风险。在传播学领域，学者们用"父母介入"这一术语来描述父母和孩子之间关于媒体使用的互动问题，即家长们纷纷采取各种介入策略，使子女最大限度地利用媒体带来的机会，最大限度地减少媒体带来的风险。

中国家长对孩子网络使用往往有两种态度：一是严格控制，甚者禁止孩子上网，往往导致孩子的逆反心理；二是家长缺乏网络安全素养，放任自流。这两种态度都不利于培养孩子健康地使用网络。只有家长积极有效地介入，才能指导孩子健康、安全地使用网络，才能在家中筑起青少年网络安全的第一道"防洪堤"。

一、父母介入策略

父母介入策略，主要可以分为以下几种类型。

（一）限制性介入策略

限制性介入，也称为规则制定，是指父母努力制定规则，来限制孩子接触媒体的时间，同时限制孩子接触的内容。[1]

亲子之间应协商制定上网限制策略，具体包括青少年上网时间、上网频率、上网时长、访问内容、网络使用准则等，并要切实执行，这样能够引导孩子规范自身的网络行为，形成良好的上网习惯。

---

[1]　Valkenburg, P. M., Piotrowski, J. T., Hermanns, J., & de Leeuw, R., "Developing and Validating the Perceived Parental Media Mediation Scale: A Self-determination Perspective", *Human Communication Research*, vol.39, no.4, 2013, pp.445-469.

（二）技术性介入策略

技术性介入是指父母安装过滤或监控软件，以检查和限制孩子的网上活动。具体可包括：

1. "家庭式网站安全锁"的设置：其功能为将色情网站网址储存下来，当欲进入色情网址时将被安全锁过滤掉而无法呈现。因家庭是青少年使用网络的主要场所，父母安装该锁可以防止青少年找到色情网站。建立以父母为主体的"亲子上网服务"，由父母亲的上网账号直接上网。

2. 在家用电脑或孩子手机中安装过滤软件：可在电脑上加装过滤软体（filtering software），针对网络内容加以过滤，利用类似搜寻引擎的功能对网页内容做全文检索，借以阻挡含关键字（keywords）之文章，过滤不当网站资讯，避免青少儿进入成人网站。

（三）共用性介入策略

共用性介入是指父母参与孩子的媒介活动，而不进行积极的讨论。[1]父母的共用性介入策略包括：

1. 多花时间与小孩一起了解网络世界，并了解他们的需要。

2. 积极参与到孩子的网络活动中，与孩子一起进行有意义的网络活动，使上网成为一种家庭活动。

（四）积极介入策略

积极介入也称为引导性介入，是指父母积极参与子女讨论、解释媒体内容并与之交谈或者引导他们正确使用媒体。[2]

1. 与孩子共同讨论使用网络的合适时间，并安排其他各类的活动。

2. 与孩子共同讨论网络的利弊得失，分享网络使用的心得体会，引导

---

[1]　Valkenburg, P. M., Piotrowski, J. T., Hermanns, J., & de Leeuw, R., "Developing and Validating the Perceived Parental Media Mediation Scale: A Self–determination Perspective", *Human Communication Research*, vol.39, no.4, 2013, pp.445–469.

[2]　Valkenburg, P. M., Piotrowski, J. T., Hermanns, J., & de Leeuw, R., "Developing and Validating the Perceived Parental Media Mediation Scale: A Self–determination Perspective", *Human Communication Research*, vol.39, no.4, 2013, pp.445–469.

孩子正确认知网络世界。

3. 与孩子密切沟通网络使用的准则，告知网络交往礼仪、网络隐私保护等网络风险应对及处理方面知识。

4. 给孩子推荐有用的网站。

5. 不要过分紧张！不然会使得孩子更隐藏，切断彼此沟通的桥梁；告诉孩子，一旦在网络上发生任何事，都可找你倾诉。

6. 鼓励孩子分享他们跟任何人通过任何媒介形式（如电话或网络）的沟通内容，并且支持他们，让孩子有自信地表达一些其实并不适当的传播内容。

7. 应该时时关怀孩子的网络生活方式与变化、网络交友状况，健康地与孩子分享相关话题。

8. 与孩子一起辨认有害或不适当的网络讯息，鼓励孩子在接触这些内容的时候要记得告诉家长。

（五）监控介入策略

父母可采取合理手段监管青少年上网。

1. 家长可以关注孩子经常浏览的网站、网络聊天的对象、网络日志、留意孩子的情绪和行为是否异常，特别是对于孩子行为的改变要特别敏感（例如一些严重的情绪波动、不适当的行为表现或是对性方面的事情有异常的兴趣）。一旦发现，不能采取训斥、打骂等惩罚性手段，甚至直接断网或没收他们的手机，而应坦然面对，采取正确的手段对孩子进行引导，必要时寻求专业协助。

2. 如果你决定使用软件去过滤或监控网络信息，最好和孩子沟通一下。一旦彼此都能了解基本守则，会使管理更有效果。

3. 使用监控软件，了解孩子使用网络的情形，帮助家长有效地对孩子的网络行为进行监控。

二、父母介入与青少年网络风险

父母的不同介入策略，因不同类型的青少年网络风险，而呈现出不同的效果。

（一）父母一般限制（限制上网时长和内容）越多的青少年，反而越多地成为网络霸凌者／受霸凌者；更容易网络成瘾

父母一般限制（$\beta = .129$, $P < .01$; $\beta = .133$, $P < .01$）越多的青少年，反而激起孩子青春期的逆反心理，越多地成为网络霸凌者／受霸凌者；更容易网络成瘾。

（二）父母技术限制、共同使用越多的青少年，遭遇网络性诱惑越多

本研究发现（见本书第三章），父母技术限制（$\beta = .159$, $P < .01$）、共同使用（$\beta = .130$, $P < .05$）越多的青少年，反而更多地遭遇网络性诱惑。这是因为父母的控制或限制，使孩子往往缺乏自主面对或处理网络风险的经验。

（三）父母监控越多的青少年，反而越多地接触网络色情内容，更多地遭遇网络性诱惑，越多地成为网络霸凌者／受霸凌者

本研究发现（见本书第二、三章），父母监控越多的青少年，反而越多地接触网络色情内容（$\beta = .155$, $P < .01$），反而产生逆反心理，越多地接触网络色情内容；更多地遭遇网络性诱惑（$\beta = .134$, $P < .01$）；越多地成为网络霸凌者／受霸凌者（$\beta = .157$, $P < .01$; $\beta = .183$, $P < .001$）。

（四）父母积极介入越多的青少年，较少成为网络霸凌者，能够降低网络诱拐、网络隐私泄露和网络成瘾的风险

本研究发现（见本书第三、四章），父母积极介入越多的青少年，较少成为网络霸凌者（$\beta = -.140$, $P < .05$）。

已有研究发现，父母的积极介入，起到保护作用因素，降低青少年网络诱拐、网络隐私泄露的风险；还可以减少青少年的网络成瘾。[1]

这是因为积极介入的策略，孩子们通常会觉得父母尊重他们的观点，

---

[1] Nielsen, P., Favez, N., Liddle, H.& Rigter. H., "Linking Parental Mediation Practices to Adolescents' Problematic Online Screen Use: A Systematic Literature Review", *Journal of Behavioral Addictions*, vol.8, no.4, 2019, pp. 649–663.

支持他们的自主性，这样会增强他们的自信心自觉和促进道德内化。因此，孩子们倾向于服从父母的指导和少参与反社会行为。[①]

三、父母适度介入，有效减少青少年的网络风险

由于青少年大多在家使用电脑，要防范其受到网络的负面影响，父母的角色是相当重要的关键。父母介入策略，被认为是一种行之有效的方法。本研究发现：

（一）父母的限制性介入策略，易引发青少年的逆反心理，使其更多地从事网络风险行为

当前中国青少年的父母主要采取简单的限制策略，即限制孩子上网时间和内容。这是因为受中国传统儒家思想和理念的影响，中国父母相较西方父母，会表现出较少的"关爱"和较多的"限制"。

> 我们一直也是觉得就是互联网对小孩子的这个成长当中，风险确实是非常大的，所以我们从小的时候对跳跳（儿子）接触新媒体，比如说，电脑、手机、平板，这些都是非常小心的，基本上他在使用的时候，我们都是有大人在旁边的；对他上网或者使用平板，都是有时间限制的，限定了每周周末可以玩20分钟。那这种限定，其实就是为了防止他受到网上不良信息的影响。孩子现在还没有一个正确的价值观，没办法判断什么是好的，什么是不好的，所以我们做家长的应该帮他们去防范。当然他会抱怨，说他们同学怎么样，讨论什么什么话题，或者说哪个游戏他都不知道，没办法和同学交流。（PLH，母亲，38岁，研究生，大学教师）

但是这种简单限制方法，在年龄较小（初中之前）的儿童身上效果较好，能够有效地减少儿童接触网络色情内容、受到网络隐私侵犯、被网络诱

---

① Valkenburg, P. M., Piotrowski, J. T., Hermanns, J. & de Leeuw, R., "Developing and Validating the Perceived Parental Media Mediation Scale: A Self-determination Perspective", *Human Communication Research*, vol.39, no.4, 2013, pp.445-469.

拐等风险。而对于进入青春期的青少年，限制性介入反而会起到相反作用。本研究发现，如果父母一味地采用限制性策略，如一般限制、技术限制、监控，反而会适得其反，引起孩子的逆反心理，更多地从事网络风险行为，如网络色情接触、网络霸凌、网络成瘾等。因为进入青春期之后，孩子开始寻求自主和独立，抵制父母的权威，尤其抵触父母的严格限制。[①]

此外，限制性介入可能不会帮助孩子培养对媒体使用的批判态度。根据认知失调理论[②]，儿童可能使用"父母的约束"作为他们不使用媒体的理由。例如，一个孩子可能会想：我不看电视是因为我的父母不允许我看，并不是因为我不喜欢它。因此，这样的孩子尽管受到父母的严格限制，但是可能对媒体持一种积极的态度，可能更容易遭遇网络风险。[③]

（二）父母的积极介入策略，能够减少青少年的网络风险

本研究发现，父母的积极介入能有效地减少青少年的网络风险。这是因为父母的积极介入，能够增加青少年的积极社会适应，减少青少年消极社会适应[④]；赋予孩子自主使用媒体的经验[⑤]；帮助孩子培养对媒体的辨别能力和批判立场，从而保护他们免受媒介风险。[⑥]

因此，父母应承担起教育孩子如何正确使用网络的职责，与孩子经常就网络使用问题展开分享、交流，共同讨论网络使用的利弊得失，分享网络使用的心得体会，引导孩子正确认知手机媒介，增强对网络信息的选择、理

---

① Lwin, M. O., Stanaland, A. J., & Miyazaki, A. D., "Protecting Children's Privacy Online: How Parental Mediation Strategies Affect Website Safeguard Effectiveness", *Journal of Retailing*, vol.84, no.2, 2008,pp.205–217.

② Festinger, L., *A Theory of Cognitive Dissonance*. Stanford, CA: Stanford University Press,1957, p.123.

③ Chen, L. & Shi, J.Y., "Reducing Harm From Media: A Meta–Analysis of Parental Mediation", *Journalism & Mass Communication Quarterly*, vol. 96, no.1, 2019, pp.173–193.

④ 方晓义、林丹华、孙莉、房超：《亲子沟通类型与青少年社会适应的关系》，《心理发展与教育》2004 年第 1 期。

⑤ Steinfeld, N., "Parental Mediation of Adolescent Internet Use: Combining Strategies to Promote Awareness, Autonomy and Self–regulation in Preparing Youth for Life on the Web", *Education and Information Technologies*, vol.52, no.9, 2020, pp.1–23.

⑥ Nathanson, A. I., "Identifying and Explaining the Relationship Between Parental Mediation and Children's Aggression", *Communication Research*, vol.26, no.1, 1999, pp.124–143.

解、质疑和评价能力；提升对网络信息的有效利用、传播和创造能力；告知孩子网络使用礼仪、网络隐私保护、网络风险应对及处理等方面知识；指导孩子合理掌控网络在其生活中的角色，合理安排使用网络的时间，更充分有效地利用网络媒介来为自己的生活学习服务；鼓励孩子进行有意义的网络使用活动。在孩子出现"技术迷思"时，能给予孩子有效的督促和指导。积极介入子女的网络使用行为才能指导孩子健康地使用网络，减低网络对于子女的负面影响。

简而言之，家长的积极介入是孩子网络安全的保证。在儿童时期，家长的限制和监管很重要；在青少年阶段，家长多留意孩子的网络使用，采取分享与讨论的积极介入策略，能有效地减少青少年的网络风险。

当然，父母的介入行为也受到挑战。针对新科技如网络而言，父母可能因为"数字代沟"，本身缺乏网络的技能，不知该如何介入，或是无法有效介入子女的网络使用行为。

结　语

当下，青少年已经成为我国网民的主力军。由于青少年网络安全认知明显不足，遭受的网络侵害（如网络欺凌、网络诱拐、网络隐私侵犯等）日益增多，成为严重的社会问题。2011年，联合国儿童基金会在日内瓦公布了一份研究报告，对全球青少年遭受网络侵害现象表示关注，呼吁各国采取措施保护青少年的网络安全。而引导青少年安全、健康地使用网络，首先应从家庭教育入手，因为家庭社会化的影响力量可以造就子女不同的媒体使用习惯。因此，研究家庭传播情境中的青少年网络风险防范与引导，便成为当下社会的突出问题。

作为新兴分支学科，家庭传播因其对传播学的理论和实践的重要贡献而广受关注。虽然家庭传播研究起步较晚，即使在美国，至今也不过30年的历程，但已发展成为一个较为系统的研究领域。相比在美国发展的日臻成熟，家庭传播在中国属于尚未开垦的研究飞地。扎根中国本土文化，建构出中国家庭传播研究的自主性，应成为中国传播学研究的历史担当。

因此，本部分研究从家庭传播学视角，将青少年面临的网络风险分为三种类型：内容风险（网络色情内容、网络暴力内容）、交往风险（网络性诱惑、网络风险性行为、网络诱拐）和行为风险（网络欺凌、网络成瘾和网络隐私侵犯）。通过实证研究，揭示了青少年网络风险的现状及影响因素，不仅人口统计变量、人格特征和认知特点会影响青少年的网络风险，而且青少年的网络接触动机、行为和习惯也会影响青少年的网络风险；除此之外，尤其值得注意的是，父母的网络安全素养及网络接触习惯、亲子沟通、父母介入程度、家庭教养方式、家庭环境氛围也与青少年的网络风险密切关联。

从家庭传播学视角，通过加强亲子双方的网络安全素养，改善家庭沟通模式，采取父母积极介入等方式能有效地减少青少年网络风险。

然而，本研究仍存在一些不足，需在今后的研究中改进：第一，本研究没有测量网络风险后产生的心理后果，因而无法评估青少年遭遇网络风险后所产生的心理阴影面积；第二，本研究只是从家庭传播视角探讨网络风险问题，未能将同伴群体对青少年影响纳入考量范围，未来可以在这方面进行深入研究。

主要参考文献

（一）中文文献

专著

[1]［美］Jeffrey Jensen Arnett：《长大成人——你所要经历的成人初显期》，段鑫星等译，科学出版社 2016 年版。

[2]［美］戴维·迈尔斯：《社会心理学（第 11 版）》，侯玉波、乐国安、张智勇译，人民邮电出版社 2016 年版。

[3]［美］丹尼尔·沙勒夫：《隐私不保的年代》，林铮顗译，江苏人民出版社 2011 年版。

[4]［美］贺兰特·凯查杜里安：《性学观止（插图第 6 版·全两册）》，胡颖翀、史如松、陈海敏译，科学技术文献出版社 2019 年版。

[5]季为民、沈杰：《青少年蓝皮书：中国未成年人互联网运用报告(2020)》，社会科学文献出版社 2020 年版。

[6]［美］莱斯莉·A. 巴克斯特，唐·O. 布雷思韦特：《人际传播：多元视角之下》，殷晓蓉、赵高辉、刘蒙之译，上海译文出版社 2010 年版。

[7]［美］玛格丽特·米德：《文化与承诺——一项有关代沟问题的研究》，周晓虹、周怡译，河北人民出版社 1987 年版。

[8]［美］乔治·瑞泽尔：《当代社会学理论及其古典根源》，杨淑娇译，北京大学出版社 2005 年版。

[9]［美］谢弗（Shaffer, D.R.）：《发展心理学（第 9 版）（万千心理）》，邹泓等译，中国轻工业出版社 2016 年版。

[10]［英］安东尼·吉登斯：《亲密关系的变革——现代社会中的性、

爱和爱欲》，陈永国等译，社会科学文献出版社 2001 年版。

[11] 胡莹、李东明：《青春期教育》，北京理工大学出版社 2004 年版。

[12] 潘绥铭、黄盈盈：《性社会学》，中国人民大学出版社 2011 年版。

[13] 张文新：《青少年发展心理学》，山东人民出版社 2002 年版。

论文

[14] 陈丽君、蒋销柳、苏文亮：《性感觉寻求、第三人效应和性别对大学生网络色情活动影响》，《中国公共卫生》2019 年第 11 期。

[15] 陈萌萌等：《移情对中学生网络霸凌的抑制：性别、年级的调节作用》，《中小学心理健康教育》2016 年第 1 期。

[16] 陈云祥、李若璇、刘翔平：《消极退缩、积极应对对青少年网络成瘾的影响：孤独感的中介作用》，《中国临床心理学杂志》2019 年第 1 期。

[17] 陈云祥、李若璇、张鹏、刘翔平：《同伴依恋对青少年网络成瘾的影响：有调节的中介效应》，《中国临床心理学杂志》2018 年第 6 期。

[18] 洪杰文、李欣：《微信在农村家庭中的"反哺"传播——基于山西省陈区村的考察》，《国际新闻界》2019 年第 10 期。

[19] 侯娟、樊宁、秦欢、方晓义：《青少年五大人格对网络成瘾的影响：家庭功能的中介作用》，《心理学探新》2018 年第 3 期。

[20] 姜永志、刘勇、王海霞：《大学生手机依赖、孤独感与网络人际信任的关系》，《心理研究》2017 年第 10 期。

[21] 金盛华、吴嵩：《家长的网络关联度与青少年网络成瘾程度的关系：家长网络监管的调节作用》，《心理与行为研究》2015 年第 4 期。

[22] 金盛华等：《青少年网络社交使用频率对网络成瘾的影响：家庭经济地位的调节作用》，《心理科学》2017 年第 4 期。

[23] 康亚通：《青少年网络沉迷研究综述》，《中国青年社会科学》2019

年第 6 期。

［24］赖泽栋：《青少年微媒介叛逆与亲职督导》，《现代传播》2018 年第 6 期。

［25］李蔓莉：《"初显成人期"：阶段特征与累积效应》，《中国青年研究》2018 年第 11 期。

［26］李诗颖：《家庭的沟通教育方式对儿童消费观、消费态度和行为的影响综述》，《湖南大学学报（社会科学版）》2016 年第 6 期。

［27］李守良：《论网络色情信息对未成年人的危害和治理对策》，《预防青少年犯罪研究》2017 年第 4 期。

［28］李伟、李坤、张庆春：《自恋与网络霸凌：道德推脱的中介作用》，《心理技术与应用》2016 年第 4 期。

［29］刘丹霓、李董平：《父母教养方式与青少年网络成瘾：自我弹性的中介和调节作用检验》，《心理科学》2017 年第 6 期。

［30］刘衍玲、陈海英、滕召军、杨营凯：《网络暴力游戏对不同现实暴力接触大学生内隐攻击性的影响》，《第三军医大学学报》2016 年第 20 期。

［31］牛静、孟筱筱：《社交媒体信任对隐私风险感知和自我表露的影响：网络人际信任的中介效应》，《国际新闻界》2019 年第 7 期。

［32］齐亚菲、莫书亮：《父母对儿童青少年媒介使用的积极干预》，《心理科学进展》2016 年第 8 期。

［33］申琦：《风险与成本的权衡：社交网络中的"隐私悖论"——以上海市大学生的微信移动社交应用（APP）为例》，《新闻与传播研究》2017 年第 8 期。

［34］申琦：《利益、风险与网络信息隐私认知：以上海市大学生为研究对象》，《国际新闻界》2015 年第 7 期。

［35］申琦：《自我表露与社交网络隐私保护行为研究——以上海市大学生的微信移动社交应用（APP）为例》，《新闻与传播研究》2015 年第 4 期。

［36］孙时进、邓士昌：《青少年的网络霸凌：成因、危害及防治对策》，《现代传播》2016 年第 2 期。

［37］汪耿夫等：《安徽省中学生网络霸凌与自杀相关心理行为的关联研究》，《卫生研究》2015 年第 11 期。

［38］王薇、许博洋：《自我控制与日常行为视角下青少年性侵被害的影响因素》，《中国刑警学院学报》2019 年第 6 期。

［39］吴志远：《从"身体嵌入"到"精神致幻"——新媒体对青年"约炮"行为的影响》，《当代青年研究》2016 年第 2 期。

［40］徐敬宏：《微信使用中的隐私关注、认知、担忧与保护：基于全国六所高校大学生的实证研究》，《国际新闻界》2018 年第 5 期。

［41］徐凯：《大学生网瘾防治方法体系构建研究》，《教育教学论坛》2016 年第 17 期。

［42］张利滨等：《家庭沙盘游戏治疗对青少年网络成瘾的干预研究》，《广东医科大学学报》2018 年第 3 期。

［43］颜剑雄、程建伟、李路荣：《高中生网络成瘾倾向与家庭功能的关系》，《中国健康心理学杂志》2015 年第 1 期。

［44］杨梨、王曦影：《家庭性教育影响因素的国外研究进展》，《中国学校卫生》2018 年第 11 期。

［45］袁芮：《社会资本视角下青年人身份资本的形成路径分析——基于上海的实证调查》，《兰州学刊》2018 年第 1 期。

［46］曾秀芹、柳莹、邓雪梅：《数字时代的父母媒介干预——研究综述与展望》，《新闻记者》2020 年第 5 期。

［47］曾秀芹、吴海谧、蒋莉：《成人初显期人群的数字媒介家庭沟通与隐私管理：一个扎根理论研究》，《国际新闻界》2018 年第 9 期。

［48］张珊珊等：《辽宁省中学生自尊与移情在孤独感与网络欺凌间的中介作用》，《卫生研究》2019 年第 3 期。

［49］张涛甫：《影响的焦虑——关于中国传播学主体性的思考》，《国际新闻界》2018 年第 2 期。

［50］张馨月、邓林园：《青少年感知的父母冲突、自我同一性对其网络成瘾的影响》,《中国临床心理学杂志》2015年第5期。

［51］张振锋：《网络不良信息对未成年人犯罪的影响》,《预防青少年犯罪研究》2017年第1期。

［52］赵宝宝、金灿灿、邹泓：《青少年亲子关系、消极社会适应和网络成瘾的关系：一个有中介的调节作用》,《心理发展与教育》2018年第3期。

［53］周惠玉、梁圆圆、刘晓明：《大学生生活满意度对网络成瘾的影响：社会支持和自尊的多重中介作用》,《中国临床心理学杂志》2020年第5期。

［54］周书环：《媒介接触风险和网络素养对青少年网络欺凌状况的影响研究》,《新闻记者》2020年第3期。

（二）英文文献

［55］Baruh, L., Secinti, E. & Cemalcilar, Z., "Online Privacy Concerns and Privacy Management: A Meta-Analytical Review", *Journal of Communication*, vol.67, no.1, 2017, pp.26–53.

［56］Behera, S.S., "Internet Addiction & Social Values", *Internet Journal of Advance Research, Ideas and Innovations in Technology*, vol.3, no.1, 2017, pp.855–857.

［57］Braithwaite, D. O., Suter, E. & Floyd, A. K., *Engaging Theories in Family Communication: Multiple Perspectives (2nd Edition)*, New York: Routledge, 2017.

［58］Chang, FC. et al., "Predictors of Unwanted Exposure to Online Pornography and Online Sexual Solicitation of Youth", *Journal of Health Psychology*, vol.21, no.2, 2016, pp.1107–1118.

［59］Chen, L.& Shi, J.Y., "Reducing Harm From Media: A Meta-Analysis of Parental Mediation", *Journalism & Mass Communication Quarterly*, vol.96, no.1,2019, pp.173–193.

[60] Dönmez,Y.E.&Soylu, N., "Online Sexual Solicitation in Adolescents: Socio–Demographic Risk Factors and Association with Psychiatric Disorders, Especially Posttraumatic Stress Disorder", *Journal of Psychiatric Research*, vol.117, no.2, 2019, pp.68–73.

[61] Doornwaard, S.M., "Dutch Adolescents' Motives, Perceptions, and Reflections Toward Sex–Related Internet Use: Results of a Web–based Focus–group Study", *Journal of Sex Research*, vol.54, no.8, 2017, pp.1038–1050.

[62] Flores, D. & Barroso, J., "21st Century Parent–child Sex Communication in the United States: A Process Review", *Sex Research*, vol.54, no.4–5, 2017, pp.532–548.

[63] Gamez–Guadix,M., Santisteban, P.D.&Alcazar,M.A., "The Construction and Psychometric Properties of the Questionnaire for Online Sexual Solicitation and Interaction of Minors With Adults", *Sex Abuse*, vol.30, no.8, 2018, pp.975–991.

[64] Gerber, N., Gerber, P.& Hernando, M., "Sharing the 'Real Me' – How Usage Motivation and Personality Relate to Privacy Protection Behavior on Facebook", *Human Aspects of Information Security, Privacy and Trust*, vol.44, no.7, 2017, pp.640–655.

[65] Harrison, T., "Cultivating Cyber–phronesis: A New Educational Approach to Tackle Cyberbullying", *Pastoral Care in Education*, vol.34, no.4, 2016, pp.232–244.

[66] Ho, SS., Chen, L. &Ng, A., "Comparing Cyberbullying Perpetration on Social Media between Primary and Secondary School Students", *Computers & Education*, vol.109, no.3, 2017, pp.74–84.

[67] Jorgenson, AG., Hsiao, CJ. &Yen, CF., "Internet Addiction and Other Behavioral Addictions", *Child &Adolescent Psychiatric Clinics of North America*, vol.25, no.3, 2016, pp.509–520.

[68] Keen, C., France, A.& Kramer, R., "Exposing Children to Pornography: How Competing Constructions of Childhood Shape State Regulation of Online Pornographic Materia", *New Media & Society*, vol. 22, no.5, 2020, pp.857–874.

[69] Leustek,J. & Theiss,JA., "Family Communication Patterns that Predict Perceptions of Upheaval and Psychological Well–being for Emerging Adult Children Following Late–life Divorce", *Journal of Family Studies*, vol.26, no.2, 2020, pp.169–187.

[70] Liu, T., Fuller, J., Hutton, A. &Grant, J., "Factors Shaping Parent Adolescent Communication About Sexuality in Urban China", *Sex Education*, vol.17, no.2, 2017, pp.180–194.

[71] Machimbarrena, J. M., "Internet Risks: An Overview of Victimization in Cyberbullying, Cyber Dating Abuse, Sexting, Online Grooming and Problematic Internet Use", *International Journal of Environmental Research and Public Health*, vol.15, no.11, 2018, pp.1–15.

[72] Madigan, S.et al., "The Prevalence of Unwanted Online Sexual Exposure and Solicitation Among Youth: A Meta–Analysis", *Journal of Adolescent Health*, vol.63, no.2, 2018, pp.133–141.

[73] Malacane, M.&Beckmeyer, J. J., "A Review of Parent–based Barriers to Parent–adolescent Communication about Sex and Sexuality: Implications for Sex and Family Educators", *American Journal of Sexuality Education*, vol.11, no.1, 2016, pp.27–40.

[74] Naezer, M., "From Risky Behavior to Sexy Adventures: Reconceptualising Young People' s Online Sexual Activities", *Culture, Health & Sexuality*, vol.20, no.6, 2018, pp.715–729.

[75] Nicole, M., Nicholas, L. M. & Rabindra, A. R., "Playing by the Rules: Parental Mediation of Video Game Play", *Journal of Family Issues*, vol. 38, no.9, 2017, pp.1215–1238.

［76］Nielsen, P., Favez, N., Liddle, H.& Rigter, H., "Linking Paren-tal Mediation Practices to Adolescents' Problematic Online Screen Use: A Systematic Literature Review", *Journal of Behavioral Addictions*, vol.8, no.4, 2019, pp.649–663.

［77］Ostovar, S., Allahyar, N., Aminpoor, H. et al., "Internet Addiction and Its Psychosocial Risks (Depression, Anxiety, Stress and Loneliness) Among Iranian Adolescents and Young Adults: A Structural Equation Model in a Cross–Sectional Study", *International Journal of Mental Health & Addiction*, vol.14, no.3, 2016, pp.257–267.

［78］Peter, J. & Valkenburg, P.M., "Adolescents and Pornography: A Re-view of 20 Years of Research", *Journal of Sex Research*, vol.53, no.4, 2016, pp.509–531.

［79］Rasmussen, EE., Coyne, SM., Martins, N. & Densley, R.L., "Paren-tal Mediation of US Youths' Exposure to Televised Relational Aggres-sion", *Journal of Children and Media*, vol.12 , no.2, 2018, pp.192–210.

［80］Rasmussen, EE., Rhodes, N., Ortiz, RR. & White, RS., "The Relation Between Norm Accessibility, Pornography Use, and Parental Media-tion Among Emerging Adults", *Media Psychology*, vol.19, no.3, 2016, pp.431–454.

［81］Rodgers, K.B., Tarimo, P., McGuire, J. K. & Divers, M., "Motives, Bar-riers, and Ways of Communicating in Mother–daughter Sexuality Com-munication: A Qualitative Study of College Women in Tanzania", *Sex Education*, vol.18, no.6, 2018, pp.626–639.

［82］Rogers, A.A., "Parent‐Adolescent Sexual Communication and Ado-lescents' Sexual Behaviors: A Conceptual Model and Systematic Re-view", *Adolescent Research Review*, vol.2, no.4, 2016, pp.105–117.

［83］Santisteban, P.D., "Progression, Maintenance, and Feedback of Online

Child Sexual Grooming: A Qualitative Analysis of Online Predators", *Child Abuse & Neglect*, vol.80, no.2, 2018, pp.203–215.

[84] Schoeps, K. et al., "Risk Factors for Being a Victim of Online Grooming in Adolescents", *Psicothema*, vol. 32, no.1, 2020, pp.15–23.

[85] Steinfeld, N., "Parental Mediation of Adolescent Internet Use: Combining Strategies to Promote Awareness, Autonomy and Self-regulation in Preparing Youth for Life on the Web", *Education and Information Technologies*, vol.52, no.9, 2020, pp.1–23.

[86] Wang, NX., Roache, DJ. &Pusateri, KB., "Associations Between Parents' and Young Adults' Face-to-face and Technologically Mediated Communication Competence: the Role of Family Communication Patterns", *Communication Research*, vol.46, no.8, 2019, pp.1171–1196.

[87] Winters, G., Kaylor, L. & Jeglic, E., "Sexual Offenders Contacting Children Online: An Examination of Transcripts of Sexual Grooming", *The Journal of Sexual Aggression*, vol.23, no.1, 2017, pp.62–76.

[88] Yang, X., Zhu, L., Chen, Q., Song, P. & Wang, Z., "Parent Marital Conflict and Internet Addiction among Chinese College Students: The Mediating Role of Father-child, Mother-child, and Peer Attachment", *Computers in Human Behavior*, vol.59, no.3, 2016, pp.221–229.

后　记

2020 年 4 月，当看到全国哲学社会科学工作办公室公布的结项公示，我长长舒了一口气，我的国家社科基金项目终于顺利结项了。

回想起过去的几年，真的是太不容易了。2014 年，我拿到了教育部人文社科基金青年项目；2015 年拿到国家社科基金一般项目，两个重量级项目接踵而来，在很多人看来，我是幸运儿，实现了科研项目的大满贯，包揽了从市级项目、教育厅项目、省社科项目、教育部人文社科基金青年项目，到国家社科基金一般项目等诸多的科研项目。我因此也入选了"福建省高校新世纪优秀人才"。可是只有我自己知道在这光鲜背后蕴含的艰辛。由于两个项目紧挨着，要在几年时间完成两本专著，对我来说压力巨大。在出版了我的第一本学术专著《青少年的手机使用与家庭代际传播》（中国社会科学出版社 2017 年版），教育部人文社科基金青年项目以免鉴定方式结项之后，我不敢松懈，马不停蹄地开始了国家社科项目的研究。由此也拖慢了我的研究进度，国家社科项目申请延期一年。

虽然过程很艰辛，但是我却乐此不疲。因为媒介与青少年研究一直是我感兴趣的方向，也是我的优势所在。毕竟我本科就读于北京师范大学，系统学过教育学和心理学课程；当过 4 年的重点中学班主任、13 年的大学老师和央视少儿频道实习编导，因此对于青少年的感触比一般人更多一些。自研究生开始至今 16 年，我能够一直做自己喜欢的研究，不改初衷，也是人生的一大幸事。因为是真爱，所以能坚持不懈，苦中作乐！虽然在中国，媒介与青少年研究属于非主流研究方向，但是在国外却是主流研究，有"媒介与青少年"的硕士、博士研究方向。我一直觉得，好的研究应该是接地气的研究，贴近现实生活，与普通人的生活密切相关，体现了传播学作为一门社会学科应有的人文关怀，也是每一个社会学科努力的方向：既要在宏观上能解释和研究社会现象与社会规律，也要在微观层面上能够切实解释社会生活中的一些行为现象。而我就想做这样接地气的研究。

在做青少年网络风险研究的过程中，我倾听了孩子们和父母们的心声，惊讶于当今孩子所遭遇的种种网络诱惑与风险。虽然原先也有耳闻，但未曾想过会如此凶险；而父母对孩子网络风险的忽视、无力和"第三人效果"认知，也让我更为震惊。借此研究，我也学习了父母对于孩子遭遇网络风险的防范和引导策略，如提高自身的网络安全素养、采取适度的父母介入策略、改善家庭传播模式等，收获多多。一边做学问，一边还能指导自己的现实生活实践，便觉得自己的研究还是有价值、有意义的。

感谢华中科技大学学术委员会副主任张昆教授在百忙之中，抽出时间为拙著作序。

感谢我的博导何志武教授在本书的写作过程中，对我的悉心指导和帮助。

感谢华中科技大学新闻与信息传播学院的申凡教授，华中科技大学社会学系的郑丹丹教授、孙秋云教授，师姐南京大学申琦教授在本书写作过程中给予我的无私指导和帮助！感谢国家社科基金项目的五位匿名专家的评审意见，为拙著的修改指引了方向！

感谢华南理工大学、广西大学、中南财经政法大学、武汉体院等学校在调研过程中给予的配合与支持！感谢华南理工大学周建青教授，师姐汪苑菁，师妹吴丹，博士同学王大丽，硕士同学梁颖涛、温汉华、李静、谭惠尹、刘晓红；岭南师范学院尹春艳老师给予本调研的无私帮助！感谢参与深度访谈的青少年及其家长，没有你们的热情参与和积极配合，就不会有这本书的问世。在此，我要表达深深的谢意。

感谢广东外语外贸大学新闻与传播学院对于本书写作的全力支持！

感谢我的父母、老公、女儿对我的理解和支持。如果说我今天取得了一点点小成绩，那么它不是属于我个人，而是属于所有曾经帮助过我的人。

2020 年,我又幸运地拿到国家留学基金委的公派留学资格,赴英国卡迪夫大学新闻、媒体与文化研究学院访学一年。但是由于新冠疫情原因,推迟了。期待着疫情阴霾能早点散去,我能在英伦拓宽我的学术视野,与国外学者切磋交流,能将国外研究理论与中国本土实践相结合;也希望能有越来越多的中国学者加入媒介与青少年研究之中,形成学术共同体,能互相对话交流,为推动我国的媒介与青少年研究略尽自己的绵薄之力。

本书系 2015 年国家社科基金一般项目"家庭传播学视域下的青少年网络风险防范与引导研究"(项目编号:15BXW064)的最终成果。由于本人学识和水平有限,书中可能存在着认识肤浅的地方,敬请学界和业界的朋友不吝赐教。

朱秀凌
2020 年 9 月 1 日

责任编辑:贺　畅

图书在版编目(CIP)数据

家庭传播学视域下的青少年网络风险防范与引导研究/朱秀凌 著. —
　北京:人民出版社,2021.10
ISBN 978－7－01－023688－9

Ⅰ.①家…　Ⅱ.①朱…　Ⅲ.①计算机网络-网络安全-研究
　Ⅳ.①TP393.08

中国版本图书馆 CIP 数据核字(2021)第 176174 号

家庭传播学视域下的青少年网络风险防范与引导研究
JIATING CHUANBOXUE SHIYUXIA DE QINGSHAONIAN
WANGLUO FENGXIAN FANGFAN YU YINDAO YANJIU

朱秀凌　著

人民出版社 出版发行
(100706　北京市东城区隆福寺街 99 号)

北京建宏印刷有限公司印刷　新华书店经销

2021 年 10 月第 1 版　2021 年 10 月北京第 1 次印刷
开本:710 毫米×1000 毫米 1/16　印张:17.5
字数:249 千字

ISBN 978－7－01－023688－9　定价:66.00 元

邮购地址 100706　北京市东城区隆福寺街 99 号
人民东方图书销售中心　电话 (010)65250042　65289539